U0254260

本书得到高校思想政治工作专项经费资助

本书为"高校思想政治工作中青年骨干队伍建设项目"和湖南省首批"思想政治中青年杰出人才支持计划"的阶段性成果

高校校园网络舆论环境优化论

GAOXIAO XIAOYUAN WANGLUO YULUN
HUANJING YOUHUALUN

胡 杨 徐建军 / 著

人民出版社

目　录

导　论 ……………………………………………………………… 1

第一章　高校校园网络舆论环境概述 ………………………… 28

　　第一节　校园网络舆论环境内涵 ………………………… 29

　　　　一、校园网络舆论环境结构 ………………………… 31

　　　　二、校园网络舆论环境特点 ………………………… 32

　　　　三、校园网络舆论环境作用 ………………………… 33

　　第二节　校园网络舆论环境机理 ………………………… 35

　　　　一、从校园网络舆论的形成过程看环境系统微观运行 …… 35

　　　　二、从校园网络舆论的操作功能看环境系统中观运行 …… 38

　　　　三、从校园网络舆论的演变效应看环境系统宏观运行 …… 41

　　第三节　校园网络舆论环境背景 ………………………… 45

　　　　一、互联网在世界迅速发展的四个进程 ……………… 46

　　　　二、高等院校数字校园建设的三个阶段 ……………… 49

　　　　三、我国社会舆论环境嬗变的两个时代 ……………… 51

　　　　四、校园网络舆论环境建设的五个时期 ……………… 53

第二章　高校校园网络舆论环境理论支撑 ………………… 59

　　第一节　马列主义经典作家的相关理论指导 …………… 59

　　　　一、关于人的本质理论 ………………………………… 59

　　　　二、关于人的发展理论 ………………………………… 61

　　　三、关于人与环境的思想 ································63

　　　四、关于社会舆论观点 ·································64

　第二节　马克思主义中国化的有关理论启示 ·············66

　　　一、改革开放前的舆论环境思想 ·····················66

　　　二、改革开放后的舆论宣传思想 ·····················68

　　　三、十八大以来的网络治理思想 ·····················73

　第三节　思想政治教育学科的部分理论支持 ·············75

　　　一、思想政治教育环境论 ···························75

　　　二、思想政治教育生态学 ···························77

　　　三、思想政治教育生活化 ···························79

　　　四、思想政治教育隐性态 ···························81

第三章　高校校园网络舆论环境理论借鉴 ··················83

　第一节　中国传统思想文化关照 ·······················83

　　　一、人性天赋的德育环境思想 ·······················84

　　　二、人性习成的德育环境学说 ·······················86

　　　三、古代舆论环境建设的方法 ·······················87

　　　四、近现代舆论环境建设模式 ·······················89

　第二节　西方舆论场域理论探索 ·······················90

　　　一、勒温场论 ···································91

　　　二、虚拟现实 ···································92

　　　三、网络社会 ···································94

　第三节　西方经典传播理论诠释 ·······················96

　　　一、"议程设置"理论 ····························96

　　　二、"把关人"理论 ····························98

　　　三、"意见领袖"理论 ···························100

　　　四、"沉默的螺旋"理论 ··························101

　第四节　其他相关学科理论透视 ·······················102

　　　一、社会认知过程 ·······························102

二、非线性发展 ………………………………………… 104

三、自组织临界状态 …………………………………… 106

四、相变理论 …………………………………………… 107

第四章　高校校园网络舆论环境现状分析 ……………… 109

第一节　外部环境诱因 …………………………………… 109

一、社会转型的大变革 ………………………………… 109

二、敌对势力的冲击波 ………………………………… 110

三、信息技术的难控性 ………………………………… 112

四、日趋活跃的新媒体 ………………………………… 114

五、政策法律的滞后性 ………………………………… 115

第二节　主体肖像表征 …………………………………… 116

一、心理特征 …………………………………………… 118

二、行为动机 …………………………………………… 120

三、参与方式 …………………………………………… 123

第三节　客体热源规律 …………………………………… 126

一、热源时间分布规律 ………………………………… 126

二、热源空间波及规律 ………………………………… 127

三、热源内容聚焦规律 ………………………………… 128

第四节　介体形态表达 …………………………………… 130

一、传统网络舆论形态 ………………………………… 130

二、新型网络舆论形态 ………………………………… 133

三、另类网络舆论形态 ………………………………… 135

第五节　环境突出问题 …………………………………… 137

一、舆论环境建设重视度不够 ………………………… 137

二、网络舆论监控引导缺规程 ………………………… 138

三、负面能量狂欢难寻好声音 ………………………… 138

四、环境运行系统资源未整合 ………………………… 139

五、突发事件应对机制没健全 ………………………… 140

六、环境优化评估体系待完善 ……………………………………140

第六节　优化案例解析 ………………………………………………141

一、国外处置校园网络舆情技巧可圈可点 ………………………141

二、国内高校应对突发事件经验不断累积 ………………………143

三、校园网络舆论环境优化模式日新月异 ………………………146

第五章　高校校园网络舆论环境优化理念 ……………………………148

第一节　复杂适应认识理念 …………………………………………148

一、包容一些：哪怕"七嘴八舌" ………………………………149

二、自信一些：驾驭"脱缰野马" ………………………………150

三、主动一些：避免"被牵鼻子" ………………………………151

第二节　应对临界相变理念 …………………………………………152

一、事件萌发临界点——是否消除隐患 …………………………153

二、事件升级临界点——是否及时回应 …………………………154

三、事件再变临界点——是否妥善处置 …………………………155

第三节　回归真实生活理念 …………………………………………156

一、马列主义思想的生命力在于回应社会问题 …………………156

二、意识形态建设需与日常社会生活紧密结合 …………………157

三、沟通讨论是思想政治教育的一种有效方式 …………………158

四、教育环境对思想政治教育模式具有选择性 …………………159

五、思想政治教育要根据对象进行话语的转换 …………………160

第四节　目标指向善治理念 …………………………………………162

一、旨在建设传播高校特色先进文化的前沿阵地 ………………162

二、旨在建设提供参与高校民主管理的有效平台 ………………163

三、旨在建设促进青年学生自我发展的广阔空间 ………………165

第六章　高校校园网络舆论环境优化途径 ……………………………167

第一节　优化主体：共同参与 ………………………………………167

一、传统主角：统筹专门队伍建设 ………………………………168

二、新兴主体：加强用户网络素养 ………………………………171

第二节　优化客体：加强调控 …………………………………176

一、监测体系 …………………………………………176

二、技术控制 …………………………………………181

三、引导方法 …………………………………………184

第三节　优化介体：占领阵地 …………………………………191

一、增加用户黏性，发挥主题网站品牌效应 ……………192

二、强化产品供应，打造网络良性互动平台 ……………194

三、开发网络资源，利用新兴信息时尚元素 ……………197

第四节　优化系统：联动场域 …………………………………201

一、课堂内外相融——活跃网络文化 ……………………201

二、网上网下互补——把握建设主动 ……………………202

三、校园内外联动——迅速处置舆情 ……………………203

四、传媒立体协同——打造舆论合力 ……………………204

五、社会治理整合——营造和谐氛围 ……………………206

第七章　高校校园网络舆论环境优化机制 ……………………209

第一节　危机事件潜伏期的网络舆论预警机制 ………………209

一、以人为本，注重发展 …………………………………210

二、日常监测，提高警惕 …………………………………212

三、多样渠道，定期协商 …………………………………213

四、应对预案，常抓演练 …………………………………215

第二节　危机事件爆发期的网络舆论缓释机制 ………………216

一、第一时间 ………………………………………………217

二、公开透明 ………………………………………………219

三、解决问题 ………………………………………………220

四、尊重规律 ………………………………………………222

第三节　危机事件衰退期的网络舆论反思机制 ………………223

一、积极善后，加快终结 …………………………………224

二、及时反馈，完善法治 …………………………………225

三、总结评估，探索经验 ……………………………………226

第八章　高校校园网络舆论环境评估算例 ………………228

　第一节　评估基本原则 …………………………………………229

　　一、方向性与客观性结合原则 ………………………………229

　　二、全面性与操作性结合原则 ………………………………230

　　三、评价性与指导性结合原则 ………………………………231

　第二节　实地调查评估 …………………………………………233

　　一、实地考察 …………………………………………………233

　　二、抽样调查 …………………………………………………234

　　三、追踪调查 …………………………………………………236

　第三节　模糊综合评判 …………………………………………237

　　一、构建量标体系 ……………………………………………238

　　二、建立测评矩阵 ……………………………………………239

　　三、确定指标权重 ……………………………………………242

　　四、进行复合运算 ……………………………………………243

结　论 ………………………………………………………………245

参考文献 ……………………………………………………………252

后　记 ………………………………………………………………265

导　论

　　青年的心是一个时代最敏感的温度计，也是一个国家最脆弱的神经。从 1947 年给胡适写信问"国家是否有救？救的方法如何"的北大学生，到 1980 年致信《中国青年》"人生的路啊，怎么越走越窄"的青年读者潘晓；从 2005 年"开复学生网"收到的"要毕业了，回头看大学生活，我想哭，不是因为离别，而是因为什么都没学到……"的第一千个问题，到近年来网络流行语"元芳，你怎么看"、"萌萌哒"的神问与感慨。是的，属于青春期的迷惑、渴望与忧愁都与这个大时代的前进、转型和激荡丝丝相扣。青年思想政治教育究竟如何做才能更有实效？严格地讲，我们无论在理论上还是实践上都未曾真正解决好这个问题，但尽管如此，并没有妨碍一代代学人的追问与探求，因为康德说过："有两样东西，我们愈经常、愈持久地加以思考，它们就愈使心灵充满日新月异、有加无已的景仰和敬畏：在我之上的星空和居我心中的道德法则。"① 也因为屈原说过"路漫漫其修远兮，吾将上下而求索"。

一

　　泰普斯科特在《数字化成长：网络世代的崛起》一书中提道："1977 年

---

① 〔德〕康德：《实践理性批判》，韩水法译，商务印书馆 2000 年版，第 177 页。

以后出生的青少年，已经随着互联网的崛起而成为有史以来第一批在数字化环境中成长的一代，他们的生活和行为方式镌刻着明显的网络化、数字化的生存逻辑。"① 因此对于青年大学生而言，如果说新世纪前网络是新生活，那么现在网络就是生活。据中国互联网络信息中心《第 35 次中国互联网络发展状况调查统计报告》显示，截至 2014 年 12 月底，中国网民数量达到 6.46 亿，30 岁以下的年轻中国网民占网民总数的 53.4%，超过网民总数一半以上。从职业结构看，学生是占比最大的一个网民群体，比例达 23.8%，互联网普及率在该群体中已经处于高位。与其他群体相比，青年群体的网络舆论表达意愿强烈。该报告还显示，10—19 岁网民群体有 50.2% 的比例愿意上网评论，20—29 岁的网民群体有 46.6% 的比例。以上数据表明，"网络传播的普及，使得网络业已成为学生尤其是大学生与社会及学校、大学生与大学生之间相互联系不可或缺的桥梁和纽带，也成为了社会及学校各种现象、问题乃至相关的态度、意见、情绪的表达场所"② 。无论是来自现实社会的困惑，还是高等教育的困惑，抑或是专业所学思想政治教育理论的困惑，都促使笔者从未放弃对大学生思想政治教育创新的思考。笔者一直在想，依据当代大学生这样的"网络"生活方式和行为逻辑，能否找到大学生思想政治教育新的突破口呢？

第一，现实社会的困惑。改革开放以来取得的惊人成就，使国民生活质量有了较大提高，但与此相应，人们的幸福感却没有达到较高水平，德国社会学家乌尔里希·贝克认为现代社会最大特征便是"风险社会"，"这使得社会的中心问题从财富分配转向风险分配"③ 。中国能平安度过转型高危风险期吗？产业结构迅速转型、利益格局深刻变化、政治体制应对挑战，贫富差距不断拉大，新旧体制转化带来的震动和摩擦不可避免地引起新的社会矛

---

① [美] D. 泰普斯科特：《数字化的成长：网络世代的崛起》，陈晓开、袁世佩译，东北财经大学出版社 1999 年版，第 27 页。

② 徐建军、胡杨：《三力合力优化高校校园网络舆论环境的操作模式》，《中共贵州省委党校学报》2013 年第 5 期。

③ [德] 乌尔里希·贝克：《风险社会》，何博闻译，译林出版社 2008 年版。

盾。从三聚氰胺到反式脂肪酸，从买不起房到被迫拆迁，从万人争一个公务员岗位到"飘一代"逃离北上广，从医疗保险到社会治安……任何社会热点议题的讨论，都能引起青年学生在网络上焦虑与不安。人民日报评论部主任卢新宁在其母校北京大学中文系 2012 年毕业典礼上这样致辞："我唯一的害怕，是你们已经不相信了——不相信规则能战胜潜规则，不相信学场有别于官场，不相信学术不等于权术，不相信风骨胜于媚骨。"①

　　第二，高等教育的困惑。中国现代教育的发展从 1904 年癸卯学制颁布、1905 年废除科举算起至今已逾百年。中国当代教育的改革从 1977 年重新恢复全国统一高考制度算起至今已经有三十余年。改革开放以来高等教育的发展主要分为两个阶段：一则改革开放前 20 年的稳步发展期；一则 1999 年扩招以来的显著增长期。教育规模由 700 万人增至 3167 万人（据《2013 年全国教育事业发展统计公报》），整体总规模超过美国跃居世界第一；毛入学率也从原来的不到 10% 增加到 34.5%（同上），显然我国已进入国际公认的大众化教育阶段。十年寒窗苦读只为一朝金榜题名，成千上万的适龄青年因为高等教育的迅速发展，获得通往梦想彼岸的船票，既能成己也能达人甚至还能为这个社会这个国家带来具有较强竞争力的高水平人力资源。当然我们也看到，我国高等教育取得巨大成就的同时面临诸多挑战："一是拔尖创新人才培养能力较为薄弱，所以著名的'钱学森之问'振聋发聩；二是高等教育持续发展条件不足不稳，以普通高校生均预算内教育事业费为例，2001 年为7300 元，跌到 5000 元后到 2009 年才回到 7500 元，这是同期发达国家相近统计口径 1/5，而不同省之间竟能相差 6 倍之多"。② 三是就业压力大，每年似乎都被称为"史上最难就业季"，于是"高考人数下降"的话题爬上报端，"新读书无用论"正在悄然蔓延，"就业一把手工程"倒逼高校人才培养模式、学科专业设置等迈上新台阶。四是影响教育发展的体质障碍如招生制度等，

---

① 卢新宁：《我唯一的害怕——在北大中文系毕业典礼上的致辞》，http：//www.aisixiang.com/data/75596.html。

② 参见《张力从四个方面解读高等教育发展的难点、热点》，http：//edu.163.com/10/0302/11/60P1THEP00293L7F.html。

还有待进一步深化改革。典型案例便是四进三出名牌大学，迷失在网络与大学之间的高考奇才周剑的独特经历。① 教育本是教人性之芽生长，于一己之井跳出，从一隅之地望星，但如此种种不由让众人发问：高等教育怎么了？

第三，思政理论的困惑。马克思在《德意志意识形态》中说："统治阶级的思想在每一个时代都是占统治地位的思想。"② 过去很长一段时间由于受"左"倾认识或封闭僵化的思维定势影响，我们对社会主义意识形态的认识逻辑是：由当然的科学性，推导出必然的吸引力；有应然的群众性，推导出实然的凝聚力。③ 殊不知，意识形态的属性与其吸引力没有直接联系，应然状态不能完全等于实然状态，"代表最广大人民的根本利益"其实不仅是一个理论问题，更是一个实践问题。经济基础决定上层建筑，需要过程，更需要行动。科技与物质的进步，并不足以保障人们的精神平衡。普通民众有没有信仰？有没有幸福感？人生是为什么？人生的意义在哪里？精神的位置又在哪里？意识形态领域的斗争越来越激烈，撇开美国之音不谈，避开网络巨头谷歌不谈，大学生们以翻墙上外网获取不同观点为乐就足以令人头疼。在意识形态的无烟战场里，高校是最前沿，互联网是主阵地。移动互联时代马克思主义如何占据意识形态领域的指导地位，这无疑给马克思主义者和思想政治教育工作者提出了更加艰巨的任务。

二

教育是个永恒的事业，德育是这个事业的灵魂。思想政治教育与一般认知教育不同，因为科学认识终极是客体性的，不依赖于主体自身的特性，

---

① 参见《奇才周剑：游戏在高考与大学之间》，http://gb.cri.cn/8606/2006/11/05/1545@1287816.htm。

② 《马克思恩格斯全集》第3卷，人民出版社1960年版，第52页。

③ 参见李英田：《论增强社会主义意识形态的吸引力和凝聚力》，《当代社科视野》2008年第2期。

从某种意义而言是可以被证明的；而思想政治教育的认识是人类价值认识的结果，其认识终极是主体性与客体性的统一，依赖于主体自身，这就造成了其无法在一个短时间内被普遍实证甚至需要学生自己在今后摸爬滚打的百味人生中逐步体验和认同。在网络这个越来越开放的公共话语圈里将现实社会的困惑、高等教育的困惑以及思政理论的困惑联合起来思考，着实令研究思路越来越清晰。关于高校校园网络舆论环境的优化研究，在笔者看来应该具有重要的理论价值和现实意义。

第一，之于理论创新。20 世纪 80 年代初正式发轫以来的思想政治教育学科，随着时代的发展与实践的丰富，理论体系的大树从经验形态到科学形态逐渐茂盛，实践方法、载体、途径等更加多元。[1] "学科体系只能在对问题的有力回应中才能得以科学的建构。"[2] 随着互联网技术如潮水般态势重构社会生存的整体格局和发展条件、改变人类生活的话语结构和行为意识，如何在日益喧嚣的网络舆论环境下加强大学生思想政治教育，成为学界不断思考探索的重大时代课题。直面当下的理论难题和现实诉求，既顺应了经济全球化、世界多极化和科学技术革命快速发展的时代呼唤，反映了思想政治教育环境研究的发展趋势；同时基于互联网条件尤其是移动互联网技术作为思想政治教育环境新的基础性要素，也推动了网络思想政治教育研究的精细发展，回应了网络舆论环境的当代发展引发的多重效应，指出了深化研究的主要论域。由此，加强高校校园网络舆论环境的优化研究，可以实现学科研究范式的变革，有利于思想政治教育理论体系的生长与发展。

第二，之于社会管理。网络作为虚拟平台，网络舆情较之其他社会舆情更为复杂；网络作为开放平台，使得舆情在较之自然或外界干预条件下产生各种演变效应更加迅速，主导或控制社会话语权的影响也更为深远。党的十八大报告指出，要"加强和改进网络内容建设，唱响网上主旋律。加强网

---

[1]　参见张耀灿：《思想政治教育学前沿》，人民出版社 2006 年版，"序"第 1 页。
[2]　沈壮海：《思想政治教育有效性研究》，武汉大学出版社 2012 年版，第 199 页。

络社会管理，推进网络规范有序运行"①。转型期的当下中国已进入社会群体性事件的"高发期"，"在信息化和网络化时代，社会群体事件的酝酿、发生发展和消弭都有着重要的舆情表现"②。不言而喻，高校系统的和谐稳定在全国和谐社会建设中占有举足轻重的位置，伴随着校园网络舆论社会操作功能的实现，与网络技术开放性相联系的高校校园也不再是过去不问世事的"象牙塔"，校园与社会的发展联系越来越紧密，大学生参与社会事务的互动也越来越频繁。从这个意义而言，能否做好高校校园网络舆论环境建设是及时清除网络舆情不良信息、使社会主义先进文化成为主流、加强网络文化建设的需要；也是培养学生公民意识，对学生的知情、参与、表达、监督进行正确的引导，促进社会主义政治文明的需要。因此本书研究将有利于校园网络空间以及网络社会秩序的和谐、有序与稳定，有利于校园公共领域的良性互动，实现教育引导与社会调控的软性制约氛围，促进社会管理的创新。

第三，之于青年成长。据《中国青年报》社会调查中心调查，81.3%的中国人读过成功学书籍。③青年人总是有热血没经验，他们渴望有导师引导他们登上成功金字塔。笔者以为，对于已经懂得并在实践自主建构世界观、人生观、价值观的大学生群体而言，没有万知万能的导师，或许他们更需要的是适时的提醒、即时的交流、供参考的经验、被忽视的信息、另一种思维、另一套办法，没有终生耳提面命的导师。我们欣喜地看到，校园网络舆论环境，提供了这样一个开放式学校教育平台。青年大学生是信息技术尤其是新媒体技术及产品应用的主要群体，也是高校网络思想政治教育的重要教育对象，更是校园网络文化建设的一支富有创造性的青春队伍和极具生命力的主体力量。校园网络舆论环境作为整个网络社会中一个特殊的网络传播空间，既是大学生的"信息互动场"，也是"生活减压场"；既是"意见交流

① 胡锦涛：《坚定不移沿着中国特色社会主义道路前进　为全面建成小康社会而奋斗——在中国共产党第十八次全国代表大会上的报告》，《人民日报》2012年11月9日。
② 曾润喜：《网络舆情管控工作机制研究》，《图书情报工作》2009年第18期。
③ 参见《谁告诉我怎么活？》专题，《新周刊》2010年第21期。

场"，也是"感情联络场"。本书的研究对当代青年学生网络生活现实样态的准确把握，尤其是对高校校园网络舆论环境的细致掌握，将有利于增强思想政治教育的针对性和实效性，切实助推青年学生的健康成长。

三

尽管随着网络社会的风起云涌，与网络有关的话题往往成为学术界讨论和关注的热点，但高校校园网络舆论环境研究目前还是一个新领域。笔者拟从国内相关研究的简要述评、国外相关研究的主要论域、近年相关文献的计量分析进行文献综述，以期获得更多的研究启示。

第一，国内相关研究的简要述评。国内学术界对高校校园网络舆论环境进行专门研究的专著仅有教育部思想政治工作司组编的《积极建设健康向上的校园网络舆论环境——高校新闻网建设的探索与实践》（高教出版社2010年版）、刘建华著的《赛博空间的舆论行为：校园网络舆论的形成机制及其思想政治教育研究》（中国政法大学出版社2011年版）、吕红胤主编的《基于网络舆论引导的高校网络舆论环境建设研究》（电子科技大学出版社2013年版）、任海涛等主编的《高校和谐网络舆论环境建设》（光明日报出版社2014年版）、曾昭皓等主编的《高校网络舆情引导工作理论与实务》（广西师范大学出版社2013年版）等。截至2014年12月，在中国知识资源总库（CNKI）以"网络舆论环境"＋"高校"或"校园"为关键词进行"篇名"搜索，在中国学术期刊网络出版总库检索出18篇学术论文；在中国优秀硕士学位论文全文数据库检索出1篇硕士论文；在中国优秀博士学位论文全文数据库检索出1篇博士论文，即周涛《网络舆论环境下的高校思想政治教育研究》（西南财经大学出版社2011年版）。比较而言，思想政治教育环境或德育环境、网络思想政治教育、网络舆论等的研究较为丰富，可为本书研究提供借鉴。

首先，关于思想政治教育环境的研究。伴随着思想政治教育研究科学化、系统化发展，思想政治教育环境研究取得了丰硕成果。就研究内容而言：遵循着宏观与微观、理论与现实相结合的理路，研究层面广泛。在内涵界定上，笔者统计学术界主要有四种观点：三个中心项说①、过程要素说②、外部条件说③、涵盖内外部环境因素说④。理论基础研究目前主要围绕毛泽东、邓小平等马克思主义代表人物有关思想政治教育环境理论及经典作家环境理论的区别联系展开。依据分类标准的不同，现有研究比较有代表性的分类有：二分法、多分法、时空维度分类法。研究环境建设路径概括地讲，主要有五个角度：环境控制论⑤、环境优化论⑥、环境创造论⑦、环境开发论⑧、情境创设论⑨。作为子系统，大学生思想政治教育环境或者高校思想政治教育环境的研究尚没有专著出版，目前研究多为论文或专著中部分章节。这些研究成果一方面集中于大学生思想政治教育环境的概念、特点、类型、功能、环境与大学生思想政治的关系等基础理论，另一方面集中于大学生思想政治教育所处的经济环境、政治环境、文化环境等。随着信息技术的迅猛发展，思想政治教育环境研究近来对媒介环境、虚拟环境、网络环境比较关注。以笔者之见，这些研究仍有不足之处：一是临时性研究较多，系统性研究较

---

① 参见胡小平：《思想政治教育环境问题研究综述》，《江西行政学院学报》2008 年第 3 期。
② 参见唐鸣：《搞好思想政治教育学科建设　为建设有中国特色社会主义服务》，《社会主义研究》1998 年第 2 期。
③ 参见岳金霞：《关于思想政治教育环境的界定分析》，《学校党建与思想教育》2004 年第 12 期。
④ 参见杨业华：《思想政治教育环境需要深化研究的若干理论问题》，《马克思主义研究》2010 年第 3 期。
⑤ 参见陈秉公：《思想政治教育学原理》，吉林大学出版社 1992 年版，第 347—350 页。
⑥ 参见张耀灿、郑永廷、吴潜涛等：《现代思想政治教育学》，人民出版社 2006 年版，第 316—319 页。
⑦ 参见姜正国：《试论思想政治教育环境创造过程的基本因素及特点》，《湖南师范大学》（社会科学学版）2004 年第 11 期。
⑧ 参见张耀灿、郑永廷、吴潜涛等：《现代思想政治教育学》，人民出版社 2006 年版，第 319—321 页。
⑨ 参见李辉：《思想政治教育情境的创设：现状与思路》，《中山大学学报》（社会科学版）2004 年第 2 期。

少；二是分散性研究较多，连续性研究较少；三是总结性研究较多，学理性分析较少。具体到网络舆论环境而言，系统研究则更少，目前仅有两篇① 关注网络舆论环境的博士论文。周涛的《网络舆论环境下的高校思想政治教育研究》② 一文，探讨了网络舆论环境下的高校思想政治教育机制和规律以及如何基于当前面临的机遇和挑战进行工作创新，但是文章将网络舆论环境仅作为思想政治教育的外部系统考察。张瑜的《校园网络亚传播圈及其思想政治教育应用研究》③ 一文，基于校园网络亚传播圈的信息内容、网络媒介、用户群体三个基本要素，提出校园网络开展思想政治教育的三种模式，但文章仅以校园网络建设覆盖的校园区域作为研究对象。就研究方法而言，文献研究、经验研究较多，而实证研究较少。戴刚书的《德育环境研究》一文创新性地运用了数学结构模型方法，被学者称赞"使我国德育研究在运用多元统计方面达到国际一流水平"④。徐艳国的《思想政治教育政策环境论》一文，"开启了思想政治教育政策数学分析、思想政治教育政策物理学的分支研究"⑤。就研究趋势而言：相对于其他范畴，思想政治教育环境研究在思想政治教育基础理论研究体系里算是起步较晚的，因此很多薄弱环节有待进一步深究。胡小平认为"随着社会的发展，对思想政治教育具体环境的关注越来越多，如网络环境还有较大拓展空间"⑥。杨业华认为，"在思想政治教育外部环境研究方面，要注意研究校园环境对思想政治教育

① 以"网络舆论环境"＋"高校"或"校园"为关键词进行"篇名"搜索，仅搜出 1 篇博士论文，即《网络舆论环境下的高校思想政治教育研究》。《校园网络亚传播圈及其思想政治教育应用研究》尽管通过关键词没搜索到，但从内容看，也属于研究高校校园网络舆论环境的，因此也纳入考察范围。

② 参见周涛：《网络舆论环境下的高校思想政治教育研究》，西南财经大学博士学位论文，2014 年。

③ 参见张瑜：《校园网络亚传播圈及其思想政治教育应用研究》，清华大学博士学位论文，2004 年。

④ 王玄武：《一部对德育环境研究的力著》，《武汉大学学报》（哲学社会科学版）2004 年第 2 期。

⑤ 徐艳国：《思想政治教育政策环境论》，中南大学博士学位论文，2010 年。

⑥ 胡小平：《思想政治教育环境问题研究综述》，《江西行政学院学报》2008 年第 3 期。

及其对象思想的影响；要重点研究智能手机问世后网络环境的变化带来的影响"①。

　　其次，关于网络思想政治教育的研究。从时间维度看，张再兴教授认为理论研究经历了"从工作研究发展到理论研究、从单学科领域的研究发展到多学科综合研究、从局部研究发展到系统研究的过程"②。实践探索则大体经历了"以遭遇和应对网络负面信息冲击为特征的被动适应阶段，以各类'红色网络'的建设为特征的主动应战阶段，以综合性网络社区发展为特征的自觉深入阶段"。③

　　笔者以为综合理论实践研究，大致可以分为三个阶段。第一，起步阶段（1994—2003 年）。1994 年互联网接入中国，同年国内许多大学建成自己的校园网。1999 年张建松的《发挥校园网络在思想政治工作中的作用》率先提出"网络思想政治工作"的概念。1999 年清华大学建立"红色网站"，被称为"全国第一家以思想政治为内容"的网站；1999 年中南大学建成"升华网"，被誉为"国内第一个网上团校"。2000 年教育部下发《教育部关于加强高等学校思想政治教育进网络工作的若干意见》。代表性著作有：谢海光主编的《互联网与思想政治工作概论》（复旦大学出版社 2002 年版）、杨立英著的《网络思想政治教育论》（人民出版社 2002 年版）等。这一阶段网络思想政治教育的研究既重视理论探析也不忘实践探索，成果集中关注思想政治教育的概念、趋势等基本问题，具有开创性。第二，探索阶段（2004—2009 年）。2004 年中央《关于进一步加强和改进大学生思想政治教育的意见》就主动占领网络思想政治教育新阵地提出要求。而后 2005 年马克思主义理论以及学科及所属思想政治教育二级学科的正式成立，2006 年全国高校实施思想政治理论课新课程方案，都为思想政治教育的研究带来强大支撑，推动了网络思想政治教育研究如火如荼地迅速发展。代表性著作

---

① 杨业华：《思想政治教育环境需要深化研究的若干理论问题》，《马克思主义研究》2010 年第 3 期。

② 张再兴：《我国高校网络思想教育的十年历程与发展》，《思想教育研究》2005 年第 7 期。

③ 张再兴：《网络思想政治教育研究》，经济科学出版社 2009 年版，"前言"第 1—2 页。

如：韦吉锋著的《网络思想政治教育研究》(新华出版社 2005 年版)初步建构了研究理论体系；曾长秋著的《网络德育学》(湖南科学技术出版社 2005 年版)为构建网络德育学的新兴分支学科作了贡献；张再兴著的《网络思想政治教育研究》(经济科学出版社 2009 年版)厘清了网络思想政治教育十余年来发展脉络，以问题导向出发开展重点攻关。随着高校校园网络社区的建设以及网上与网下结合的思想政治工作深入开展，这一阶段的理论研究从视角、方法、内容、体系等都得到了进一步扩展和丰富。第三，发展阶段(2010 年至今)。2010 年微博呈现井喷式发展，被称为微博元年。以微博为代表的新媒体颠覆了传统传播方式，推动着网络思想政治教育改革创新。代表性著作有：徐建军著的《大学生网络思想政治教育理论与方法》(人民出版社 2010 年版)理顺了两个关系(网络与现实思想政治教育)，系统解析了三个层面(网络思想政治教育的理论、方法、实践)；王学俭、刘强编著的《新媒体与高校网络思想政治教育》(人民出版社 2012 年版)立足于整个新媒体网络环境的思想政治教育正在持续进行，文化层面、价值视角等研究领域较深入、系统。经上梳理，笔者以为，网络思想政治教育研究发展二十多年来，围绕三个方面的研究切入点(即分析网络给思想政治教育带来的机遇、厘清其带来的挑战，以及探索加强和改进网络思想政治教育的对策)开展深入研究，取得了丰硕成果。但当前研究仍有缺陷：一是立足网络社会观研究的成果偏少；二是与互联网紧密相关的新技术和新应用研究不够；三是对网络影响青年的心理和行为的研究不够；四是研究方法在不同学科资源整合方面还需加强。

最后，关于网络舆论的研究。随着网络舆论的产生、传播、扩散不断深化，网络舆论研究比较活跃。代表性的研究专著有：彭兰著的《中国网络媒体的第一个十年》(清华大学出版社 2005 年版)、刘毅著的《网络舆情研究概论》(天津大学出版社 2007 年版)、胡泳著的《众声喧哗——网络时代的个人表达与公共讨论》(广西师范大学出版社 2008 年版)、李彪著的《舆情：山雨欲来——网络热点事件传播的空间结构与时间结构》(人民日报出版社 2011 年版)等。从期刊文献来看，2003 年谭伟发表在《湖南社会科学》的《网络舆论概念与特征》是在中国学术期刊网络出版总库上检索到的最早的论文。自 2004 年党的十六届四中全会提出要"建立社会舆情汇集和分析机制,畅通社情民意反映渠道"后,网络舆论研究从 2005 年起呈现迅猛发展之势。就研究范围而言,网络舆论研究主要集中在社会公共场域、校园场域、网络媒介场域等。① 如张恩韶的博士论文《网络舆论危机下的当代中国政府形象塑造》(华东师范大学出版社 2011 年版)认为网络舆论危机对政府的公信力和合法性造成了严峻的挑战;曾维伦、徐强总结全国高校网络思想政治工作研讨会认为:"大多数高校现有网络舆情控制体系不能有效控制外网有害信息对学生的消极影响,不能实时监控网络语言"②。就研究方法而言,人们常用的方法有个案研究、调查统计等。余红著的《网络时政论坛舆论领袖研究——以强国社区"中日论坛"为例》(华中科技大学出版社 2010 年版)是国内目前少数运用实证方法研究网络舆论的力作,该书以人民网"强国社区"的"中日论坛"为个案,采用数据挖掘和深度访谈等方法,设计了网络论坛角色划分模型和分析系统(eFIAS)等,具有重要的理论价值和实践意义。就研究议题而言,主要集中在以下几个方面:关于网络舆论本质、类型、特点的研究,关于网络舆论的传播机制、功能及未来走向的研究,关于网络舆论聚焦热点研究,关于网络舆论的载体研究,关于网络舆论处置方法的研究等。就研究视角而言,仁者见仁智者见智,伦理学家侧重研究网络个人隐私等网络伦理道德问题,社会学家关注网络社会的图景,传媒学家关心网络舆论的动态发展过程及演播效应,计算机专家看重建模分析网络互动行为以及信息传播和演进过程的特征与规律。目前的研究难点主要是两个方面:理工科着眼于舆情监测系统,研究如何提高语义挖掘、信息采集、网络安全等能力;社会学科着眼于舆情应对机制,研究通过分析舆论主客体关系、网民心理特征、舆情演化规律来增强趋势研判、危机处置、舆

---

① 参见刘建华:《赛博空间的舆论行为——校园网络舆论的形成机制及其思想政治教育研究》,中国政法大学出版社 2011 年版,第 19 页。

② 曾维伦、徐强:《全国高校网络思想政治工作研讨会会议综述》,《思想教育研究》2007 年第 6 期。

论引导等能力。近些年从技术角度研究网络舆论成为一大趋势，这从 2009
年以来国家社科基金有关网络舆论的重大招标课题中标结果中不难看出。另
外，人民网舆情监测室作为我国舆情行业最早的拓荒者之一，在舆情处置中
提出了"黄金四小时"、"打通两个舆论场"等经验值得借鉴。① 总体而言，关
于网络舆论的研究虽已经积累了一定成果，但在理论研究方面分散与一般研
究较多，缺少系统又有深度的高水平力作；在应用研究方面，也存在重复研
究多、创新研究少的问题，尤其是问题提出过于泛化、对策建议操作性差等
问题亟待解决。

　　第二，国外相关研究的主要论域。关于校园网络舆论环境的研究，笔
者在外文数据库 Elsevier Science、EBSCO、ERIC Database 中发现关于公共
舆论、网络环境、网络道德等与主题相关的文献对本书是有启发和帮助的，
但尚未发现外文专著，也未发现相应论文。

　　首先，关于公共舆论的研究。在西方公共舆论研究发展史上，一些思
想家对其进行了深入探索。英国哲学家托马斯·霍布斯（Thomas Hobbes）
在 1651 年出版的《利维坦》中第一次详细论述了公共意见，只是其用的是
"public opinon"。西方公共舆论的真正形成以《社会契约论》为标志，因为
1762 年法国启蒙主义思想大师卢梭在该书上首次将公众和意见联系起来。
德国学者诺曼总结了"公共的"（public）三层含义：法律上的公开性、政治
上在公共力量中体现、心理上为了避免孤立而导致的公共性意识。② 公共舆
论研究主要分为微观与宏观两个层面：微观层面主要是研究人们意见形成的
规律和过程，如法国的加布里埃尔·塔尔德在谈到公共舆论时指出"个人观
点转化为社会观点，然后又转化为舆论，……在一切时代里，推动这个转化
过程的动因是私下的谈话"③。宏观层面则有两种研究取向，一则研究集合意

①　参见杨月辉：《我国网络舆情研究文献的定量分析》，《东南传播》2012 年第 5 期。
②　[德] 伊丽莎白·诺尔–诺伊曼：《沉默的螺旋：舆论——我们社会的皮肤》，董路译，北
　　京大学出版社 2013 年版，第 538—539 页。
③　[法] 加布里埃尔·塔尔德：《传播与社会影响》，何道宽译，中国人民大学出版社 2005
　　年版，第 232—237 页。

见，如美国社会学家米尔斯认为，民意最重要的特性便是辩论的自由①；另一则研究舆论形成的过程，其中包括公共议题的建构等。如美国学者李普曼（Walter Lippmann）在《公共舆论》中认为"对舆论进行分析的起点，应当是认识活动舞台、舞台形象和人对那个活动舞台上自行产生的形象所作的反应之间的三角关系。"②至今仍然活跃在西方思想界的著名哲学家、社会学家尤尔根·哈贝马斯（Jürgen Habermas）提出过"公共话语空间"理论，详细探讨了公共舆论的起源、作用和地位，并提出了一个重要概念"公共领域"，"有些时候，公共领域说到底就是公众舆论领域，它和公共权力机关直接相抗衡"③。

其次，关于网络环境的研究。国外关于网络世界的研究伴随着网络信息技术的发展而逐渐由表及里，不断深化着对网络技术逻辑与社会发展逻辑的关系。早期互联网研究者当属乐观派，在他们眼里网络意味着开放、自由、平等、民主。如约翰·佩里·巴洛（John Perry Barlow）和托德·拉平（Todd Lapin）认为，"自由而不混乱，有管理而无政府，有共识而无特权"④。随着网络应用逐渐全球化和多样化，一些学者们不再理想化地视其为乌托邦。美国凯茨（Katz）指出："在许多网络的公共论坛上充斥的是虚假、无聊，甚至侮辱与人身攻击等信息，……阻碍了理性对话的展开。"⑤学者们开始认识到互联网成为一种社会控制工具。美国学者安德鲁·夏皮罗（Andrew Shapiro）把这称为"强制技术"和"过度操纵"。随着网络与人们社会生活越来越密切，关于网络环境的研究也就可以细分为三类：一是关于网络技术环境的研究；二是关于网络社会环境的研究，爱德华·A.卡瓦佐（Edward A. Cavazos）等的《赛博空间和法律——网上生活的权利和义务》、

---

① [美] 米尔斯：《权力精英》，王崑、许荣译，南京大学出版社 2004 年版，第 380 页。

② [美] 沃尔特·李普曼：《公共舆论》，上海人民出版社 2002 年版，第 14 页。

③ [德] 尤尔根·哈贝马斯：《公共领域的结构转型》，曹卫东等译，学林出版社 2004 年版，第 35 页。

④ [美] 劳伦斯·莱斯格：《代码》，李旭、姜丽楼译，中信出版社 2004 年版，第 4 页。

⑤ 刘建华：《赛博空间的舆论行为——校园网络舆论的形成机制及其思想政治教育研究》，中国政法大学出版社 2011 年版，第 9—10 页。

曼纽尔·卡斯特（Mannuel Castells）的《网络社会的崛起》等是这方面研究的代表作；三是关于关于网络文化环境的研究，研究议题主要有互联网对艺术、娱乐的媒体影响如何，① 互联网是否造成文化霸权及相应的精英政治，互联网到底增加了文化的丰富性还是使文化变得更加单一等。

　　再次，关于网络道德的研究。早在 20 世纪 40 年代，控制论专家维纳（N. Wiener）就提出了研究计算机伦理问题。"计算机伦理学"概念被学者曼纳（W. Maner）正式提出则到了 1976 年。② 随着互联网的迅速发展，种种网络失范行为促使学界进入 20 世纪 90 年代后开始提出网络伦理学（Internetethics，cyberethics）等概念以取代计算机伦理学。应当说网络伦理研究取得进展的一个显著特点是：建立了研究机构并开始组织针对日益凸显的网络道德问题的学术讨论会议。如 1995 年 11 月在加利福尼亚大学柏克利分校举行的国际互联网的伦理学讨论会。为了更好地梳理 20 世纪下半叶关于网络道德的研究，"麦卡锡（R.V. McCarthy）等把有关网络道德的研究文献分为三类，即关注网络实践的社会影响、关注网络不道德行为的群体差异以及关注网络对决策过程的影响"③。总的看来，国外涉及网络道德问题的研究主要分为三个方面："一是具体的网络不道德行为问题研究：网络欺骗、网络侵权、网络滥用等。"④ 如康韦尔（B. Cornwell）和伦德格（D. C. Lundgren）的研究指出，超过 50% 的网民有过网络欺骗行为。⑤ 二是网络与其他社会现象如政治、经济、民主、文化等相关联的交叉问题研究，如有学者认为"虽然网络政治参与能够增加线下政治参与的可能性，但是其也易通

① P. DiMaggio & E. Hargittai，et al.，Social Implications of The Internet，*Annual Review of Sociology*，2001（27）.

② Maner W，Unique Ethical Problems in Information Technology，*Science and Engineering Ethics*，1996（2），pp.137-154.

③ McCart R. V.，Halawi L.，Aronson J. E.，Information Technology Ethics：A Research Framework，*Issues in Information Systems*，2005（2），pp. 64-69.

④ 孙余余：《人的虚拟生存与思想政治教育创新研究》，2011 年论文，山东师范大学。

⑤ Cornwell B.，Lundgren D. C.，Love on the Internet：Involvement and Misrepresentation in Romantic Relationships in Cyberspace vs. Realspace，*Computers in Human Behaviour*，2001（2），pp.197-211.

过边缘化低教育程度以及低社会经济群体强化甚至加剧线下政治参与中存在的社会不平等"[1]。三是由网络道德问题引发的哲学层面深层次研究，如学者 Bailrigg 在《计算机道德：哲学调研》中指出，要控制网络上的各种行为仅靠法律法规等外部因素是不够的，需要借助个人良心和善恶观念等内部因素助推网络道德的进步。

除了以上研究领域，笔者在资料搜集中还发现了几个颇有启示意义的研究议题。首先是关于 BBS 的研究，主要涉及 BBS 的使用、管理、议题建构、语体特点以及社会效果。[2] 如布托（Butow）在分析某 BBS 三天的文本内容的基础上研究网民行为及 BBS 规范执行情况；[3] 彭娜（Pena-Perez）等人运用参与式观察、焦点群体访谈等定量与定性结合方法研究，发现 BBS 并不能像预期那样创造一个与现实一样的教育环境。[4] 其次是关于青年网络利用行为的研究，笔者发现国外对于新一代网络用户的研究十分关注，如大英图书馆和英国联合信息委员会在调查青年人网络利用特点时总结，他们更喜欢交互的系统，比起文本信息更喜欢视频，比起整个文本更容易接受信息单元式的快捷信息等。[5] 艾喜（Ishii）等人根据调查数据统计发现不同地域文化会产生不同网络使用行为和不同人际关系，如日本青年人流行手机短信等个人化传播方式，而我国台湾地区则流行 BBS 文化，由此造成台湾民众对互联网较高的信任度。[6] EUYOPART 研究发现，那些乐于在网上讨论和

---

[1] Corinna di Gennaro, William Dutton, The Internet and the Public: Online and Offline Political Participation in the United Kingdom, *Parliamentary Affairs*, 2006 (2), pp.299-313.

[2] 佘红：《网络时政论坛舆论领袖研究——以强国社区"中日论坛"为例》，华中科技大学出版社 2010 年版，第 17 页。

[3] Butow Eric E, A content analysis of rule enforcement in the virtual communities of FidoNet Echomail conferences, California State University MA Dissertation, 1996.

[4] Pena-Shaff J, Martin W, Gay G, An epistemological framework for analyzing student interacions in computer-mediated communication environments, *Journal of Interactive Learning Research*, 2001, 12 (1), pp.41-68.

[5] Livingstone S, Bober M, Helsper E, Active participation or just more information, *Information, Communication and Society*, 2005, 8 (3), pp.287-314.

[6] Ishii Kenichi, Wu Chyi-In, A comparative study of media culture among Taiwanese and Japanese youth, *Telematica*, 2006, 23 (2), pp.95-116.

了解有关政治问题的青年人往往热衷于频繁参与政治活动。① 值得注意的是在青年网络利用行为研究中，尤其是研究者使用的由 Marcoux 2007 年提出的日间跟踪法（Tween Day Approach）对青年人全天信息行为进行跟踪令人印象深刻。再次是关于网络交往的研究，涉及网络人际互动的性质、问题定位、类型划分和作用功能等方面。美国比尔·唐瑟尔（Bill Tancer）的《在线为王：你在网上看什么、干什么，我全知道》等展示了青年对社交网站的高度热情。在网络交往中努力保持自我良好形象的网络自我展示策略研究随着 Web 2.0 网络的发展愈显重要，如"斯特拉诺（Strano）在 2008 年关于使用 Facebook 的青年人调查报告中指出，使用者考虑选择照片的首要因素是'迷人'"②。

总体而言，国外学者对网络发展及其引起的舆论和道德问题比较敏感，③ 涉及网络的问题研究面广、参与者多，给我们的研究提供了丰富的宝贵资料。比较国内外相关研究，笔者以为，一是研究视角不同，国外大多为跨学科视角，国内大多为单一学科。多学科共同审视问题，看似混淆了研究领域，实则利于我们认清研究问题的复杂性。二是研究视野不同，国外多将互联网置身于社会发展的大背景下考察，而国内学者偏重于微观问题的研究。三是研究方法不同，国外研究多为实证研究，国内则多为理论思辨，尤其国外学者善于运用相关理论建构研究模型，揭示网络行为机制背后的因果关系，研究思路的缜密程度具有重要借鉴意义。

第三，近年相关文献的计量分析。如前所述，关于校园网络舆论环境的专著较少，期刊论文和学位论文的数量也不是很多。在校园网络舆论场域大的框架下，为了更好地把握前人研究基础，笔者在中国知识资源总库

---

① EUYOPART, Political Participation of Young People in Europe，http//www.sora.at/de/start.asp？b=14，2005-12-1.

② Strano，M. M.，User Descriptions and Interpretations of Self-Presentation through Facebook Profile Images. Cyberpsy-chology, *Journal of Psychosocial Research on Cyberspace*，2008，2（2），p.5.

③ 赵丹：《大学生网络道德失范的调适机制研究》，湖南科技大学硕士学位论文，2013 年。

(CNKI) 以"高校或者大学生"并且"网络舆论或者网络舆情"为篇名关键词进行跨库精确检索（截至 2014 年 12 月），中国学术期刊网络出版总库检索出期刊论文 758 篇、"特色期刊" 82 篇、"中国优秀博士学位论文全文数据库" 2 篇、"中国优秀硕士学位论文全文数据库" 76 篇、"中国重要会议论文全文数据库" 9 篇、"国际会议论文全文数据库" 3 篇、"中国重要报纸全文数据库" 8 篇、"中国学术辑刊全文数据库" 2 篇。基于这些文献，笔者拟利用文献计量法进行定量分析，以更清晰地了解国内高校校园网络舆论的研究现状。

首先，文本数量分析。在期刊论文方面，从时间分布来看，如表 0–1 所示，高校网络舆论研究在数量上呈逐年递增的态势，2002 年 1 篇、2004 年 1 篇、2005 年 1 篇、2006 年 4 篇、2007 年 11 篇、2008 年 18 篇、2009 年 38 篇、2010 年 58 篇、2011 年 101 篇、2012 年 152 篇、2013 年 184 篇、2014 年 189 篇。笔者以这些文章在 SCI 期刊、EI 期刊、北京大学中文核心期刊和南京大学 CSSCI 核心期刊上刊载的情况来统计核心期刊命中量，2006 年 1 篇、2007 年 4 篇、2008 年 4 篇、2009 年 8 篇、2010 年 11 篇、2011 年 33 篇、2012 年 31 篇、2013 年 39 篇、2014 年 44 篇。核心期刊命中率在 2010 年跌至 20% 以下有所回落，而后又逐渐攀升。由此可见，对校园网络舆论的研究今后几年将继续增长，但目前仍存在研究水平不高、被认可程度低的问题。从基金资助项目来看，如表 0–2 所示，共有 15 个类别的基金资助了高校网络舆论研究。江苏省教育厅人文社会科学研究基金和国家社会科学基金对其资助力度最大，文献篇数分别为 16、15 篇。其他省部级基金项目也给予了较大支持，近几年来高校网络舆论研究的兴起受益于这些基金项目的资助。从学科分布来看，如表 0–3 所示，此处仅列出前 10 名主要分布学科。由于研究主题是教育系统的网络舆论，所以文献集中在"高等教育"，其次"新闻与传媒"、"互联网技术"等也刊载了大量文章，可见目前从教育学、新闻学、信息学角度研究高校网络舆论的文献较多。从著者及研究机构来看，通过对这 758 篇期刊论文按第一作者所在研究机构进行统计发现，作者所在研究机构均为高校，社会科学院、传媒机构等的研究者并没有加入到高校网络舆论研究阵营当中。根据确定核心作者的普赖斯公式（$M = 0.749\sqrt{N_{max}}$）进行计算（发文最多的著者论文数为5），得出 M 值为 1.67，即发文 2 篇以上的作者为该研究领域的核心作者。这里统计发现，发表 2 篇以上的作者有40 人，由此可见在高校网络舆论这个新兴研究领域，正在形成一批既有影响力又有持续力的研究队伍。在学位论文方面，2 名博士生将高校网络舆论研究作为自己的博士学位论文选题：王灵芝的《高校学生网络舆情分析及引导机制研究》（中南大学出版社 2010 年版）、周涛的《网络舆论环境下的高校思想政治教育研究》（西南财经大学出版社 2011 年版）。40 篇硕士学位论文中，马克思主义理论与思想政治教育专业 23 篇、教育经济与管理专业 6篇、传播学专业 4 篇、新闻学专业 3 篇、政治学理论专业 1 篇、情报学专业1 篇、管理科学与工程专业 1 篇、高等教育学专业 1 篇。这说明高校网络舆论研究出现了跨学科的研究趋势，得到多界别学科的关注。

表 0-1　高校网络舆论研究文献年载文量分布情况

年份（年）	发文总量（篇）	核心期刊命中量（篇）	核心期刊命中率（%）
2002	1	0	0
2004	1	0	0
2005	1	0	0
2006	4	1	25
2007	11	4	36.36
2008	18	4	22.22
2009	38	8	21.05
2010	58	11	18.97
2011	101	33	32.67
2012	152	31	20.39
2013	184	39	21.20
2014	189	44	23.28

注：比例计算公式：核心期刊命中率（核心期刊／发文数）×100%。

表 0–2 高校网络舆论研究文献资助来源情况

排序	研究获得资助	篇数
1	江苏省教育厅人文社会科学研究基金	16
2	国家社会科学基金	15
3	河南省软科学研究计划	6
4	湖南省社会科学基金	4
5	浙江省教委科研基金	4
6	江苏省科委社会发展基金	2
7	福建省教委科研基金	2
8	四川省教委重点科研基金	2
9	陕西省科委基金	1
10	河南省教委自然科学基金	1
11	湖南省教委科研基金	1
12	湖北省教委科研基金	1
13	黑龙江省社会科学基金	1
14	中国博士后科学基金	1
15	河北省软科学研究计划	1

表 0–3 高校网络舆论研究文献学科分布情况

排序	学科类别	篇数
1	高等教育	531
2	新闻与传媒	323
3	互联网技术	19
4	中国共产党	6
5	计算机软件及计算机应用	6
6	中国政治与国际政治	4
7	图书情报与数字图书馆	4
8	信息经济与邮政经济	4
9	教育理论与教育管理	4
10	自动化技术	3

　　其次，文本信息分析。在这 940 篇文献当中，从关键词来看，如表 0–4 所示，按文献篇数排序列出了关键词出现频率前 18 位。网络舆情、高校、大学生、网络舆论、思想政治教育、引导等位居前列，文献篇数都在 90 篇以上。由此可见高校网络舆论尤其受思想政治教育研究者的关注，同时这前 18 位关键词里，256 次提到了引导或策略，可见研究者对网络舆论的应对比较感兴趣。位列第 13 位的关键词"微博"也体现了高校网络舆论研究者紧跟时代脉搏，热衷热点话题的研究特点。被引频次是反映文献学术价值的重要指标，从文献被引频次来看，如表 0–5 所示，汤力峰、赵昕丽所著的《网络舆情与高校思想政治工作的应对》被引频次最高，达到 80 次。而其中专门研究高校网络舆论的文献中，张瑜、焦义菊所著的《高校网络舆论的传播特点、影响机制及其引导策略》被引频次最高，达 79 次，他们认为"校园网上评论类信息的传播及其所形成的网络舆论逐步成为影响大学生思想和行为发展的重要因素"，文章对校园网络舆论影响大学生思想和行为的二级传播等重要机制进行了深入探讨，具有借鉴意义。纵览学界自 2002 年以来文献，我国高校网络舆论研究尚处于起步阶段。每年发表《中国教育网络舆情发展报告》的学者唐亚阳深度分析年度高校网络热点舆情事件，具有参考价值。① 在高校网络舆论内涵界定上，研究对象定义为高校网络舆论还是高校网络舆情看法不一，行为主体到底是学生② 还是师生③，载体对象究竟是高校网络空间还是整个互联网仍存较大争议。在高校网络舆论特征研究上，大部分学者从高校网络舆论的主体、客体的角度进行分析，部分学者从高校网络舆论的形成过程角度进行把握；也有学者从高校网络舆论的内容角度着手，进而进行分类研究。如敬菊华、张珂认为新时期高校网络舆论的四大特点是：网络舆论主体的多样化、网络舆论内容的复杂化、网络舆论形成的迅速

---

① 唐亚阳：《中国教育系统网络舆情年度报告（2010）》，湖南大学出版社 2011 年版，第 222 页。

② 李新萌：《浅析高校网络舆情的特点、成因与引导》，《福建论坛》（社会科学教育版）2010 年第 6 期。

③ 王学俭、刘强：《当前高校校园网络舆情的逻辑分析》，《中国高等教育》2010 年第 10 期。

化、网络舆论影响的难控化。① 在高校网络舆论演化规律探讨中，附着载体、结构要素、诱发原因、演化阶段等是学者们主要研究的议题。如王学俭、刘强构建了一个"高校校园网络舆情的形成流程图"②。在高校网络舆论的应对策略上，主要围绕三种思路展开探讨，从校园网络舆论的演变规律入手、从高校管理职能和机制入手、从互联网技术的发展入手。如刘燕、刘颖提出"要综合运用网络交流载体，改变教育方式"③。总体而言，在网络舆论基础理论依托不足的背景下，高校网络舆论研究仍取得一定成绩，但其数量、质量、广度和深度都需加强。笔者以为目前研究的主要缺憾在于：一是理论研究和应用研究协同性不够；二是定性分析与定量分析结合不够；三是多学科视角、全方位观察不够。

表0–4　高校网络舆论研究文献关键词设立情况

排序	中文关键词	篇数
1	网络舆情	461
2	高校	297
3	大学生	174
4	网络舆论	158
5	思想政治教育	97
6	引导	96
7	高校网络舆情	70
8	引导策略	48
9	对策	36
10	管理	31
11	突发事件	30
12	网络	29
13	微博	26

① 敬菊华、张珂：《高校网络舆论的特点及其引导》，《中国青年研究》2007年第10期。
② 王学俭、刘强：《当前高校校园网络舆情的逻辑分析》，《中国高等教育》2010年第10期。
③ 刘燕、刘颖：《高校网络舆情的特点及管理对策》，《思想教育研究》2009年第4期。

排序	中文关键词	篇数
14	影响	25
15	引导机制	23
16	舆论引导	22
17	舆情	17
18	高校网络舆论	15

表 0-5　高校网络舆论研究文献被引频次情况

排序	文献标题	发表期刊	被引频次
1	《网络舆情与高校思想政治工作的应对》	《黑龙江高教研究》	80
2	《高校网络舆论的传播特点、影响机制及其引导策略》	《学校党建与思想教育》	79
3	《高校网络舆情的特点及管理对策》	《思想教育研究》	76
4	《浅谈高校网络舆情的特点、成因及其危机应对》	《荆门职业技术学院学报》	65
5	《"微时代"高校网络舆情生成和干预机制研究》	《学校党建与思想教育》	62
6	《高校网络舆情的控制与引导》	《情报理论与实践》	59
7	《论网络舆情对高校群体性事件的影响》	《重庆邮电大学学报》(社会科学版)	52
8	《大学生网络舆论特征及其引导》	《思想·理论·教育》	51
9	《高校网络舆情安全硬件保障体系研究》	《西南农业大学学报》(社会科学版)	42
10	《当前高校校园网络舆情的逻辑分析》	《中国高等教育》	41

四

天下最难控制的东西是什么？不在身外，就在身内，这就是人心。笔者以为，它就是人的思想、意识和情感。古往今来，个人成败，国家兴亡，都看治心的结果。思想政治教育是做人的工作，难度可见一斑。文章试图通过优化校园网络舆论环境来寻找思想政治教育创新的路径，这当中我们需要解析论题的三个具体问题：文章的研究对象究竟是网络舆情还是网络舆论？如果是网络舆论，这个网络舆论属于网络工具范畴还是网络社会的一种生存运行表达？如果是网络社会，这个校园网络社会是校园的孤立象牙塔还是开放的社会系统？

　　第一，网络舆情还是网络舆论？舆情与舆论这两个概念都涉及社会公众的意见，都关注社会生活各方面的问题尤其是热点问题，但它们之间的差异也是很明显的。王来华教授在《网络舆情研究——理论、方法和现实热点》中指出，舆情从狭义而言，"指民众受中介性社会事项刺激而产生的社会政治态度"①。陈力丹教授在《舆论学——舆论导向研究》中专节讨论"什么不是舆论"，对辨析二者提供了有益的启示。首先，舆情有时为公开的意见表达，有时是隐藏的情绪表现，只要是民众所想，不管公开不公开；而舆论一定表现为"公开意见"。其次，舆情是来自民众的"心声"，对应着自然的民意，是客观存在的、无法抹杀的社会集体意识；而舆论则涵盖了各种公众的声音、社会群体的声音、社会机构的声音，乃至政府的声音。② 从一定意义而言，舆论有时会沦为利益集团颠倒是非、混淆视听、粉饰太平的工具，因而是可以被"压制"、"制造"、"误导"的。舆情向舆论的转换是一种常态，"社会事项信息刺激产生的民众社会政治态度被带到网络上反映了网络舆情向网络舆论的转换"③，这种转换因网络信息的海量、传播速度的快捷、表达意愿的方便、网络合理匿名而变得更多、更快、更便利。鉴于舆情研究涉及民众的社会心理结构和变化过程，而舆论研究则更关注舆论传播演变的过程、机制、规律、结果等。这对舆论环境的优化更有指导意义，因此本书将从网络舆论的视角剖析论题。

① 王来华：《网络舆情研究——理论、方法和现实热点》，天津社会科学院出版社 2003 年版，第 5 页。

② 王来华、冯希莹：《舆情概念认识中的两个基本问题》，《天津社会科学》2012 年第 6 期。

③ 张耀灿、郑永廷：《现代思想政治教育学》，人民出版社 2006 年版，第 120 页。

第二，网络载体还是网络空间？张耀灿、郑永廷主编的《现代思想政治教育学》一书将网络思想政治教育定义为："在互联网和信息技术迅速发展的时空境遇下，以认清网络本质和影响为前提，利用网络促使思想政治教育运行的虚拟实践活动。"① 这个定义给予作者很大启发，"利用网络"的网络思想政治教育，把网络视为思想政治教育的工具或者载体，其实网络除此"工具意义"以外，更有"社会意义"。网络作为人创造的一种技术，展现了人在自然环境中本质力量的调试与增长；网络作为人生存的一种方式，则彰显了人在社会环境中个性品质的发展与丰富。在被安东尼·吉登斯（Anthony Fiddens）称为可以媲美马克思·韦伯（Max Weber）《经济与社会》的《信息时代：经济、社会与文化》（曼纽尔·卡斯特）一书中有这样一种观点引起国内学术界关注："作为一种历史趋势，信息时代支配性功能与过程日益以网络组织起来。网络建构了我们社会的新社会形态，而网络化逻辑的扩散实质地改变了生产、经验、权利与文化过程的操作和结果。"② 受此启示，笔者以为，网络是一个虚拟空间，网络思想政治教育既是运行于一个校园现实空间与虚拟空间密切联系的立体社区，也是立足于一个大学生为主体的自组织性较强的信息空间，更是承载在一个全新的人际交往和文化环境当中。

第三，教育孤岛还是开放系统？网络上我们常常看到这样的抱怨帖子："为什么社会上的东西，书本学不到？为什么书本上的东西常常与社会相反，在社会上没用？"教育界的"孤岛效应"（isolated island effect）在美国学者奥尔森《学校与社区》中有过详细阐述。思想政治教育的孤岛现象则被李辉教授在《现代思想政治教育环境研究》中予以详细分析。无论是思想政治教育系统在空间上与相应外部环境的分离，还是在时间上一定的思想政治教育系统与历史未来割裂，抑或是一定的思想政治教育系统在功能上与其他设计要素的对立，都可能形成思想政治教育的"孤岛"。现代思想政治教育要走

① 张耀灿、郑永廷：《现代思想政治教育学》，人民出版社 2006 年版，第 120 页。
② 曼纽尔·卡斯特：《网络社会的崛起》，夏铸九等译，社会科学文献出版社 2001 年版，第 569 页。

出"孤岛"，就必须适应社会更加复杂化、更加现代化的时代变迁。药家鑫案中，药家鑫该杀还是不该杀，曾经是一个激烈的网络舆论话题，要想有效调控好舆论，营造良好育人环境，光靠舆论手段是不够的。舆论在上层建筑意识形态领域里，与日常生活、政治生活、哲学世界观息息相关，舆论环境包含了经济、政治、法律、文化等各个层面，调控舆论是一项难度较高的系统综合工程。网络社会给予了思想政治教育发展与创新的土壤，在网络社会条件下，全面认识校园网络舆论，特别是针对高校个性需求，提出基于网络社会管理的校园网络舆论危机事件应对机制，是把握高校思想政治教育环境发展的重要前提。

五

本书按照网上观察—理论总结—实际访谈—理论研究—实践指导的路线来开展研究工作。遵循"是什么、为什么、怎么办"的基本论题研究思路，首先探索优化对象的科学内涵及其运行机理，横向拓宽校园网络舆论环境与其他环境关系，纵向挖掘校园网络舆论环境建设历史。接着通过寻找理论基础和分析现状为优化提供依据，既有西方经典理论借鉴，又有国内学科理论解析；既注重理论研究，又规范实证分析；既宏观把握环境系统，又深入主体心理；既解析环境优化难点，又挖掘国内外成功经验。然后在实践层面系统化探讨适合现阶段校园网络舆论环境建设的新路径和新方法，优化措施按照总分总合的逻辑顺序，首先是研究优化理念；其次根据环境的结构元素，以微观到宏观，从针对环境中的人到环境中的舆论，再到舆论所处的网络环境，再到舆论所处的社会环境，分别予以匹配的优化措施；再次研究将以上策略整合运用到危机事件应对机制方面；最后再构建优化评估体系，以检测优化效果如何。

第一，优化对象论。高校校园网络舆论环境是一个多因素、多层次、多形式的综合体，这个环境的层级结构怎样？特征是什么？又具有怎样的功能作用？作为一个动态系统，从微观、中观、宏观角度看，环境的运行机理是什么？作为一个开放系统，它与社会舆论环境的嬗变、互联网技术的发展，高校数字化校园的建设又有什么关系？纵观全国高校，校园网络舆论环境建设的发展历程怎样？环境本身的科学分析为进一步探究环境存在的问题及其原因奠定了基础。

第二，优化依据论。环境优化能不能得到马克思主义思想及其中国化理论和思想政治教育理论的支撑？中国传统文化有没有价值传承？心理学、社会学乃至西方经典传播理论、虚拟空间理论以及其他自然科学理论能否为校园网络舆论环境建设的探索提供跨学科的理论借鉴？网络媒体中的把关人角色是否已经失去了原有作用？在校园网络传播中到底是从众心态更重还是表达个性观点更突出？校园网络舆论的热源事件有没有自身规律？高校网络舆论环境，既有内部环境的优势、劣势因素，又有外部环境的机会、威胁因素，对高校网络舆论环境的内外因素进行评价，分析利弊、优劣，可以为构建一个健康发展、良性循环的高校网络舆论内外环境系统提供对策依据。

第三，优化路径论。校园网络舆论热点转化为高校群体事件怎么办？学生热衷就社会网络舆论事件发表过激观点怎么办？面对社会发展带来的机遇和挑战，从人与环境互动的视角，把高校网络舆论内外部环境作为一个系统工程，以校园外部环境为依托，以校园内部环境为基点，抓住机遇，寻找对策，迎接挑战，趋利避害，扬长避短，以期通过更新环境优化理念、探究针对主体、客体、介体的优化方法，探索系统的优化机制以及配套的评估方案，开辟高校网络舆论环境的健康发展新天地。

第一章　高校校园网络舆论环境概述

所谓环境，就是周围所在的条件。对不同的学科体系和研究对象来说，环境的内容不尽相同。在 W. 李普曼看来，人以符号为媒介在头脑中制作的行为环境就是虚拟环境，其与现实环境或者称客观环境相对应。关于虚拟环境的研究起始于军事科学，成长于自然科学，当前是人文社会科学研究的热点。虚拟环境的形式包括：网络经济环境、网络交往环境、网络学术环境、网络舆论环境、网络实验环境等。佘仰涛教授认为："看某种环境是不是属于思想政治教育环境，可以看它是不是具有时序体、空位态和人与事联结体三个要素。"[①] 网络舆论环境尤其是高校校园网络舆论环境之所以能够成为影响大学生思想政治教育的重要环境因素，一是因为在时序体上它具有现实的网络境况，当下网络发展的特点深刻影响着思想政治教育的发展；二是因为在空间上它承载着高等教育在网络时代的变迁轨迹，聚焦着大学生在网络环境中的思想观念表达，反映着大学生在开放舆论环境中的思想道德表现；三是因为网络时代促进网络文化的产生，网络舆论的传播与思想政治教育的传播也必然产生条件联结、功能联结和需求联结。因此，高校校园网络舆论环境已然成为大学生思想政治教育的一种特殊环境。

[①]　元林：《思想政治教育体系中的网络传播研究》，光明日报出版社 2011 年版，第 218 页。

第一节　校园网络舆论环境内涵

张再兴教授在著作《网络思想政治教育研究》里指出："校园网络亚传播圈指的是，在整个互联网信息传播系统中，随着高校校园网络建设日趋完善，大学生的主要网络行为逐渐依赖于校园网络，从而形成了基于信息内容、网络媒介、用户群体三个基本要素之间的相互联系与相互作用的具有特殊性质的校园网络信息传播子系统。"[①]刘建华教授在《赛博空间的舆论行为——校园网络舆论的形成机制及其思想政治教育研究》一书中提出："校园网络场域是指在整个校园网络场域中，基于大学生用户群体、信息内容和网络媒介三个基本要素之间相互联系、相互作用在校园网络空间形成的具有一定意见气候的校园网络传播系统。"[②]在笔者看来，第一，从高校网络管理而言，校园网专指接入中国教育和科研计算机网，能实现统一入口和出口的校园网络。完善的校园网络建设本应是校园网络舆论环境得以形成的基本条件。但是纵观目前国内，仅有清华大学、北京邮电大学等少数高校建立了能够全面覆盖校园的校园网。因为硬件建设等多种原因，借助校园网以外的入口进入互联网，成为绝大多数高校校园网络的现实生态。退一步说，如果全国高校校园网络都能做到统一入口和出口，在纷繁复杂的全网舆论环境中，营造健康向上的"象牙塔"就不会是当今的理论和现实难题了。第二，随着宽带无线接入技术和移动终端技术的飞速发展，移动互联网应运而生并迅猛发展，大学生们通过手机使用移动互联网比通过电脑使用传统互联网更加频繁。据笔者调查显示，[③]在移动互联网的推动下，个人互联网应用颇受大学生欢迎，即时通信作为第一大应用，使用率达到

[①]　张再兴：《网络思想政治教育研究》，经济科学出版社2009年版，第413页。

[②]　刘建华：《赛博空间的舆论行为——校园网络舆论的形成机制及其思想政治教育研究》，中国政法大学出版社2011年版，第64页。

[③]　调查的样本情况将在本书第四章予以介绍。

98.2%。第三，分享是当代大学生网民的基本态度。笔者调查发现，73.1%的大学生通过博客、微博、微信等分享信息与资源，绝大多数大学生对互联网分享行为持积极态度，有些人为此而乐此不疲。当然利用移动互联网表达情感和心理需要，陈述自己对社会热点事件的观点和看法越来越便利的同时，校园网络舆情也因此相伴而生。第四，笔者调查显示，75.87%的大学生在信息获取上对校园网络的依赖要低于社会门户网站、微博、微信等大众传播媒体。大部分大学生获取校内信息取道校园网（58.79%）、校园微信圈（53.19%）、校园微博圈（41.01%），而获取校外信息以及校内未公开的信息则不会取道校园网。基于这些考虑，如果仅研究校园网覆盖的区域，研究对象的客观性、科学性和严谨性就会受到严重影响。第五，我们经常把舆论氛围看作一种能够感觉到的但较为混沌、笼统的精神文化环境。"在舆论学中，媒介环境和舆论氛围常常相互作用，融合为一体，也可以理解为媒介舆论环境。"[1]

　　综上所述，笔者以为高校校园网络舆论环境[2] 指的是，伴随互联网技术的迅速发展以及社会舆论环境的嬗变，高校用户群体（本书主要讨论大学生群体[3]）针对特定的现实客体，一定范围内的"多数人"基于一定的需要和利益，通过校园网等网络渠道公开表达的态度、意见、要求、情绪，在互联网上进行交流、碰撞、感染，整合而成的、具有强烈实践意向的集合意识氛围。高校校园网络舆论环境作为一个系统，具有一定的结构、特点和作用。一方面，它以系统整体的方式对外界进行信息和能量的交换；另一方面，它的作用和特征决定着影响思想政治教育的方式和途径。

---

① 毕一鸣、骆正林：《社会舆论与媒介传播》，中国广播电视出版社 2012 年版，第 115 页。
② 胡杨、徐建军、张宝：《社会认知心理学对校园网络舆论环境优化的启示》，《现代大学教育》2013 年第 3 期。
③ 需要说明的是，由于本书的目的在于站在教育者的立场上探讨大学生思想政治教育的有效载体和创新途径，分析网络舆论环境对大学生的影响及优化策略，所以我们在研究过程中，主要以大学生为研究对象。

一、校园网络舆论环境结构

结构是系统中诸要素之间的相互联系与组织形式。霍伦斯在论述结构主义时指出："事物的真正本质不在于事物本身，而在于我们在各种事物之间构造，然后又在它们之间感觉到的那种关系。"① 因此研究校园网络舆论环境，不能不研究其结构。笔者主要从要素、层次和形态视角展开校园网络舆论环境的结构分析。

环境要素是构成环境整体的各个独立的、性质不同的而又服从整体发展变化规律的基本组织或单位。高校校园网络舆论环境由环境主体、环境客体、环境介体等要素构成。环境主体是大学生，② 他们思想活跃，知识丰富，高频率接触网络，对社会事件有着自己的见解。网络互动、虚拟、开放的特点，让喜欢张扬个性的大学生们有了充分展示个人的机会，也让一些网络谣言、错误思潮等更容易误导和支配大学生的思想行为，从而影响舆论的走向。环境客体是校园网络舆论，就是在网络上形成并传播的与高校有关或受大学生关注的热点问题或者带有一定影响力的有明确态度的意见和言论。从"高校食堂系列罢餐"事件到"真维斯楼"事件，从"我爸是李刚"事件到"药家鑫"事件，近年来校园网络舆论风起云涌。环境介体是大学生常用的网络媒介形式，当下比较流行的如校园 BBS、高校贴吧、QQ、微博、微信、人人网等。对于高学历、喜新奇的大学生群体而言，日新月异的网络传播媒介既符合他们的"口味"，也改变着他们的生活与思考方式，进而影响校园网络舆论的形成演变。

根据环境主体间互动关系的不同特点，笔者以为校园网络舆论环境可以分为三个层次：熟人社区、同类社会、公共空间。熟人社区指大学生们以熟人、朋友关系进行网络舆论互动的环境，如人人网的班级主页、QQ 上的

---

① ［英］霍伦斯：《结构主义和符号学》，瞿铁鹏译，上海译文出版社 1987 年版，第 8 页。
② 客观而言，校园网络舆论环境主体包括大学生、教师、教育管理者等，他们既是网络舆论的制造者或传播者，也是网络舆论的传递接受主体。鉴于本书着眼大学生思想政治教育的创新研究，因此这里主要讨论大学生群体。

年级群、微信上的朋友圈等，这些人在现实生活中一般是一个组织内的成员或是相互认识的朋友，以感情联系为纽带形成了比较稳定的交往圈子。同类社会指以共同兴趣爱好、相同学生身份等关系进行网络舆论互动的环境，如校园 BBS 的文学讨论区、易班里的星座论坛、QQ 上的高校环保社团精英群等，他们主要关心共同兴趣爱好的有关经验或者因同类身份引发的学习、生活、情感等话题。公共空间指主体间互不熟悉，不存在稳定交往关系的网络舆论互动环境，如学校新闻网的评论区、学校官方微博上的评论、大学贴吧里的讨论区等，这些人来源广、流动快、数量大，比较关注与自己利益相关的公共事务、重大新闻、突发事件等热点问题。

形态是事物的存在样式。在互联网背景下，依照校园网络舆论环境的扩展形态，笔者将其分为三种类型：开放型、封闭型、半封闭型。开放型的校园网络舆论环境，多见于社会网络媒体针对高校用户的应用中，其允许校内校外各种人士就话题展开讨论，通过用户 ID 无法辨别其身份，如高校官方微博的评论、贴吧里的某某大学贴吧、天涯论坛的校园社区等。封闭型的校园网络舆论环境，存在于校园网内，仅允许本校师生就话题展开讨论，实行用户实名制且 ID 能显示身份，如部分高校基于校园卡数据系统的图书馆资源社区、校园卡论坛等。半封闭型的校园网络舆论环境，是目前高校比较常见的，虽实行网络实名制，仅允许本校师生登录使用论坛或评论区，但隐性 ID 让学生比较放心发言，因为如果不调用后台，公众将不会知道用户的真实身份。

二、校园网络舆论环境特点

在网络舆论环境中，除了校园网络舆论环境外，还有企业、政府、媒体等网络舆论环境。与其他舆论场相比较，高校校园网络舆论环境除了空间开放性、话题丰富性、网民互动性、影响广泛性、意见分散性等共同属性外，还有许多自身特点。

从环境静态结构来看：高校校园网络舆论环境主体整体知识水平高，个体因学历层次、地域文化、家庭背景、学术视野等原因而显多元性，因 90

后还处在身体、心理等成长发展特殊时期而使舆论表达体现多元性。环境客体包罗万象，家事、国事、天下事都是大学生关注的对象，因高校特有的社会职能和空间结构，环境客体一方面具有浓厚的学术和文化气息，另一方面对意识形态、校园维权、学校管理、民族宗教、教育改革、毕业就业等话题有明显指向。环境介体对身处高科技前沿阵地的高校以及乐于熟练运用新兴网络媒介的大学生群体而言，充分体现了数字化特征，各种数字化新媒介，带着含有图形、文字、声音、动画等元素的舆论，实现着实时无边界、累积而汇聚的数字化传播。

从环境动态演变看：一是舆论形成的快捷性。网络媒介传播速度快，导致网络舆论在形成、发展和传播的速度上体现了传播快和易扩散的特点。尤其在高校校园网络舆论环境下，因学校人口多而密集，活动地域相对集中，使得学生交往频率增加，容易引起集中关注；高校倡导兼容并包、百家争鸣的自由学术氛围，促进多种观点碰撞交融；大学生群体同质性强，观察力敏锐，乐于并善于运用网络进行互动交流；社会其他群体视高校人士为社会精英，视其观点为专家意见，推动迅速散发等原因使得快捷性更为明显。二是舆论影响的落地性。网络舆论在网络虚拟空间产生，但其会从网上走到网下，在现实生活中落地，这种影响有时会容易酿成大祸，不容小觑。尤其是在高校校园网络舆论环境下，年轻气盛，关心时事、思想波动大的大学生，往往容易对含有刺激性信息的社会事件发生过激反应，从而导致高校群体性事件的爆发。① 三是舆论作用的联动性。高校作为一个庞大的教育系统，各高校间发生着千丝万缕的联系。"一个高校爆发了网络舆论危机，引起群体性事件，控制和引导手段不到位甚至可能横向蔓延至群体高校事件"，形成区域范围内甚至全国范围内大学生联动，催化事件恶性发展。

三、校园网络舆论环境作用

校园网络舆论环境的作用是其结构和特征的外化，"呈现出蕴含、导向、

① 王灵芝：《高校学生网络舆情分析及引导机制研究》，中南大学博士学位论文，2010 年。

涵容、凝聚、感染等特质，以'看不见的手'的方式运行于思想政治教育环境之中"①。这种作用发挥可能是积极的，如传递信息、沟通想法、促进交流、活跃文化等，也可能是消极的，如误导舆论、蛊惑人心、激化矛盾、破坏秩序等。笔者将其分为三个方面：一是情境创设作用。校园网络舆论环境既创设了大学生的信息集散地，为学生提供校园教学管理和生活服务等多方面信息资源，使思想政治教育主客体之间的交流方式由"人—人"向"人—网络—人"转变；也创设了大学生的人际交往圈，为学生的网络个体交往提供了丰富的意义语境，许多学生在网上找到共同兴趣爱好者形成自组织开展具有一定稳定性的交流，而且还将网络对话延伸到现实世界；也有很多学生集体将传统网下活动搬到网上，建立班级人人网主页、团支部官方微博，开展网上党支部讨论、网上团日活动等。二是价值整合作用。网络上充斥的各种思想文化、生活准则、道德规范等，无时无刻不在影响着大学生的价值选择与价值判断。这个价值整合作用是通过大学生网民的意见交流，一边消除个体价值分歧，一边调整原有社会认知、社会观念、规范体系、文明准则等，从而从心里形成新的价值体系的过程。它包括引导学生心理倾向于主流社会所主张的精神目标的社会心理整合、在舆论压力下对学生公众意见加以引导实现舆论统一律的社会意见整合、规范学生公众的社会行为的社会道德整合和在更高级层面对学生精神面貌进行的意识形态整合等几个方面。三是民主监督作用。开放的网络环境为青年学生了解和参与校园公共事务提供了便利条件，尤其是涉及学生利益的后勤保障、招生就业、评奖评优、校园安全等话题使得这个公共言论场所更加活跃。没有监督的权力容易产生腐败，校园网络舆论监督是一种重要的校园民主监督，它能对学校公共事务和校园行政权力机关的偏差进行批评和制约，有助于消除校园丑恶，预防工作错误和精神堕落。当然这种监督不等于网络舆论可以恶意造谣，可以蓄意诽谤，这种作用的发挥应该是建设性的，对事不对人，监督的目的是治病救人，而不是给教育添乱，营造精神恐慌。

---

① 王奇柯：《论思想政治教育协同作用机制》，《江汉论坛》2008 年第 4 期。

第二节　校园网络舆论环境机理

思想政治教育运行是一个动态过程，一方面，呈现为主体以网络舆论环境为意义语境进行的交往互动，传递和生成新的价值、意义；另一方面，思想政治教育在"微观—中观—宏观"的运行过程中主动进行价值选择和创新，从而形成新的网络舆论环境。机理表征着事物运动的特定规律和方式。在校园网络舆论环境系统里，环境要素的传递、传播和创造构成了其运行的重要机制，它使得校园网络舆论环境在微观、中观、宏观各个视角内形成相对独立的开放系统，对内外要素进行整合，从而保持自身运行的稳定性和持续性。

一、从校园网络舆论的形成过程看环境系统微观运行

在校园网络舆论环境系统里，将视角对准校园网络舆论本身，笔者以为这是一种微观视角。只有分析校园网络舆论内在的演变过程，深刻把握校园网络舆论的触发机制和生成标志，揭示校园网络舆论的形成规律和发展动力，才能将这个微观视角看通透。从舆论的萌芽、发展、形成到消失的过程来看，舆论形成可以分为几个阶段。1928 年克莱德·金在《阅知舆论》中将舆论形成分为四个阶段。[①]1960 年社会学家鲍尔将舆论划分为：大众议论阶段、公众争论阶段、组织决议阶段，并提出了七个步骤。[②] 邹军认为与传统舆论形态相比，"网络舆论的生成具有'可视化'的特点：在网络空间的各个承载体里不仅可以观察不同意见的表达，还可以溯源网络舆论，甚至随时观察意见交锋及舆论走向变化"[③]。刘建华在借鉴美国学者斯蒂文·芬克的危机管理四阶段理论的基础上，将校园网络舆论分为潜舆论、显舆论、舆论化和舆论消减四个阶段。经总结前人研究、分析校园网络舆论现状，笔者以

---

① 毕一鸣、骆正林：《社会舆论与媒介传播》，中国广播电视出版社 2012 年版，第 71 页。

② 王石番：《民意理论与实务》，黎明文化事业公司 1995 年版，第 102—103 页。

③ 邹军：《看得见的"声音"——解码网络舆论》，中国广播电视出版社 2011 年版，第 61 页。

为校园网络舆论的形成过程与一般网络舆论的形成过程相似，需经过萌芽阶段、活跃阶段、消解阶段。

萌芽阶段是舆论的起因和焦点事件的发生及发生后引发环境主体关注并凝聚共识的阶段。学生网民每时每刻都可以在网上发表意见，网络社会本身也信息泛滥，你方唱罢我登场，数不清的新鲜话题和敏感事物迅速成为"网红"，大千网络世界中并不是所有话题都能在短时间内吸引学生网民眼球，[①] 只有少数热点议题容易经导火索刺激而形成焦点事件，进而引发大规模的网络舆论。如师生关系是校园生活经常讨论的话题，但当师生间发生矛盾，在常规民意表达渠道与自由程度不尽如人意之时，学生网民就不会顾及现实社会中身份、地位及现实人际关系网的羁绊而选择到网络上爆料宣泄。2008 年某某大学"伤心博士"事件中，署名"伤心博士"的网友在天涯社区发表近 2000 字的博文《某某大学微生物专业 A 教授：请您不要再害人了好吗?》，一石激起千层浪。这个刺激性事件具有导火索的一般性特点：出乎网民意料；触发大多数人的价值观；事件能够提炼刺激性标签。此类敏感信息的扩散和传播速度远远快于普通信息，于是帖子很快就被转发到该大学 BBS 社区引起校园"围观"。遗憾的是学校相关部门没有引起重视，这给部分活跃的关键人物包括发起人、积极参与者还有围观者甚至为不知情者等纷纷参与网上讨论充当事件的扩散器提供了可乘之机。由于这个议题和观点比较单一和具体，不似"那些多元化的议题或者较虚的观点容易分散网民注意力和聚焦度"，所以网民评论在较短时间达到相当数量。此外这位同学的单一不满情绪容易在情感上引起部分有同类遭遇学生的共鸣，"经验分享能够促进社会互动，让人们拥有和关注共同的话题、任务"[②]，所以这个共同经验促使话题很快完成了消除个人意见差异，产生多数人共同意见的意见整合环节，集中意见的产生标志着网络舆论最终形成。

活跃阶段是信息急剧膨胀、网民情绪迅速集结、各种传媒深度参与、

---

① 罗姮：《社会焦点事件网络舆情演变研究》，华中科技大学硕士学位论文，2011 年。

② [美] 凯斯·桑斯坦：《网络共和国——网络社会中的民主问题》，黄维明译，上海人民出版社 2003 年版，第 69 页。

学校高度关注、网络空间形成舆论风暴的阶段。这个阶段的舆论随着意见的整合与分化，呈现出不同类型的波动态势。第一类是单峰形，遵循着形成——爆发——高峰——减弱——消散的波动轨迹。这种类型的网络舆论高峰段没有持续较长时间就迅速跌落，多见于网络谣言事件。第二类是螺旋形，遵循着形成——爆发——［高峰——减弱——高峰——减弱……］（反复）——消散的波动轨迹。在网络舆论被推向波峰阶段时，如果学校官方消息迟迟犹抱琵琶半遮面，或者害怕事情闹大坚持一味否认可能有些过错的问题，将会送舆论坐上过山车，使原本可以控制到波谷的舆论愈演愈烈。第三类是阶梯形，遵循着形成——上涨一级——上涨一级——上涨一级……——高峰——减弱的波动轨迹。这类网络舆论可能会出现一个平台期，并不会立刻显现下降趋势，事件如果出现新的进展、不断加入新的信息变量，甚至促成议题转化，网络舆论会随着刺激不断膨胀，直到矛盾彻底解决，才会逐渐下降。整个活跃阶段里，网民在"偶然的事实、创造性的想象、情不自禁的信以为真这三种因素共同作用、产生的一种虚假现实里，会作出激烈的本能反应"[①]。在"伤心博士"事件[②]中，我们看到学生网民作为网络舆论的主体力量，推动着事件的进程和发展：有的同学积极参与讨论，群体极化和无意识的状态使他们的情绪变得无理性甚至偏激，如某网民认为"这学校领导太窝囊了"；有的同学扮演"搬运工"进行转移式放大，在信息差序流动的过程中不断加进抢眼的新刺激，如有网民爆料"某某大学研究生培养黑幕"、"A教授让学生家长下跪"等；有的同学热衷加工式引导，在事件高速扩散中炒作、恶意煽动等手段使事件更复杂，也容易催生网络暴力，如某网民认为"与其毕业不了不如联合起来反抗"；有的同学善于掌控式主导，通过不断重复、深入解析、累计聚合、置顶加精等手段，引领舆论走向。

消解阶段是网民对事件关注度开始下降，网络舆论的作用能力出现弱

---

① ［美］沃尔特·李普曼：《公众舆论》，阎克文、江红译，上海世纪出版集团 2006 年版，第 11 页。

② 刘建华：《赛博空间的舆论行为——校园网络舆论的形成机制及其思想政治教育研究》，中国政法大学出版社 2011 年版，第 113—126 页。

化，诱因事件带动的社会资源逐渐耗尽，舆论呈现递减直至逐渐平息的阶段。网络舆论的萎缩一般有以下几个原因：热点事件已经结束，人们自然不再上心；关心的问题得以解决，围观者心理失衡得以平复；其他诱因事件发生转移或者冲淡了原来那拨关注者的注意力。[①] 显然第一、第三个原因没有解决实际问题，一旦有诱因和相关事件再发生，还是会将网民注意力拉回来，再次引爆网络舆论，甚至造成更大的危机。所以学校有关职能部门的积极介入和回应是迅速推动校园网络舆论走到消解阶段的重要武器。我们看到"伤心博士"事件经过一周的网上讨论，网民的态度、意见和观点出现分化，陷入激烈争辩中：一派坚决支持"伤心博士"，非理性谩骂，强烈要求教授公开道歉；一派呼吁理性看待事件真相，同情博士遭遇的同时指出其发泄渠道的不当，认同教授学术造诣的同时指出其教育学生的不当。在两派网络意见的压力下，学校迅速组织调查小组展开调查并采取了系列处理措施。最后学校新闻中心发布了事件处理意见，公布了调查结果，指出网帖提及的主要情况真实与否，告知教授已经就粗暴教育方式道歉，并要求全校教师引以为戒。随着诱因事件真相得到还原，失职人员得到相应处罚，环境主体逐渐回归理性，学生情绪得到缓解，针对事件的网络舆论也基本消释。

二、从校园网络舆论的操作功能看环境系统中观运行

在校园网络舆论环境系统里，如果将焦距拉长一些可获得一个中观视角，我们会发现校园网络舆论在形成过程中，通过对校园生活的社会操作功能影响高校管理。校园网络舆论作为校园公开的社会评价，它所实现的社会操作功能是以公开表达的集合式网络公众意见直接或间接干预校园生活。校园网络舆论的社会操作功能可以对涉及公共事务的高校组织、师生员工的言行实行监督，进行有效的制约和控制，使之服务于既定的社会公共意志，符

---

① 姜胜洪、陈永春：《运用政务微博引导网络舆情热点事件方式研究》，《社科纵横》2014 年第 10 期。

合公众共同利益，它主要体现在以下四个方面。

一则网络表达浓郁高校网络文化。高校师生因其教育背景而有着独特的生活方式、观察视角、语汇话题。这种独特的语言交际环境形成了一种新的社会语言表达，它不仅包括网络上流行的诸如"躺着也中枪"、"肿么了"、"你懂的"、"卖萌"、"伤不起"、"有木有"等，还有"高校师生创造的由汉字、拼音、英文字母、数字、符号、图像等杂糅而成的一套表意方式，生成了具有一定排他性、体现一定亚文化特征的高校虚拟文化社区"。[①] 新生们热衷校园里新奇的网络文化活动，如江苏团省委借鉴眼下最热门的"网络体"鼓励大学生们"不拼爹要拼搏、少咆哮多奋斗"，"织围脖"晒"奋斗体"，"奋斗体"问世半个月专题网页浏览量超过 189 万。低年级学生们喜欢在 BBS 里就奖学金评定、选拔学生干部等问题吐槽"屌丝"与"白富帅"，他们希望一个健康的校园乃至和谐的社会，"更多的不是屌丝逆袭的梦幻传奇，而是种瓜得瓜种豆得豆的真实机会"[②]。高年级学生越来越迷茫，找不到方向，他们习惯在 QQ 签名上纠结：究竟是考研好，还是工作好，抑或是出国好？是去国企，还是考公务员，抑或是自主创业？毕业生们除了对贴吧里相同过往人生际遇发表感触外，更思考着毕业后何处突围奋斗的现实问题：是在有优越感的一线城市，还是在有归属感的二线城市？看来"杜甫很忙"，校园网络也很忙！

二则网络协商促进高校信息畅通。客观来说当下高校存在着两个舆论场：一个是学校新闻网、校报、学校电视台等"校园官方媒体舆论场"，忠实地宣传上级要求的方针政策，围绕学校中心工作鼓吹呐喊营造舆论氛围；一个是依托于口口相传、善于自我狂欢、乐于从草根视角议论校情，针砭校园，品评学校的公共管理的"校园民间舆论场"。由于网络是相对自由开放的平台，熟人社会下不便表达的尴尬瞬间瓦解。于是师生们借助 BBS、个人博客、微博、QQ、飞信、微信、贴吧等网络平台，使校园网络舆论环境

---

① 唐亚阳：《高校网络文化研究》，湖南人民出版社 2011 年版，第 11 页。

② 《屌丝传：从精神胜利到自我矮化》，《新周刊》2012 年 6 月 15 日。

成了学校思想文化信息的集散地和校园舆论的放大器。"一些大学的 BBS 和高校贴吧几乎是 24 小时都有数千人同时在线，学校发生的重大事情都会第一时间出现在上面。"① 更不用说，移动互联网时代，微博、微信使得几乎所有的手机用户只要不关机，就实时在线。置于两个舆论场的背景下，"在多重观点的话语实践中，平等地获取信息是协商过程顺利开展的基础"②，显然互联网的快速交互为信息和意见的交换提供了便利条件。2012 年某大学为推进学校综合改革，在门户网上推出"诉求摘登"栏目，为在改革中各种需要上情下达和下情上达的观点提供了平台，短短两周时间里就有近万人登录并用回答网上问卷的方式表达意见，还有近千条网民留言以及职能部门回复在网上发表。"这样大规模、高效率的民意表达在没有互联网的时代是难以想象的。""网络协商就这样通过网络舆论的呈现来完成。"我们看到校园网络舆论环境里有大量学生民情民意的真实表达，反映着他们内心的意志和心愿，有时与靠学生干部们填写调查问卷搜集上来的意见、情绪不太一样，这里更具有及时性、现实性。

三则网络讨论制约高校日常管理。校园网络舆论环境有时既像登高望远的"望远镜"，有时又像见微知著的"显微镜"，有时更像火眼金睛的"透视镜"。学校的教学管理、后勤保障、学生工作、安全保卫等等与学生利益相关的事项稍有风吹草动，各种理性非理性、合理不合理的话语借助网络迅速扩散和传播并逐渐形成舆论，影响和左右着高校日常管理工作。一方面，校园网络舆论能够促进学生乃至公众了解教育体系中的焦虑、困惑和不稳定因素，揭发教育体制管理中的渎职、贪腐等不足，有利于推动教育改革，凝聚人心。2012 年湖南营养午餐缩水事件中，支教女大学生在微博上爆出信息，推动了当地教育局的介入，调查问题并进行整改。某微博实名大 v 质疑某大学二级学院院长抄袭论文，也引发了治理学术腐败的又一轮网络热议。另一方面，校园网络舆论也可能误导人心、激发矛盾、催化冲突、扰乱校园

---

① 邹军：《虚拟世界的民间表达》，复旦大学博士学位论文，2008 年。
② 邹军：《虚拟世界的民间表达》，复旦大学博士学位论文，2008 年。

秩序。校园也是小社会，大学生们学习生活中的各种问题和困难不可能一时之间解决，心中的郁闷、痛苦，有时甚至是愤怒，在网络上不吐不快。有些好事者为了引起社会注意，不惜歪曲事实，暴露隐私，恶意评价，诋毁诽谤，这些意见波、舆论流区别于校园主流舆论在网络小道消息中持续汇聚，便会形成网络舆论影响学校正常管理。如"校车堪比黑面的"、"食堂用油成问题"、"宿舍总被小偷光顾"等问题如被别有用心的人利用，极易制造恐慌情绪和混乱秩序。

四则网络动员触发高校群体事件。我们看到近年来社会群体事件的主体多是农民、工人和市民。一些青年人甚至90后逐渐冲到了群体性事件的最前沿，如四川什邡事件、贵州瓮安事件，因为他们乐于且善于运用新媒体表达诉求。由于高校大学生是社会上最擅长使用最新网络手段的群体，加之这个群体易浮躁、易冲动、易盲从，高校群体事件很容易因为他们的敏感神经一触即发。[①] 如2008年某某大学的凯迪拉克撞人事件，该校MBA研究生A驾驶其父亲的凯迪拉克轿车到学生宿舍区接送其同校女友B，在出公寓园区大门时由于急刹车，与该校学生C（B前男友）近距离接触。A表示道歉，但刚喝过酒的C受到惊吓而质问A，双方发生口角和扭打，C被A打伤。原本影响范围较小的个人冲突掺杂着极具煽动力的富二代、三角恋等话题，经由学生不理性的上网宣泄和网络动员最后酿成了群体事件。在事发半个小时内，由于当时正值大批学生自习后返回宿舍造成围观，目击者通过即时通信、校园论坛等图文并茂直播现场，以至一时聚合了附近高校学生以及一批不明真相的外来人员甚至社会闲杂人员数百名，现场几度陷入混乱并差点儿失控，直到学校领导和警方出动才得以维持秩序。

三、从校园网络舆论的演变效应看环境系统宏观运行

将视野再打开一些，我们发现校园网络舆论环境系统其实运行空间非常大。正如萨德勒所说："学校外的事情，比学校内的事情更重要。而且它

---

① 王灵芝：《高校学生网络舆情分析及引导机制研究》，中南大学博士学位论文，2010年。

支配和说明着学校内的事情。"① 对于校园网络舆论环境研究的状况，很类似这样一个寓言：一个人在夜里把钥匙丢了，他仅仅在路灯底下找，有人就问他，你有可能把钥匙丢到了没有路灯的地方，为什么只在路灯底下找？他回答："因为没有路灯的地方看不见。"用这个寓言来形容当前校园网络舆论环境研究存在的问题可能不是十分准确但或许很形象，但对上述问题的回答促使我们反思：问题究竟出在哪里？钥匙到底丢哪儿了？那儿为什么黑暗？能不能让暗处变亮？笔者以为寻找这些问题的答案需要我们把视角转向我们高校所处的大社会，网络所处的大世界。长期以来我们惯于人为画地为牢将高校束之高阁在大社会中相对独立的单元，但是互联网越来越让我们意识到我们曾经以各种理由的忽视是多么可怕。在校园网络舆论的若干演变效应下，许多在校园中的小事件扩大为复杂的社会关注大事件。

第一，青年聚集的极化效应。网络传播中的群体极化效应在青年大学生中比较常见，因为这个群体对周遭事物比较敏感，富有血性爱打抱不平，但是价值选择和价值判断能力还未完全成熟，遇到校园突发事件往往感性大于理性、冲动大于冷静，特别是在涉己利益纷争或心理情感失衡的情况下，容易被人误导和利用，不仅顶帖支持失范言论，还主动发表所谓"真知灼见"以显示其观点的独特性带动整个舆论向更加偏激的方向发展。这种带有强烈负面情绪特征的非理性宣泄，往往容易激发高校突发群体事件。如2013年陕西两所高校的群体斗殴事件就是在群体极化效应下由网上言语冲突上升为网下肢体对抗的。事件源于两所高职院校签订校舍租赁协议，A校2500余名学生入住B校校区学习生活，因生活琐事两校学生在网络上发生语言冲突，而后B校少数学生闯入A校教室打伤一名学生，同学们利用手机网络直播这一突发事件，助推矛盾进一步升级，致使当晚A校部分学生在学校公寓楼下聚集，与B校学生对峙并发生冲突，6名学生在群架中受轻伤。

---

① ［日］冲原丰等：《比较教育学》，刘树范、李永连译，吉林大学出版社1989年版，第71页。

　　第二，高校光环的压力效应。自古以来承担着传道、授业、解惑职能的杏坛就是人们心中高贵的殿堂。高等学府更是培养国家高级知识人才的专门地方，代表着善良、忠诚、正义等的人类优秀文明成果的传承。当然高校也是很多人梦寐以求的地方。一旦高校出现管理漏洞或失范现象，人们心中的圣洁美好仿佛被泼墨一样丁儿点也会扎眼。这种带有主观偏见的集体心理，使高校网络舆论环境成为敏感地带，一个看似不起眼甚至比较平常的小事件经这种情绪酝酿容易引起网民拍砖继而发酵膨胀。2011 年某大学"真维斯楼"事件足见公众对高等学府精神价值的期许。事件在新浪微博"某大学微博协会"发起"更名教学楼挂牌你怎么看"的投票推动下，得以迅速而广泛地传播，"小百合 BBS"、"兵马俑 BBS"、"饮水思源 BBS"等纷纷发帖，事件迅速成为高校 BBS 的重要议题。在各大门户网站跟踪报道下，舆情翻过校墙在社会上迅速升温，学校宣传部回应：校园建筑物命名是国内外学校筹集资金的通行做法。教育部新闻发言人回应：冠名符合相关规定，建议学校广泛征求广大师生的意见合理有效地处理。《人民日报》发表评论《谁都可以媚俗，但大学不能》，指出："冠名教学楼不始于今日，甚至也并不始于中国、始于清华，而舆论偏于今日耸动，想来……可能反映了最堪重视的社会心态——大学的文明之魂、民族之魂、学术之魂总要有一个相对清静而独立的安放之所。"①

　　第三，媒体关注的聚扩效应。尽管传统媒体在社会舆论环境中的议题设置主角地位逐渐式微，但是与人们眼中的神圣象牙塔和社会青年精英有关的任何"脱轨"现象或"不正常"声音总是能迅速吸引传统媒体记者的眼球，其对事件的"二次报道"，通过纸媒的头版头条、广播电视的专题节目、持续关注等进行深入挖掘，使校园网络舆论在现实社会空间和网络空间迅速聚合达到舆论风暴的高峰。"芙蓉姐姐"的出道要从 2002 年北大未名十大热门话题榜首《北大，你是我前世最深最美的痛》说起，这是她的第一篇文章，两年后其在清华大学 BBS 上张贴 S 型姿势的照片又成为水木清华十

---

①　李泓冰：《谁都可以媚俗，但大学不能》，《人民日报》2011 年 5 月 26 日。

大话题之首。清华和北大的学生为她成立了"芙蓉教",编写了"芙蓉姐姐扫盲手册",每天有 5000 人同时在线等待其照片,其个人博客一时间突破 10 万次。而后清华、北大、中科院 BBS 鉴于芙蓉的争议性及社会对芙蓉本人的炒作影响学校声誉,决定停止讨论有关话题并删除有关帖子。2005 年 6 月起每天超过 20 家媒体邀请芙蓉采访,引发了"审美"与"审丑"、"传统价值"与"超传统个人主义"等广泛的社会讨论。传统媒体连篇累牍的报道、大幅夸张的照片和网络传播相互循环反馈,共同制造了这个校园网络舆论引爆社会公众话题"芙蓉姐姐"的奇迹。

第四,司法审判的干预效应。当网络上出现触及高校大学生同时又涉及社会敏感神经的司法事件时,如果案件反映出的信息与网民的认知定势形成强烈反差就会使校园网络舆论环境迅速形成强大煽动社会情绪的意见气候,给司法部门和司法人员造成强大的舆论压力,从而影响他们独立判案。有些过激的网民除了在网络上公开表达抗议情绪外,有可能会暴力干扰审判现场。2009 年 10 月《昨晚哈尔滨 6 警察将某某体育学院学生当街殴打致死》的帖子引爆网络,许多网民基于"警察"身份代表国家使用强制力的理解发起声讨强音,指责警察滥用权力打人致死。而后当有人爆料受害大学生具有显赫背景后,网民们又选择倒戈一击。两派舆论基于身份简单符号化的网络审判使得网络舆论极度失真。直到警方公布斗殴过程全部录像和尸检结果,澄清警察打死人的行为不属于公职行为,提请检察机关批准逮捕;澄清受害人没有特殊背景,网络谣言散布者被予以行政处罚,整个事件才基本归于平静。《现代快报》发表评论文章《网络审判哈尔滨案是一场危险的狂欢》,指出:"一方面,此案的法官应当静心听取和甄别网民意见;另一方面,则要建立帮助法官抵御外界压力的机制,无论这种压力是来自网络舆论还是官员。"①

第五,政府问责的约束效应。正如学者喻国明在《中国社会舆情年度报告》中所言,网络的广泛运用使得中国的社会结构由"全景监狱"模式转

---

① 杨涛:《网络审判哈尔滨案是一场危险的狂欢》,《现代快报》2008 年 10 月 19 日。

变为"共景监狱"模式。① 前者，民众被处于金字塔顶端的政府随时观察和监测，但民众无法获知政府的行为举动；后者，政府被公共广场式的民众围观，他们获得了对政府实时、自由的监督权。当然由于长期受政府监管，当民众一旦拥有监督条件后，多年郁积的怨恨心情、抗争情绪与报复心理容易使他们趋向于进行放大式监督和挖掘式曝光。如 2009 年的罗彩霞被人冒名顶替上大学事件就显示了网民对政府失职的强烈抗议。众所周知，高校录取有着非常严格的程序，但女学生罗彩霞不但能被同学冒名顶替致使失去大学录取通知书只好复读，来年再考入天津某大学；且顶替者还能顺利完成迁移户口、学籍档案等一系列造假，并通过贵州某大学的入学资格审查，完成四年学业。人们不禁要问政府部门为何在顶替者非法办事时一路绿灯？教育部门怎样避免同姓名同身份证号同时注册学籍？当网民人肉搜索出顶替者父亲是湖南某县公安局政委并找出事件操盘手后引起网络舆论的公愤，各大媒体和网络对事件抽丝剥茧的报道对政府教育部门形成了强大压力。最后案件在公安部、教育部等部门通力合作下得到迅速侦破，相关责任人遭到相应惩处，罗彩霞也要回了属于自己的身份权益，教育部也推出了新生入学资格复查的新规定，该校园舆论事件终于走向尾声。

第三节　校园网络舆论环境背景

网络如今是大学生们校园生活的基本形态，因此校园网络舆论环境因为他们的日常网络生活成为校园基本面貌。有网友调侃这个环境，校园网络舆论三段论：课堂帖、活动帖和卧谈帖；校园网络舆论三主角：老师、同学和神马；校园网络舆论三热爱：雷倒寝室，萌倒教室，围观操场。校园网络舆论环境构成了一个与现实校园世界同构异质的世界，或许我们不能说哪个世界更真实，哪个世界更虚拟。但至少这个环境背后与互联网的发展、社会

---

① 喻国明：《中国社会舆情年度报告（2010）》，人民日报出版社 2010 年版，第 1 页。

舆论环境的嬗变、高校数字校园的创新、高校校园网络舆论环境建设的推进有着莫大的关系。社会学家 Niklas Luhmann 提出时间维度、物质维度和符号维度是环境的三个维度。和大多数社会学家相比，其更重视把时间维度作为社会整体的一个维度。① 只有把握时间维度，才能更好地掌握环境演变的历史依据和发展基础。因此校园网络舆论环境的背景因素将分类通过时间维度进行分析。

一、互联网在世界迅速发展的四个进程

国际互联网 Internet，是计算机技术和通信技术相结合的产物。"1998年联合国新闻委员会宣布，互联网被称为继报刊、广播、电视等传统大众媒体之后新兴的'第四媒体'。"② 在美国，达到使用人数超过 5000 万这个大众媒体的界限标准，广播用了 38 年，电视用了 13 年，有线电视用了 10 年，互联网只用了 5 年。"互联网标志着一种新的信息交流方式，快捷、丰富、开放和交互是其基本特征"③，它不仅能实现报刊、广播、电视等大众传媒的功能，还在它们的基础上促成了全民参与，实现了资源共享，给社会生活的诸多领域带来了巨大变革。互联网的发展迄今为止经历了以下四个阶段：④

初步形成阶段（1969—1985 年）：互联网起源于冷战时期，美国国防部"国防高级研究项目署"于 20 世纪 60 年代创建的 ARPANET（阿帕网）。这个只有美国 4 所大学的 4 台计算机互联的 ARPANET，设计初衷是为了保证某些节点在受到核打击摧毁之后仍然能够提供网络通信。70 年代美国国防部向全世界公布解决电脑网络之间通信的核心技术——TCP/IP 协议，其随着 Unix 操作系统的推广而更加普及，到 1983 年，阿帕网上的全部计算机完成了向 TCP/IP 的转换。作为 Internet 最早雏形的 ARPANET 的最早应用是

---

① ［美］乔纳森·H.特纳：《社会学理论的结构》（上），邱泽奇、张茂元等译，华夏出版社 2001 年版，第 64 页。

② 《浅说广播与传媒》，《采写编》2016 年第 1 期。

③ 《网络给媒体带来的机遇和挑战》，《光明日报》1999 年 9 月 29 日。

④ 国际互联网发展历史，http://blog.sina.com.cn/s/blog_547f858d0100s2dv.html。

Email，远程登录、文件传输协议等也很快形成了标准。ARPANET 的最早用户主要是计算机专家、工程师、科研人员和图书管理员，他们大多经过专业训练，通过复杂的命令使用网络资源。

渐进发展阶段（1986—1995 年）：互联网的快速发展源于美国国家科学基金会（NSF）的介入，即 1985 年美国国家科学基金会（NSF）采用 TCP/IP 协议将分布在美国各地的五大为科研教育服务的超级计算机中心互联，形成名为 NSFNET（国家科学基金会网）的广域网。这样 NSFNET 取代了 ARPANET 成为 Internet 的主干网，并于 1988 年开始面向全社会开放，要知道以前互联网这种高大上的东西只有研究人员和政府人员才有资格接触。20 世纪 90 年代，互联网提供商业性的网络和通信服务，开始了商业化的运作。1993 年 WWW（万维网）应用技术的出现被看作是互联网爆炸性增长的加速器，其配合 Mosaic（浏览器）的应用，将多媒体的信息用超文本无缝链接起来，使得互联网变成了一个文字、图像、声音、动画、影片等多种媒体交相辉映的新世界。

高速扩张阶段（1995—2003 年）：互联网的大规模国际化是从美国网络开始产业化运行和商业化应用开始的。这一重大转折的标志事件是 1995 年 5 月 NSF 将网络经营权转交给美国三家最大的私营电信公司（Sprint、MCI 和 ANS）。1995 年 10 月国际"联合网络委员会"（FNC）通过一项决议，对"互联网"下了定义：全球性信息系统。这从技术角度揭示了互联网规模全球性、网址唯一性、规则统一性、功能服务性的基本特征。这一阶段的发展态势具体表现为：一是个人电脑普及，1995 年微软把互联网功能加入其所有产品的 Windows 系列面市，2000 年英特尔公司推出运行速度达 1.5 GHz 的奔腾 4 处理器，推动了个人电脑的迅速普及。二是电子商务蓬勃发展，1997 年美国 VISA 和 Mastercard 国际组织等联合出台电子安全交易协议，欧盟发布了"欧洲电子商务协议"等，电子商务发展越来越获得政府支持。三是网络媒体功能凸显，网络报纸经历了 1996 年的超链接阶段、1997 年的专用新闻阶段，而后部分有实力的报业集团创建了门户网站；在线广播 1995 年最早从美国 ABC 公司开始，而后 1997 年 BBC、VOA 等推出网络频道，尝试网络新闻订阅；个人网站与博客因 1998 年的克林顿与莱温斯基绯闻和 2001 年的 911 事件开始步入主流社会视野。

成熟发展阶段（2003 年至今）：全球互联网站数量，2001 年为 3140 万个，2009—2010 年因受经济危机影响，全球网站数量出现下降趋势。[①]"2011 年以来，全球互联网站数量再次进入高速发展期，全球平均每 10 个人就拥有一个网站。"[②] 根据技术扩散的三阶段论，[③]2011 年全球 PC 保有量 16 亿左右，全球 PC 渗透率为 22.8%，全球固定宽带互联网用户渗透率为 20.9%，目前全球互联网开始进入成熟发展阶段。这一阶段的突出特征有：一是 Web 2.0 式传播。从互联网自身应用而言，2003 年以后被称为 Web 2.0 时代，它的特点是把人与人联系起来，用户是信息的生产者也是消费者，交互是这个时代的主题。[④] 之前的 Web 1.0 的主要特点则是用户通过浏览器获取信息。未来的 Web 3.0 则类似庞大的数据库，把信息与信息联系起来，让用户拥有了一个贴身的私人助理。二是移动互联网的发展。3G、4G 宽带网络及智能手机的普及推动了全球移动宽带持续快速发展，宽带委员会教育工作组指出，截至 2015 年年初全球活跃移动互联网用户超过 21 亿，比五年前增长 5 倍。未来十年是移动互联网的天下，互联网应该还未进入饱和阶段，相信很多人的首次触网将跳过 PC 直接携手移动。三是互联网的媒体属性融合发展。互联网的应用让仅为办公室生产力工具的 PC 开始向媒体方向发展。移动互联网最初是作为通信的工具，连接互联网后也开始向媒体发展，例如微博的出现。基于数字的文字、图片、视频传播内容也日益出现融合传播模式，不但新应用层出不穷，"旧"媒体也获得新生。不断拓展功能的新媒体，逐渐成为全面推动社会成长的新力量。

---

① Netcaft：April 2012 Web Server Survey, http：//news. netcraft. com/archives/web_sever_ suivey.html. Netcaft 是一家英国网络服务公司，多年来致力于网络安全服务以及网络数据的调查和研究。

② 尹韵公：《中国新媒体发展报告（2012）》，社会科学文献出版社 2012 年版，第 7 页。

③ 技术扩散三阶段论：渗透率从 0—10% 为起始阶段、从 10%—40% 为成熟阶段、从 40%—75% 为饱和阶段。

④ Web 2.0，百度百科。

二、高等院校数字校园建设的三个阶段

校园网络舆论环境得以存在的基本前提是教育信息化的迅速推进。在全球信息高速公路如火如荼的规划和建设背景下，高校作为高端人才的培养基地，作为科技前沿的研发基地，与其他行业相比，在信息化建设进程中走在了前面。这个过程我们称为教育信息化过程，它是通过现代教育思想、教育理论与信息技术、网络技术、媒体技术和人工智能等有机结合，培养和发展以智能化教育工具为代表的新教育能力来促进教育事业发展的过程。在具体推进教育信息化过程中，不得不提到"数字化校园"的概念。"这一概念最早出现在 1990 年美国克莱蒙特大学凯尼斯·格林（Kenneth Green）发起并主持的'信息化校园计划'（The Campus Computing Project）。1998 年美国前总统戈尔在美国加利福尼亚科学中心关于'数字化地球：21 世纪认识地球方式'的主旨演讲，使"数字化地球"、"数字化城市'成为红遍全球的热词，由此'数字化校园'也借着这个东风逐渐被世人接受。"①"数字化校园"是在统一数据管理和规范流程管理的指导思想下，利用先进的信息化手段和工具，对学校的教室、实验室、活动厅、篮球场等校园环境，教材、课件、实验器具等校园资源，教学、科研、学生工作、后勤、行政等校园活动进行全面的数字化整合，在传统现实校园的基础上构建一个虚拟数字空间，从而推动高校组织模式、管理结构与运行方式的变革，促进制度和管理创新，扩展传统校园功能，最终实现教育过程的全面信息化。简单而言，"'数字化校园'是以校园网为背景的，集教、学、管理、娱乐为一体的新型数字化的工作、学习、生活环境"②。我国数字化校园经历了以下三个阶段的发展：

第一阶段：硬件集成阶段。这一阶段教育信息化建设的重点是校园网硬件平台的搭建。1989 年中关村地区教育与科技示范网络 NCFC 正式启动，1992 年我国第一个采用 TCP/IP 体系结构的校园网，清华大学校园网

---

① 匡文波：《网络传播学概论》，高等教育出版社 2006 年版，第 16 页。
② 唐亚阳：《高校网络文化研究》，湖南人民出版社 2011 年版，第 4 页。

(TUVET) 建成并投入使用。1994 年清华大学等 6 所高校建设的"中国教育和科研计算机网"（CERNET）试网开通。1996 年 CERNET 连接八大城市的全国主干网，并实现国际互联，初步建成了较为完善的网络管理和运行体系。"而后经过'211 工程'、'985 工程'等一系列重大工程建设以及各级教育行政管理部门及学校组织开展的多项信息化建设项目，国家教育信息化投入达到了 2000 多亿元，数字校园日益被普及推广。"[1] 据教育部科技发展中心组织的"2011 高等院校信息化建设与应用现状调查"（以下称 2011 数字校园调查）显示，"绝大多数 211 高校的主干带宽基本达到万兆，出口带宽最高达 7500 兆，近 40%（180 所）的校园网出口速率千兆以上"[2]。

第二阶段：系统集成阶段。这一阶段教育信息化建设的重点是学校管理信息系统的建设。2004 年教育部颁布《2003—2007 年教育振兴行动计划》，提出实施"教育信息化建设工程"，全面提高现代信息技术在教育系统的应用水平。数据管理系统是实施数字化校园的上层结构，各种业务系统都在这个层面执行并为学校职能部门提供服务，如行政办公系统、人事管理系统、学生事务管理系统、财务管理系统、高校招生系统、学生成绩管理系统、考试监控系统、教育科研管理系统，科研信息交流平台、固定资产管理系统、后勤管理系统等。为推动数字校园进程，系统集成阶段尽可能地将学校里的人、财、物的信息融为一体，促进学校校务工作规范化、程序化、低成本化，提高办公效率，这不仅让学校行政人员从繁杂日常事务中解放出来，也为校领导及时、准确、全面获取全校各类信息提供保障。2011 数字校园调查显示，"目前高校信息化应用系统已经涵盖到教学（占 98%）、科研（占 84.4%）、管理（占 95.3%）等学校主要业务上"[3]。

第三阶段：应用集成阶段。"正如教育部科技司司长王延觉 2012 年 4 月

---

[1] 《解读：教育信息化十年发展规划》，http：//www.edu.cn/html/info/10plan/。

[2] 《高校校园网建设现状：四成高校超千兆》，http：//www.edu.cn/sj_6538/20120330/t2012 0330_760668.shtml。

[3] 《信息化应用水平现状　信息孤岛被打破　四成高校实现统一数据服务》，http：//www.edu.cn/sj_6538/20120331/t20120331_761028.shtml/。

在全国电教馆长大会上指出，如果把教育管理信息化的发展阶段分为'单个应用'、'数据互通'、'流程再造'三个阶段的话，目前教育管理信息化正处于进一步完善'单个应用'并同时向'数据互通'过渡的阶段。"① 数据互通就是要将应用集成，这需要把学校内部不同的计算中心和处理中心统一在一个系统当中，建立统一的数据管理体系，用统一的数据技术及处理标准，使之做到资源共享。如通过统一的身份认证登录后，可以查询不同系统不同权限的相关数据。区别于以往的"粗放式"建设，这一阶段逐步重视实际应用的"精细化"发展，强调技术、教学法和学科知识的深度融合、灵活运用，而不是简单叠加、机械应用、表层应用。2011 数字校园调查显示："60.95%的高校已经建有全校统一的教学资源管理平台。目前还没有建立的但已经有该项计划的高校占 33.47%。"

2012 年教育部公布的《教育信息化十年发展规划（2011—2020 年)》指出：到 2020 年，"基本建成人人可享有优质教育资源的信息化学习环境，……信息技术与教育融合发展的水平显著提升"② 。未来教育信息化的发展将给校园网络舆论环境带来新的机遇和挑战。

三、我国社会舆论环境嬗变的两个时代

校园网络舆论环境是在社会舆论环境发展变化的大气候下运行的。社会舆论环境是社会动向的风向标，它能最敏感、最快速地反映社会的动态。总的来讲，我国社会舆论环境以改革开放为分界线，经历了两个时代的历史变迁。③

从新中国成立到"文化大革命"，我国社会舆论环境的总体特征是：一方面各种政治宣传在一定层面调动了广大人民群众建设社会主义新中国的革

---

① 《451 所高校的调查表明信息化是教育跨越式发展的引擎》，《中国教育网络》2011 年第12 期。
② 《教育信息化十年发展规划（2011—2020 年）发布》，http://www.edu.cn/focus_1658/20120330/t20120330_760479.shtml。
③ 参见侯东阳：《中国舆情调控的渐进与优化》，暨南大学出版社 2011 年版，第 29—108 页。

命热情，形成了社会共识并达到空前团结；另一方面是出现了一些错误的舆论导向，认为无产阶级和资产阶级的矛盾、社会主义道路和资本主义道路的矛盾是社会的主要矛盾，从而导致我国意识形态斗争发生偏转，出现了一些极端的、非常态的舆论模式。这个时期的舆论手段也出现极端化，媒体报道千篇一律，媒体成为单纯的传声筒。

随着我党实行拨乱反正和改革开放的战略转变，改革春风吹满神州大地，"人的流动"、"金流"、"物流"、"信息流"、"思潮流"在工业化、城市化、市场化、信息化、国际化的全新背景下影响着中国人的社会风气和心理状态，于是我国社会舆论环境出现了较大变化。一是社会舆论丰富多样，这体现在：多元化的群体和个人必然体现为多样化的利益诉求；[①]公众意见倾向多元化，只要各种意见不走极端，只要没有触犯宪政底线，基本允许不同意见的辩论；舆论内容多元化，从流行时尚到政府动态，从国际局势到科技创新，从市场经济到个人言行，无不是人们讨论的话题；这个过程中新媒体传播手段也使得舆论传播渠道和效果立体多元。二是公众参与舆论热情高涨。伴随着社会发展与教育水平的提高，公众的公民意识、民主意识、权利意识得以唤醒，加上宏观层面上社会政策的宽松，公众越来越多地参与到社会事务的舆论环境与处置环境，社会舆论空前活跃。如"超级女声"选秀活动中，草根平民随着社会舆论的高涨成为万众瞩目的焦点人物，抛去娱乐成分其带给我们关于民主的思考是更多的。三是社会宽容逐步增大。一个社会不可能没有不同声音，不可能让所有人只有一种思想。"只有单一思想是可怕的，这是我们民族深刻的历史教训。"[②]不同思想与思潮并存，这才是真正的常态社会，经历过去极端舆论模式控制下的人们要学会习惯与不同思想的和谐共生，哪怕是喜展"S"曲线的芙蓉姐姐，哪怕是汶川地震中的"范跑跑"。四是网络舆论力量日益增大。1998年，震惊世界的印尼排华骚乱掀起中国网民强烈抗议，此被认为是中国网络舆论发端的标志性事

---

① 侯东阳：《中国舆情调控机制的渐进与优化》，暨南大学博士学位论文，2010年。

② 萧功秦：《困境之礁上的思想水花——当代中国六大社会思潮析论》，《社会科学论坛》2010年第8期。

件。①2003 年，孙志刚事件、"深圳，你被谁抛弃"等网络舆情事件使网络舆论初露峥嵘，显示了干预现实的强大力量，成为"网络舆论年"。2005 年，代表精英话语的博客在我国驶上普及化快车道，开启了网络舆论环境精英博客与草根论坛并驾齐驱的新局面。2010 年，微博元年催生围观中国时代，急剧膨胀的微博用户正在改变互联网的舆论格局，成为影响社会舆论的重要力量。网络舆论力量的日益强大，使其在社会舆论环境中扮演着越来越重要的角色，成为社会稳定的制高点。2010 年，中国社科院《社会蓝皮书》认为，三分之一的社会舆论是由网络舆论引起的。网络社会的崛起改变了传统社会相对稳定的金字塔结构，这个社会结构变得扁平化的同时也增加了不稳定性。《中国社会舆情年度报告（2012）》指出，2011 年全年具有社会影响力的网络热点事件共计 349 件，平均每天 0.96 件，中国已进入危机常态化社会。网络舆论深刻影响大众情绪和社会心理，左右社会事件的走势，全世界不少国家也都出现了网络舆论引发的社会运动和政治对抗事件，如何建立应对网络舆论危机的长效机制成为大课题。

四、校园网络舆论环境建设的五个时期

对应高校网络思想政治教育的发展，笔者以为高校校园网络舆论环境建设可以分为五个时期：以被动实施防堵管手段为特征的"防卫战"阶段，以红色德育网站建设为特征的"抢地盘"阶段，以综合性网络社区发展为特征的"划圈子"阶段，以多元化自媒体发展为特征的"送货上门"阶段，以媒体融合背景下社群发展为特征的"平台凝聚"阶段。

被动防卫战阶段：从 1994—1998 年是网络思想政治教育的初步摸索时期。当时"国际互联网信息中，80% 以上的网上信息和 95% 以上的服务信息是由美国提供的。在整个互联网的信息输入和输出量中，美国所占比例超过 85%。而中国仅仅占 0.1% 和 0.05%"②。这一时期教育者对网络新生事物

---

① 邹军：《看得见的"声音"——解码网络舆论》，中国广播电视出版社 2011 年版，第 137 页。
② 《后发先起从 INTERNET 说起》，《计算机世界》1997 年 10 月 29 日。

感到非常新奇，认为虚拟空间较难把握，一是认为网上庞杂的信息给大学生思想观念带来较大冲击；二是认为网络的传播特点使得大学生出现了道德失范行为。传统的思想政治教育因为网络而变得被动，促使思想政治教育工作者不得不采取防、堵、管等措施应对网络挑战。"所谓'防'就是要加强法律和规范的作用，监控网络信息和行为；'堵'就是要堵住有害信息的传播，阻止不良信息进入校园网；'管'就是要加强网络条件下大学生的思想政治教育。"①

　　网站抢地盘阶段：进入 1999 年后，校园网络舆论以建设德育主题网站为主要手段抢占网上阵地。1998 年年底清华大学汽车工程系 71 班党课小组利用宿舍互联网推出班级的共产主义理论学习主页并起名"红色网站"，之后一年半的时间里"红色网站"从班级党课学习小组发展到系团委和各党支部，从汽车系扩大到全校，从清华拓展到全国。"红色网站"通过设置学习园地等栏目坚持正面舆论引导②。除此外，这一阶段比较有名的高校德育主题网站还有北京大学的"红旗在线"、南京大学的"网上青年共产主义学校"、南开大学的"觉悟网站"、华中科技大学的"党校在线"等。当时西北工业大学通过建立主题教育网站，形成了在全国有较大影响的"建、管、导"网上思想政治教育新体系。而中南大学创建的德育网站群被媒体誉为"我国目前规模最大、门类最齐的高校网络德育系统"③。就全国层面而言，大学生中影响最大的德育主题网站是由教育部主导推动的"中国大学生在线"，其按照"共创、共建、共用、共享"原则，吸纳高校为理事单位共同合作建设。德育主题网站建设通过权威的信息来源、系统的信息内容和便利的信息查询给学生们的理论教育吹来了一股新风，提高了学生们传播先进文化和弘扬主旋律的兴趣与效率。随着青年人社交平台的兴起，目前一些高校主题教育网站对学生吸引力、黏着度有所下降。2013 年教育部启动实施"中

---

① 王长友：《发展信息高速公路中思想政治工作的任务及对策》，《思想教育研究》1997 年第 3 期。

② 杨振斌：《"红色网站"的发展和启示》，《高校理论战线》2000 年第 10 期。

③ 《建设积极健康的"绿色网上校园"》，http://hn.rednet.cn/c/2007/11/29/1379441.htm。

国大学生在线引领工程",拟计划到 2020 年将共建频道高校推广至 1200 所,推动内容、技术、服务升级,把中国大学生在线打造成高水平综合性的大学生主题教育网站。

社区划圈子阶段:由高校兴趣相投的网络使用者共同组成的网络社区是校园网络舆论进入 21 世纪后的主战场,这里的所有资源与大学生学习、工作、生活密切相关,其中比较普及的社区应用有高校 BBS、人人网。一是高校 BBS,2001 年起步,2005 年到达鼎盛时期。BBS 论坛作为青年人新奇的信息获取和交流渠道,在同学们感知论坛交流、交友大趋势下,尤其是受台湾成功大学蔡智恒(网络昵称痞子蔡)在 BBS 上发表《第一次亲密接触》掀起信息交流新方式热潮影响,逐渐成为大学生交流的重要平台。学生们在校园 BBS 上或发帖灌水,打发课余;或品足时事,愤青一把;或写写小文章,做回文学青年。我国高校比较有名的官方 BBS 有:清华大学的水木清华、北京大学的北大未名、南京大学的小百合、武汉大学的珞珈山水、复旦大学的日月光华、上海交通大学的饮水思源等;非高校官方 BBS 有:北京大学的新一塌糊涂、中国传媒大学的核桃林、湖南大学的爱晚红枫等。2005年,为加强高校 BBS 规范化管理,有关部门下文要求各高校的 BBS 必须向实名制下校内交流平台改造(当然这个实名是对于论坛管理者的实名,公众界面仍然用注册 ID),促进了高校 BBS 的优胜劣汰。而后随着互联网社交平台的发展,青年人社交文化也逐渐转变,部分高校 BBS 关闭冷门板块成为常态。二是人人网,前身为校内网。2005 年由清华大学和天津大学的几名学生合伙创办,被千橡互动集团收购后,2009 年校内网改名人人网。这个网络社区的特点是限制具有特定大学 IP 地址或者大学电子邮箱注册,因此校内网的注册用户全是在校师生。这也使得实名注册的大学生热衷在这个网络社区上传真实照片,分享真情日志,签写真心留言,在网络上体验现实生活的乐趣。相对而言,人人网比论坛的圈子小一些,这是一个相对熟人社会,学生们也可以通过它找到当年的中小学同学。随着网络环境的发展,现在人人网已经转型成为为整个中国互联网用户提供服务的 SNS 社交网站,不再局限于高校身份而是为社会各种身份的人提供全方位互动交流平台,这也使得高校学生对其黏着度有所下降。

自媒体送货阶段：从 2010 年以微博为代表的自媒体时代，再到 2013 年以微信为代表的移动互联网时代，微博、微信等自媒体逐渐成为学生主要网络应用，标志着只有教育者手持麦克风的时代已经远去。现在学生们人人手拿麦克风，人人都是通讯社。以往校园网络舆论环境以主题网站、网络社区为主要工作阵地，全媒体时代要求工作阵地转向学生主体，这是因为一方面学生们每天为使用个人移动互联网终端享受网络信息的推送而乐此不疲；另一方面，只有解决好学生主体本人的问题，他作为自媒体的发声才会更理性。因此这个时期网络思想政治教育不能坐等学生来敲门，必须主动送到他们身边。在高等教育领域里，高校共青团系统较早启动了自媒体建设工作，以期将共青团工作与自媒体打包结合产生好的教育效果。2012 年共青团中央下发《关于在全团广泛运用微博开展工作的实施意见》，明确提出各级团组织要开通官方微博，并鼓励各级团干部和青年工作者使用微博开展工作，极大地促进了高校学生组织体系的新媒体普及化。"据公开资料，这是中央各部委中第一个将在本系统开通微博作为'硬要求'的文件。"[1] 根据文件精神，全国绝大部分高校在一定时间节点内上到校团委、下到各个团支部都统一开通了组织微博账号，一时间团系统微博成为全国微博圈子里声势浩大的一股力量。"截至 2012 年 10 月团系统在新浪、腾讯两个网站的微博总数达 2.2 万个，在全国政务系统中仅次于公安系统，位居第二。"[2] 团系统在微博平台上利用其组织优势和职能特点把团的重点工作和活动进行生动呈现，使其成为共青团的新时期重要组织和动员青年的方式。

社群聚平台阶段：2014 年国家进入深化改革元年，媒体领域也进入媒介融合元年，在移动设备的协助下，媒体融合越来越深入，人与人的连接更加便捷，不同兴趣爱好和需求的个体集结成群，规模也逐渐扩大。从某种程度而言，社群不是刚刚兴起的，论坛、以 QQ 群为代表的即时通信、博客、

---

① 《新浪发布 2012 年共青团微博发展报告：全团体系联动发力》，http：//news.sina.com.cn/m/2012-11-02/112125496431.shtml。

② 《全团要讯》，http：//www.ccyl.org.cn/bulletin/bgt_qtyx/201210/t20121024_599918.htm。

SNS 社交网站、微博、微信等都以不同形式形成了社群。但随着大数据、可穿戴、LOT、植入芯片等给新媒体和传统媒体带来的融合变革，使得社会协作的方式乃至人们相互连接的方式发生改变，加剧了同质化社群的形成，而搭载各种应用的平台也越来越综合。以微信为例，从个人号到公众号，从订阅号到服务号，以其操作的便捷性、互动的及时性、推送内容的丰富性、定制服务的精准性等特点，成为高校官方及民间组织、教师学生个人的主要网络舆论载体。个人微信的朋友圈，组织微信的公众号，将人与人的连接更加紧密，社群组织对象相比微博更加精准。从官方微信公众号来看，有不少社群特色应用，如华中科技大学的"漂流瓶"、陕西师范大学的"微社区"、对外经济贸易大学的"师兄帮帮忙"等。这当中还不乏有着专业知识背景的学生团队运营管理的医疗、科普类传播账号，不仅网罗了大批同类兴趣粉丝，还在一些社会事件中起到了公众情绪平复和信息传播纠偏等作用。例如清华大学等高校学生百度百科捍卫 PX "低毒"科学描述事件。当然许多数字信息技术雄厚的高校，还开发了专属学校的应用终端，这些 APP 一般与师生身份信息进行绑定，不同的功能应用形成的次级社群也不尽相同。值得注意的一个新趋势是，以往传统意义的网络舆论主场外的边缘平台，由于专业定位或特定群体的社群影响力，在一些特定议题上分享话语权，影响舆论流向，如 2016 年关于"帝吧出征 Facebook"的网络狂欢使得公众真切感知到了青少年网络社群生态，B 站（bilibili 弹幕视频网的简称）等相对小众的年轻人社区受到关注。而知乎这种致力于分享专业知识、经验和见解的网络问答社区，以往很少在社会公共热点事件中抛头露面，由于其明显的社群属性，在某某大学雷阳事件中扮演了"风暴源"角色，一时风头无二。因为很多复杂的热点事件在扑朔迷离之时，草根民众的专业知识在深入讨论汇聚中往往能起到拨开迷雾的作用。"从这个角度来说，汇聚大量专业人士的知乎，未来会扮演更重要的角色，成为舆论生产与博弈的一支不可忽视的力量。"[①]

---

① 《知乎、果壳、B 站等崛起，网络舆论"外围地带"不可不察》，http://sanwen8.cn/p/13cXPcu.html。

当然由于全国高校数字化校园建设的进程不同，网络思想政治教育的阶段不同，学校对校园网络舆论环境建设的侧重不同，学生网络应用习惯不同，校园网络舆论环境建设的阶段划分不是一刀切的。大部分高校按这五个阶段随着网络的发展向前推进校园网络舆论建设，但有的高校可能某一阶段经历不久，直接跳到下一阶段；也可能在建设主题网站的同时，加强自媒体供货；部分学校可能同时存在如何在网络中更好地抢地盘、划圈子、送货上门等问题。例如有些学校贫困生较多，智能手机持有率较低，那么其微博、微信等自媒体应用就会较少，而QQ、飞信等通信联群等则比较活跃；有的学校相关职能部门、学校领导、教师等多在这个网络平台上，那么这个论坛、贴吧等网络社区也就比较活跃；有的高校与学生常用的互联网应用所属公司有战略合作协议，共同推动校园网络文化发展，那么这个相应的互联网应用引起的校园网络舆论问题则更受该校关注。

第二章　高校校园网络舆论环境理论支撑

本书研究是从加强思想政治教育的主动性、针对性和实效性的出发点来展开的，所以其高校校园网络舆论环境的研究更应坚持以马克思主义为指导思想，善于从马克思主义中国化的最新成果中汲取养分，精于从现代思想政治教育学前沿理论中寻找支撑。

第一节　马列主义经典作家的相关理论指导

马克思主义经典作家生活的年代虽然还没有互联网，但是他们凭着高度的理论素养和实践品质，揭示了人类社会发展的基本规律，为人们认识世界、改造世界提供了强大理论武器。他们虽然没有建立完整的网络舆论环境理论体系，但是他们在这一领域丰富的思想理论和实践活动为本书研究奠定了坚实基础。

一、关于人的本质理论

人是什么？这个"斯芬克斯"之谜吸引着无数思想家仰读俯思，冥心妙契。马克思对人的本质的认识随着其思想发展历程而不断深化。在农业文明时期，人们只能束缚于外力依赖，屈从于群体本位，所以古希腊的自然本体论和中世纪的上帝创世说大行其道。大机器生产带来的工业文明增强了人类改造自然的能力，回归人类本身研究的先哲们将这种主动性理解为意识，进而归结为理性。马克思早期思想受德国古典哲学影响较大，而后从其在莱茵报时期开始对现实问题探索。随着现实范畴取代理想范畴的世界观转变，马克思对人的本质的理解有个发展过程，先是关于黑格尔的理性的人，然后是关于费尔巴哈的抽象的人，最后是关于现实的人，即从研究人的"自我意识"到人的"类本质"再到"一切社会关系总和"的过程。马克思在《1844年经济学哲学手稿》中认为："一个种的全部特性、种的类特性就在于生命活动的性质，而人的类特性恰恰就是自由的自觉的活动。"[①] 第二年马克思在《关于费尔巴哈的提纲》中指出："人的本质不是单个人所固有的抽象物，在其现实性上，它是一切社会关系的总和。"[②] 对于人的本质理论，在互联网迅速发展的今天，可能没多少人感兴趣或者更多的是抛之脑后，笔者却以为这是研究校园网络舆论环境当中人、把握当中人最基本的立足点。第一，人的本质在现实性上体现为一切社会关系的总和。也就是说只有在社会关系中，才能实现对人的正确的、全面的理解。人在校园网络舆论环境中具有具体的有差异的共同性，他们的舆论表达体现了其具有的社会意识。而社会关系在现实社会极其复杂，所以规定人的本质的并不是社会关系的某一方面而是其总和的系统整体。这种社会关系包括生产资料所有制、生产过程中人们的关系、产品的分配关系等经济基础类的，也包括政治、文化、法律、道德、宗教关系等上层建筑类的。因此考察校园网络舆论环境要从现实人的一切社会生活去探求，充分研究积极活动的个人之间的全部联系和关系。第二，实践是人的根本特质。与受身体本能和肉体需要进行活动的动物不一样，人的活动是有意识、有目的、有计划的自觉的创造性劳动。人类实践活动是人类特有的同自然相互作用的生命活动方式，人们在网络舆论环境中谈天论地、说己言人其实都是通过自己的外化设定异己的对象，这其实就是一种"对象化"活动，过程中体现的正是本质力量的主体性。当然这种能动的实践活

---

① 《马克思恩格斯全集》第42卷，人民出版社1979年版，第96页。
② 《马克思恩格斯选集》第1卷，人民出版社1995年版，第56页。

动,不仅受社会关系制约,在发表网络舆论的过程中又创造着新的社会关系。第三,人既有自然本质,更有社会特征。人的肉体本身就是一种自然存在物,是自然界的一部分,这是人的本质的基本前提。人的某些潜意识、应激情绪、个人情感等不能全都归结于人的社会性,进而全部归结于某种意识形态。所以在校园网络舆论环境中不能一看到学生批判现今教育制度就上纲上线到其反党反社会。同时,人又是一种社会存在物,不是自然界一般的动物,而是一种社会性动物。人是具体的、现实的,不是抽象的,人们在一定的生产关系中会生成属于特定人的不同社会关系。人是发展的、变化的,不是静止的,人们的社会关系一旦发生变化,由社会关系综合决定的人的本质也会改变。"在社会主义市场经济条件下,……现实社会中人的本质总体上更多地体现为思想多元、务实趋利、焦虑浮躁、追求自由平等。"①

二、关于人的发展理论

人的发展是社会发展的核心与基础。追求人的彻底解放,实现人的自由全面发展,是经典作家的一生追求。受源于基督教超越精神的德国古典哲学影响,马克思在早期著作《1844 年经济学哲学手稿》中指出人通过扬弃异化劳动恢复人的类生活本质。承续源于希腊精神的法国唯物主义,马克思在《德意志意识形态》中认为,在生产力发展基础上,扬弃异化和自主劳动得以实现,劳动成为维持生存的手段。"在共产主义社会里,任何人都没有特定的活动范围,每个人都可以在任何部门内发展,社会调节着整个生产,因而使我有可能随我自己的心愿今天干这事,明天干那事,上午打猎,下午捕鱼,傍晚从事畜牧,晚饭后从事批判,但并不因此就使我成为一个猎人、渔夫、牧人或批判者。"② 马克思恩格斯在《共产党宣言》中说:"在那里,每个人的自由发展是一切人的自由发展的条件。"在《1857—1858 年经济学手稿》中,马克思指出自由时间的利用对人的全面发展作用,"由于

---

① 蒲红果:《说什么　怎么说:网络舆论引导与舆情应对》,新华出版社 2013 年版,第 13 页。
② 《马克思恩格斯列宁斯大林论工人阶级》,人民出版社 1986 年版,第 818 页。

给所有的人腾出了时间和创造了手段，个人会在艺术、科学等等方面得到发展"①。后来，人的全面发展理论在《资本论》中得到进一步探索："按照事物的本性来说，它存在于真正物质生产领域的彼岸。"②应该说，对于刚刚结束工业革命的欧洲人来说，大部分人可能都看不懂这些话，他们只知道分工越细，效率越高。马克思描述的共产主义，每个人重新获得自由，重新以一种自由的方式和他人进行协作与交换，因不存在分工故不知效率何来被认为是乌托邦。身处互联网时代的我们回看马克思关于人的发展理论，不免惊讶我们今天的日常生活：早上刷微博当时事评论员，上班后闲余时间偷偷下单搞搞电子商务，下班后通过浏览器环游地球村，通过电子邮件与世界各地人士交流。资深媒体人、传播专家等于 2012 年打造的自媒体视频产品《罗（逻）辑思维》短时间内成为互联网许多人喜爱的知识型视频脱口秀，其中话题《马克思主义与互联网》中提道："什么是互联网？互联网就是自由人的自由联合，我们一百多年后下的这个定义和当年马克思的描述几乎一模一样。……我们已经拥有了马克思当年写在《共产党宣言》里的那句话所欲言的生活，即自由人的大联合。用更自由的方式和他人进行协作。"其实，在马克思看来，人的发展具有历史阶段性，要经历从低级向高级转化的辩证过程，这就是著名的人的存在发展三形态学说：以自然经济为基础的"人的依赖关系"、以商品经济为基础的"以物的依赖性为基础的独立性"和以产品经济为基础的"建立在个人全面发展和他们共同的、社会的生产能力成为从属于他们的社会财富这一基础上的自由个性"③。在这个第三阶段里，私有制、旧式分工和阶级对抗已经消灭，生产力高度发达，作为个体的人真正做到了自然界自觉自为的主人，实现了自主和独立，实现了自身解放，这样的共产主义社会具备实现人自由全面发展的全部条件。当今中国还处于社会主义初级阶段，显然未能达到第三阶段的条件，但是马克思关于人的发展理论却给予互联网时代极大的启示："互联网是一个神奇的时代，它让我们每个

---

① 《马克思恩格斯全集》第 46 卷（下册），人民出版社 1980 年版，第 218 页。
② 《马克思恩格斯全集》第 25 卷，人民出版社 1974 年版，第 926 页。
③ 《马克思恩格斯全集》第 30 卷，人民出版社 1995 年版，第 107 页。

人的生命都获得了多种可能性。"①

三、关于人与环境的思想

马克思在《1844 年经济学哲学手稿》和《费尔巴哈提纲》等早期著作中就有关于人与环境原生关系问题研究，指出人是环境的产物，环境能被人改变。恩格斯在 1845 年出版的《英国工人阶级状况》的著作中，反映了其在 40 年代初深入考察英国曼彻斯特市的工人工作与生活环境状况，指出了环境污染的社会根本原因。后来马克思恩格斯在《神圣家族》、《德意志意识形态》、《资本论》、《反杜林论》以及《自然辩证法》等著作中对环境的构成部分以及人与自然环境和社会环境的辩证关系进行了深刻分析。第一，环境是指人类生存的外部世界，含自然界和人类社会。"自然和历史——这是我们在其中生存、活动并表现自己的那个环境的两个组成部分。"② 自然环境和与社会环境这两个环境是辩证统一的，前者是后者的前提，后者是前者的结果。第二，环境对人具有先在性。人本身及人的意识都是环境的产物。自然界具有优先地位，人类通过物质生产以及自身生产等发展生产力都是在自然界存在的条件下进行的，"没有自然界，没有感性的外部世界，工人就什么也不能创造"③。人依赖于自然而存在，自然为人类生存和发展提供了资料与工具。第三，人的能动活动使人与环境的关系成了实践基础上的对象性关系。这种实践活动作为中介实现了人与环境的物质循环。这种对象化使得自然界由"自在自然"成为"人化自然"，成为有关社会历史的"第二自然"，即打上人的"标签"并成为人存在发展直接物质基础的自然界。第四，人与环境的关系是相互依赖、双向建构的关系。人与自然的关系受人的社会关系制约，人们之间的社会关系又受人与自然关系影响。所以恩格斯在《反杜林论》中说："蒸汽机的第一需要和大工业差不多一切生产部门的主要需要，都是比较纯洁的水。但是工厂城市把一切水都变成臭气冲天的污水。……要

---

① 罗振宇：《罗辑思维》，长江文艺出版社 2013 年版，第 52 页。
② 《马克思恩格斯全集》第 39 卷，人民出版社 1974 年版，第 64 页。
③ 《马克思恩格斯全集》第 42 卷，人民出版社 1979 年版，第 92 页。

消灭这种新的恶性循环，要消灭这个不断重新产生的现代工业的矛盾，又只有消灭工业的资本主义性质才有可能。"① 正是人与环境的相互作用关系，人与自然生产实践活动的交互作用产生了世界历史，既包含人类社会史也包含自然发展史。马克思主义经典作家关于人与环境关系的思想启示我们在研究互联网时代舆论环境时，不能孤立、片面、静止地作出判断，要放入历史发展的整体进程中去考察。正如弗罗洛夫所指出的，"无论现在的生态环境与马克思当时所处的情况多么不同，马克思对这个问题的理解、他的方法、他的解决社会和自然相互作用问题的观点，在今天仍然是非常现实而有效的"。②

四、关于社会舆论观点

据有关学者统计，"在马克思和恩格斯的著作中，'舆论'的概念出现频率达到三百多次"③。尽管马克思恩格斯没有对舆论展开集中论述，但是散见于著作中关于舆论的概念、舆论调控等观点足以帮助我们廓清马克思主义经典作家对舆论的基本认识。马克思认为舆论是"一般关系的实际的体现和鲜明的表露"④。恩格斯则说："世界历史——我们不再怀疑——就在于公众舆论。"⑤ 马克思恩格斯的亲身实践以及早年受黑格尔、费尔巴哈学说的影响，认为自由报刊是"社会舆论的产物"⑥。随着工人运动的发展，19 世纪 70 年代以后他们逐渐用"党报"代替"自由报刊"。第一，舆论是权力组织及当权者的制约力量。马克思在《摩泽尔记者的辩护》一文中说："管理机构和被管理者都同样需要有第三个因素，……这个具有公民头脑和市民胸怀的补充因素就是自由报刊。"第二，应对舆论要主动。马克思和恩格斯在《新

---

① 《马克思恩格斯全集》第 20 卷，人民出版社 1973 年版，第 320 页。
② ［苏］И. 弗罗洛夫：《人的前景》，王思斌、潘信之译，中国社会科学出版社 1989 年版，第 153 页。
③ 陈力丹：《马克思恩格斯论舆论的力量和对舆论的控制》，《新闻研究资料》1991 年第 6 期。
④ 《马克思恩格斯全集》第 1 卷，人民出版社 1995 年版，第 384 页。
⑤ 《马克思恩格斯全集》第 47 卷，人民出版社 2004 年版，第 198 页。
⑥ 《马克思恩格斯全集》第 1 卷，人民出版社 1995 年版，第 378 页。

莱茵报评论》杂志出版启事中提到他们办报刊的目的：经常而深刻地影响舆论，"报纸最大的好处，就是它每日都能干预运动，……能够使人民和人民的日刊发生不断的、生动活泼的联系"①。1865 年马克思得知《社会民主党人报》"同柏林的其他任何报纸比起来，达官贵人们阅读得更多"②，于是立马要求恩格斯多写些重大国际事件评论。1871 年马克思的政敌布莱德在各种场合鼓吹马克思是波拿巴分子或是布鲁士警探，对此马克思通过在报纸上公布之前私下与布莱德联系的信件，告知德国公众布莱德要马克思忠实为普鲁士官方撰稿和服务，在民众一片哗然中赢得了舆论主动权。第三，舆论引导的关键在引发人的思考、以理服人。马克思在《黑格尔法哲学批判》中指出："理论只要说服人，就能掌握群众，而理论只要彻底，就能说服人。"③ 有学者在研究马克思主义新闻思想史时指出，马克思恩格斯在同资产阶级争夺舆论阵地时，强调要"把社会肌体的所有弊病提交自己的读者裁判，……正确地说明一切阶级的社会关系"④。与马克思和恩格斯一样，列宁也从事了大量报刊活动，他创办、编辑了三十多家报刊，为一百多家报刊撰稿。十月革命一声炮响，社会主义民主政权艰难崛起，列宁继承和发展了马克思恩格斯的舆论理论。首先，舆论建设要重视灌输。列宁说："工人本来也不可能有社会民主主义的意识。这种意识只能从外面灌输进去。"⑤ 其次，让"榜样的力量"发挥舆论引导作用，让"黑榜"发挥舆论监督作用。列宁呼吁："让我们把报刊上那些报道所谓日常新闻的材料减少到 1/10（如能减少到 1/100 更好），而让那些向全体居民介绍我国少数先进的劳动公社的模范事迹的报刊广泛销行几十万几百万份吧！"⑥ 列宁在《苏维埃政权的当前任务》一文中要求报刊"把那些坚决保持'资本主义传统'，即无政府状态、好逸恶劳、无

---

① 《马克思恩格斯全集》第 10 卷，人民出版社 1998 年版，第 115 页。

② 《马克思恩格斯全集》第 31 卷，人民出版社 1972 年版，第 46 页。

③ 王秀阁、杨仁忠：《马克思主义理论学科前沿问题研究》，人民出版社 2010 年版，第 381 页。

④ 童兵：《马克思主义新闻思想史稿》，中国人民大学出版社 1989 年版，第 104 页。

⑤ 《列宁选集》第 1 卷，人民出版社 1995 年版，第 317 页。

⑥ 《列宁全集》第 34 卷，人民出版社 1985 年版，第 136 页。

秩序、投机行动等等的公社登上'黑榜'"。[①] 最后，坚持行动一致，批评自由原则。列宁主张在报纸上发表党内不同意见，进行同志式论战。今天互联网时代的舆论环境与经典作家不尽相同，载体由报纸转为了网络平台，但理性力量的本质呼唤是一样的，尽管道路曲折而坎坷。

第二节　马克思主义中国化的有关理论启示

在坚持马克思主义中发展马克思主义，又在发展马克思主义中坚持马克思主义，这是对待马克思主义的科学态度和发挥马克思主义创造活力的关键所在。中国共产党在把马克思列宁主义同中国革命、改革和建设的实践相结合的过程中，创立了毛泽东思想、邓小平理论、"三个代表"重要思想、科学发展观、习近平新时代中国特色社会主义思想等一系列重大战略思想。马克思主义中国化取得的理论创新成果不仅极大地丰富了马克思主义的理论宝库，推动了马克思主义的发展，而且也为思想政治教育奠定了更为丰富、坚实的理论基础。他们关于宣传思想、舆论监督与引导的思想对如今我们讨论校园网络舆论环境建设有直接指导意义。因此本书研究将坚持以一脉相承和与时俱进相统一的中国化马克思主义理论作为指导思想和理论基础。

一、改革开放前的舆论环境思想

改革开放前的舆论环境思想在毛泽东思想的指导下特征明显。毛泽东思想形成于中国革命时期，其独特性的理论涵盖了新民主主义革命、社会主义革命和社会主义建设、思想政治工作和文化工作、党的建设等多个方面。实事求是、群众路线、独立自主是毛泽东思想的出发点和根本点，它们共同构成了毛泽东思想的活的灵魂。具体到舆论环境而言，在毛泽东著作

---

① 《列宁选集》第3卷，人民出版社1995年版，第493页。

中，"舆论"的概念出现频率相对较高。他关于舆论的论述可以概括为以下几个方面：第一，舆论能产生无形的力量。虽然毛泽东本人没有对舆论本身下过定义，"但从他运用这个概念看，舆论是分散的、自然状态的意见"①，当舆论聚焦到某个问题时，就能产生一种无形的力量。1927年土地革命时期，毛泽东为向赣南闽西进军的红军写了三百多字的《红四军司令部布告》，宣传了红军宗旨，揭露了敌人阴谋，扩大了红军影响，红军"每到一处，壁上写满了口号"②。他在革命战争中审时度势，把握主动权，将舆论威慑与军事斗争巧妙结合起来，充分体现了高超的舆论运用艺术。1943年，在应对国民党发动的第三次反共高潮中，毛泽东要求部署"动员当地舆论"③，制止内战。后来毛泽东总结革命战争中的宣传："每遇一次胜利，即写一篇社论鼓励之，证明之；每失一重要地方即写一篇短文，解释之，说只要歼敌，将来可以恢复"，并强调"但归结仍应强调我军必胜，方不可泄气"④。第二，坚持正确舆论导向。坚持报刊宣传的党性，是毛泽东舆论思想坚定不移的重要原则。在他看来，无产阶级新闻宣传必须在政治上统览全局，及时向社会传达党的政策方针，掌握社会舆论引导的制高点。1948年毛泽东在中共中央转发的华东来电《华东近一年来办报情形》上批示：要求报纸出版前必须由主要同志对涉及的党的路线政策方面进行把关。⑤第三，要用事实说话。在毛泽东看来，真实是新闻的生命，是舆论监督的前提。1925年他为自己主编的《政治周报》写了一篇发刊词："我们反攻敌人的方法，并不多用辩论，只是忠实地报告我们革命工作的事实。"⑥1931年毛泽东在《普遍地举办"时事简报"》的通令中指出："严禁扯谎，例如，红军缴枪一千说有一万，白军本有一万说只有一千。这种离事实太远的说法，是有害的。"⑦第四，舆

---

① 陈力丹：《毛泽东论舆论》，《新闻与传播研究》2011年第4期。
② 《毛泽东选集》第一卷，人民出版社1991年版，第67页。
③ 《毛泽东新闻工作文选》，新华出版社1983年版，第105页。
④ 《毛泽东新闻工作文选》，新华出版社1983年版，第134页。
⑤ 参见《毛泽东新闻工作文选》，新华出版社1983年版，第202页。
⑥ 《毛泽东新闻工作文选》，新华出版社1983年版，第5页。
⑦ 《毛泽东文集》第一卷，人民出版社1993年版，第262页。

论的一律与不一律。即一方面在人民内部实行舆论不一律，另一方面对外部则实行舆论一律。毛泽东说："我们的舆论，是一律，又是不一律。在人民内部，允许先进的人们和落后的人们自由利用我们的报纸、刊物、讲坛等等去竞赛，……在人民与反革命之间的矛盾，……只许他们规规矩矩，不许他们乱说乱动。"① 在具体执行过程中，由于没有明确可以度量的标准，一些意见很容易被当成"反革命意见"，因此毛泽东这些论述在当时没有变成现实。1985 年胡耀邦在《关于党的新闻工作》中肯定了毛泽东的"舆论一律"和"舆论不一律"的思想，还从多样性方面予以补充和发展。

二、改革开放后的舆论宣传思想

1978 年召开的中共十一届三中全会，开辟了中国改革开放和集中力量进行社会主义现代化建设的新时期。这次会议后，舆论宣传领域进行了深刻改革，邓小平、江泽民、胡锦涛等党和国家领导人带领全国各族人民在舆论宣传、舆论导向、舆论统筹等方面进行了新的理论探索。

邓小平理论形成在和平与发展成为主题的时代背景下，是对毛泽东思想的继承和发展。从总体而言，邓小平理论可以概括为"一个主题、一条道路、一个灵魂、三大突破"②。即：弄清什么是社会主义、怎么样建设社会主义这个主题，探索一条有中国特色的社会主义现代化道路，以解放思想、实事求是为灵魂，对社会主义本质论、社会主义初级阶段论、社会主义市场经济论作了大胆的突破。在邓小平理论中，其中一个重要部分就是舆论宣传思想。与中国共产党许多早期领袖一样，邓小平的革命生涯的开始也与报刊活动有着密切联系。多年报刊活动经验以及长期从事的政治工作使得他对舆论宣传有着深刻感受和体验，并经常就舆论宣传提出自己的看法。第一，坚持实事求是。邓小平在许多论述中强调，我们的报刊、电视和所有的宣传工作都要拿事实说话。③ 如，1950 年邓小平在西南区新闻工作会议上指出："报

---

① 《十二大以来重要文献选编》（中），人民出版社 1986 年版，第 629 页。
② 曾长秋：《马克思主义在中国的理论创新》，中南大学出版社 2007 年版，第 189 页。
③ 《邓小平文选》第三卷，人民出版社 1993 年版，第 111 页。

纸要结合实际，结合当时当地的中心任务。"① 反对"两个凡是"的斗争是邓小平坚持实事求是原则，亲自发动、领导支持舆论监督实践的典型例子。在当时中国刚从"文化大革命"的水深火热中获得重生的大背景下，政治及舆论环境并没有因浩劫结束而立马宽松起来，邓小平以大无畏的精神力推了一场具有划时代意义的反对教条主义的思想解放运动，1978 年《光明日报》刊发评论员文章：《实践是检验真理的唯一标准》，引发了全国范围内关于真理标准的大讨论。回忆这段历史的时候，邓小平说："真理标准问题的讨论，……对于我们在各条战线上取得的显著成绩，起了极大的推动作用。"② 第二，用好批评武器。在邓小平看来，"报纸最有力量的是批评与自我批评"③。这种批评与自我批评不是盲目进行的，不是为批评而批评。首先要明确批评的目的是什么。邓小平认为："批评应该是建设性的批评，应该提出积极的改进意见。"④ 也就是说，批评是为了改进工作，要做好积极方面的引导。其次，批评要注意分寸，注意方法艺术。邓小平主张："原则上不再用路线斗争的提法。"⑤ 也就是说，批评要讲究分寸，既要准确对焦矛盾，不能以偏概全，一叶障目；也不能动不动就上纲上线，搞运动式的围攻。最后，批评要用民主说理的态度，不能扣帽子、抡棍子。如在改革开放刚开始的阶段，群众有质问、有疑惑，甚至有尖锐的讽刺和嘲弄，这种情况下应该如何坚持党的正确舆论方向呢？邓小平认为："既然搞的是天翻地覆的事业，是伟大的实验，是一场革命，怎么会没有人怀疑呢？即使在主张和提倡改革的人当中，保留一点怀疑态度也有好处。处理的办法也一样，就是拿事实来说话，让改革的实际进展去说服他们。"⑥ 第三，把握好政策宣传的度。一方面，邓小平强调信息要开放，不能脱离世界。在他看来，长期与世界隔离的

---

① 《邓小平文选》第一卷，人民出版社 1994 年版，第 146 页。
② 《邓小平文选》第二卷，人民出版社 1994 年版，第 364 页。
③ 《邓小平文选》第一卷，人民出版社 1994 年版，第 150 页。
④ 《邓小平文选》第二卷，人民出版社 1994 年版，第 272 页。
⑤ 《邓小平文选》第二卷，人民出版社 1994 年版，第 308 页。
⑥ 《邓小平文选》第三卷，人民出版社 1993 年版，第 156 页。

状态下的宣传，因信息闭塞往往容易盲目自大。1959 年邓小平谈到信息的重要性时说："我们最大的经验就是不要脱离世界。"① 另一方面，对于一些尚待观察的政策实施"允许看"，"不争论"。1985 年，有媒体提倡先富起来的人捐钱修路，邓小平要求不要过多宣传这类事例："决不能搞摊派，现在也不宜过多宣传这样的例子，但是应该鼓励。"② 这样审慎把握宣传度的原因是，如果大肆宣扬会造成一些先富起来的人的心理障碍，产生社会不安定因素。这与邓小平在 1950 年处理报纸宣传佃富农自愿让出土地给贫农的问题上审慎从事的做法如出一辙。当遇到某些重大政策出现分歧但暂无结论时，为避免思想混乱，邓小平提出："我们的政策就是允许看。""不搞争论，这是我的一个发明。不争论，是为了争取时间干。一争论就复杂了，把时间都争掉了，什么也干不成。"③

江泽民同志在带领全国人民推进中国特色社会主义伟大事业的进程中，非常重视发挥新闻与大众传媒对改革开放和现代化建设事业的促进作用。江泽民新闻思想是"三个代表"重要思想体系的组成部分之一，深刻反映了新历史条件下我党如何做好新闻传媒工作的新思考，尤其是关于舆论导向的论述，集中体现了在该领域思考的精华，进一步丰富和发展了马克思主义、毛泽东思想、邓小平理论关于舆论宣传的理论。1989 年江泽民在《关于党的新闻工作的几个问题》的讲话中创造性地提出了"舆论导向"的概念，此后关于舆论导向的探索，随着他越来越多的论述逐渐丰富和发展。第一，舆论导向要遵循党和人民的意志、利益。在 1989 年中共中央宣传部举办的新闻工作研讨班上，江泽民指出：要"按照党和人民的意志、利益进行舆论导向"④。"我们要清醒地看到，近几年来资产阶级自由化思潮泛滥，直到今年春夏之交发生动乱和反革命暴乱，暴露出新闻界存在不少问题，有的还相当严重。"第二，坚持用正确的舆论引导人。在 1994 年的全国宣传思想工作会

---

① 《邓小平文选》第三卷，人民出版社 1993 年版，第 290 页。
② 《邓小平文选》第三卷，人民出版社 1993 年版，第 110 页。
③ 《邓小平文选》第三卷，人民出版社 1993 年版，第 374 页。
④ 《十三大以来重要文献选编》(中)，人民出版社 1991 年版，第 767 页。

议上，江泽民强调："正反两方面的经验告诉我们，引导舆论，至关重要。"①
在这个会上江泽民还提出了新闻宣传工作的四项任务，也是对舆论战线影响
深远的四句名言：我们的宣传思想工作，必须以科学的理论武装人，以正确
的舆论引导人，以高尚的精神塑造人，以优秀的作品鼓舞人。那什么才是正
确的舆论呢？江泽民提出了正确舆论导向的"五个有利于"标准。② 第三，
努力开拓舆论导向的方法技术。江泽民认为，"努力使自己的宣传报道更加
贴近生活、贴近读者，使广大读者喜闻乐见"③。值得注意的是，江泽民舆论
导向思想的时代性还体现在其紧跟世界科技发展，及时对信息网络化作出
敏感反应，将网络媒体纳入舆论导向的体系内。"2000 年 6 月在中央思想政
治工作会议上江泽民说，互联网是开放的，信息庞杂多样，有先进也有落后
的内容。他提出党和政府为了争夺群众、争夺青年，要主动出击，增强我们
在网上的正面宣传和影响力。"④ 在信息技术迅猛发展的新形势下，江泽民指
出："要重视和充分运用信息网络技术，使思想政治工作提高时效性，扩大
覆盖面，增强影响力。"⑤

　　胡锦涛在领导全国各族人民全面推进社会主义建设过程中，不断推进
党的理论创新，提出了科学发展观的重大战略思想。这个科学发展观，第一
要义是发展，核心是以人为本，基本要求是全面协调可持续性，根本方法是
统筹兼顾。胡锦涛同志以科学发展观为指导，深刻分析了新闻宣传和社会舆
论在新时期面临的任务和挑战。第一，统筹主流媒体与新兴媒体。当前不容
否认，传统主流媒体仍然具有广泛影响力，至少目前在舆论导向上的主导作
用、话语权仍然是明显的。但我们也看到，新媒体具有信息社会舆论传播的

---

① 《十四大以来重要文献选编》（上），人民出版社 1996 年版，第 653 页。
② 参见《以科学的理论武装人　以正确的舆论引导人　以高尚的精神塑造人　以优秀的作
　品鼓舞人——江泽民同志在全国宣传思想工作会议上的讲话摘要》，《党建》1994 年第
　Z1 期。
③ 《江泽民文选》第一卷，人民出版社 2006 年版，第 565 页。
④ 邓涛、刘继光：《从〈江选〉看泽民同志的新闻宣传思想——兼论江泽民新闻思想的理论
　要点及其评价》，《采写编》2007 年第 4 期。
⑤ 江泽民：《江泽民论有中国特色社会主义》，中央文献出版社 2002 年版，第 412—413 页。

极大优势，网络社会对现实社会的介入程度越来越高，日益成为影响舆论导向的重要指标。胡锦涛提出："必须加强主流媒体建设和新兴媒体建设，形成舆论引导新格局。"① 值得注意的是，面对日益严重的网络社会问题，2011年胡锦涛在省部级主要领导干部社会管理及其创新专题研讨班上，强调把虚拟社会的管理纳入社会管理，"进一步加强和完善信息网络管理，提高对虚拟社会的管理水平，健全网上舆论引导机制"②。第二，统筹国内舆论环境与国际舆论环境。随着北京奥运会、上海世博会等标志性事件，中国从封闭走向开放，从世界边缘走向舞台中央，中国与世界的发展密不可分，中国在世界的分量以及历史地位也发生了改变。在人民日报社考察时，胡锦涛在国际部停留很久，他强调："中国和世界的联系越来越紧密，这是不以人们意志为转移的。"③ 统筹国内，就是要立足我国社会主义初级阶段的基本国情，人民生活水平总体达到小康，但是作为世界上最大的发展中国家，实现全体人民共同富裕的前进道路上还有很多复杂矛盾和问题。统筹国际，就是要具有全球视野。一方面，我们支持中外媒体的交流合作增进各国人民对中国的了解；另一方面，西方之所以能掀起一波又一波的反华舆论风潮，其中重要原因之一便是他们拥有强大的国际舆论传播能力。"西方媒体垄断了世界90%的新闻信息传播，世界上每发布5条新闻消息，就有4条来自美国。"④ 胡锦涛指出："'西强我弱'的国际舆论格局还没有根本改变，新闻舆论领域的斗争更趋激烈、更趋复杂。"⑤ 第三，统筹党的意志与人民心声。科学发展观要求以人为本，胡锦涛提出了"两统一"，即"把体现党的主张和反映人民心声统一起来，把坚持正确导向和通达社情民意统一起来"。"两统一"是有较

---

① 《胡锦涛在人民日报社考察工作时的讲话》，《人民日报》2008年6月21日。
② 《胡锦涛：加强和创新社会管理　健全网上舆论引导机制》，http://www.chinanews.com/gn/2011/02-19/2854836.shtml。
③ 张研农：《引领时代变革的舆论先声——对胡锦涛总书记在人民日报社发表重要讲话的时代背景的体会》，《新闻战线》2009年第1期。
④ 王森泰：《深入贯彻胡锦涛主席重要论述　努力提高军事外宣影响国际舆论的能力和成效》，《军队政工理论研究》2013年第1期。
⑤ 《胡锦涛在人民日报社考察工作时的讲话》，《人民日报》2008年6月21日。

强现实针对性的，因为现实舆论环境中，不少媒体虽然在舆论导向上不出问题，但是经常以维稳为借口报喜不报忧，阻碍真实社情民意的报道，使得公众对部分主流媒体缺乏信任感与亲近感。互联网时代，执政党不仅要长于网下群众路线，还要善于网上群众路线。胡锦涛在人民网强国论坛与网民交流时说："通过互联网了解民情、汇聚民智，也是一个重要的渠道。"[①]

三、十八大以来的网络治理思想

党的十八大以来，习近平作为新一届中国特色社会主义事业建设的领导人，提出了中国梦的重要执政理念，即通过政治建设、经济建设、文化建设、社会建设、生态文明建设"五位一体"的总体布局，实现"两个一百年"的奋斗目标，实现中华民族的伟大复兴梦。在中国梦的宏伟蓝图勾勒下，具体在思想文化领域，习近平同志有系列重要论述，例如 2013 年 8 月 19 日习近平总书记在全国宣传思想工作会议上发表讲话。讲话强调把网上舆论工作作为宣传思想工作的重中之重来抓，并对如何做好网上舆论工作提出了新要求、作出了新部署，具有很强的战略性、前瞻性和针对性，是新形势下做好网上舆论工作的时代指引和行动纲领。第一，增强主动性，掌握主动权，打好主动仗。随着改革开放的进一步深化扩大，社会舆论变得越来越复杂多元，互联网成为舆论斗争的主战场，是我们当今社会的最大变量。不牢牢占领网络这一阵地，就无法牢牢掌握网上舆论工作的领导权、管理权、话语权，就会危及我国意识形态安全和政权安全。习近平指出："在事关大是大非和政治原则问题上，必须增强主动性、掌握主动权、打好主动仗。"[②]在我国的网络舆论阵地上充斥着各种各样的错误思潮和观点，如敌对势力竭力宣扬"普世价值"，与我们争夺阵地、争夺人心、争夺群众，妄图将其在资本主义生产关系之上形成的所谓"自由"、"民主"等观念强加于所有人的价值判断，从而按照这样的价值观念来改造社会主义制度。对于这些网上错

---

① 《唱响奋进凯歌　弘扬民族精神——记胡锦涛总书记在人民日报社考察工作》，http://news.xinhuanet.com/newscenter/2008-06/21/content_8410166.htm。

② 《习近平谈治国理政》，外文出版社 2014 年版，第 155 页。

误思潮、言论不能听之任之做旁观者，必须旗帜鲜明地进行批判，必须敢于亮剑，帮助干部群众廓清认知，让网络世界清朗起来。第二，弘扬主旋律，传播正能量。习近平指出："坚持团结稳定鼓劲、正面宣传为主，是宣传思想工作必须遵循的重要方针。"一方面，当前各种思潮文化激荡交锋，价值取向丰富多样，先进文化与落后文化同在共存，主流意识形态与非主流意识形态相互交织，需要壮大主流思想舆论阵地，讲好中国故事，在众说纷纭中凝聚共识，在众声喧哗中唱响主旋律，不断消减网上负能量；另一方面，到2021 年中国共产党成立 100 周年和 2049 年中华人民共和国成立 100 周年时实现中华民族伟大复兴的中国梦，是我们今后一段时间的奋斗目标，只有不断增强网上稳定鼓劲正能量，才能激发全社会团结奋进的强大力量，夯实人们精神追求的最大公约数，为改革发展赢得更为深厚的群众基础和社会资源。第三，成为运用现代传媒新手段的行家里手。现实中有部分领导干部不熟悉网络，甚至害怕网络，遇到网络挑战动辄封堵删帖、推卸责任，既让自身形象受损，也让政府公信力受损。宣传思想工作的对象、方式、环境因网络发生了剧变，新时期的领导干部在网络上要强起来，必须跟得上时代步伐完成能力升级，不断提高自己的新媒体素养。习近平指出："要解决好'本领恐慌'问题，真正成为现代传媒新手段新方法的行家里手。"[1] 既"要提高质量和水平，把握好时、度、效"[2]，在"时"上对突发事件作出快速反应，在"度"上对舆情研判拿捏好尺度角度，在"效"上对传播效果做好评估；又要"增强吸引力和感染力，让群众爱听爱看、产生共鸣"[3]。习近平担任浙江省委书记时为《浙江日报》写的 232 篇"之江新语"之所以深受欢迎，就是因为它们不是形式主义的空话套话，而是从实际出发的深刻独到思考。

---

[1] 《学习贯彻习近平总书记 8·19 重要讲话精神》，http://theory.people.com.cn/GB/40557/368340/index.html。

[2] 《习近平谈治国理政》，外文出版社 2014 年版，第 155 页。

[3] 中共中央宣传部：《习近平总书记系列重要讲话读本》，学习出版社、人民出版社 2014 年版，第 98 页。

第三节　思想政治教育学科的部分理论支持

随着社会发展，"人们日益认清，思想政治教育不仅是政治文化、公民文化、道德文化的重要传承方式，而且更是人生存、发展和思想品德自主建构的主体活动方式"①。基于此我们研究高校校园网络舆论环境就有了很好的理论支撑，因为研究优化环境的目的最终还是落到立德树人这个主题上。思想政治教育学科是马克思主义理论一级学科下属的一个二级学科，应用特色明显，重视自然科学、社会科学多门学科知识的交叉应用，重视党的思想政治教育丰富的实践经验。该学科自从 20 世纪 80 年代初建立以来逐渐发展，1997 年招收和培养博士生更是促进该学科建设大大加强，推动了理论体系由经验形态跃升到科学形态这样一个新的高度，尤其是 2004 年中央启动马克思主义理论研究和建设工程以来，思想政治教育学以高度的理论自觉和理论自信推进学科在各个层面的繁荣发展。传统的思想政治教育学理论体系主要由三部分组成：思想政治教育学基本理论、思想政治教育史、思想政治教育学的分支学科。作为一门建立时间不长的新兴学科，它在自身的范畴体系、基本规律和某些原理上还不完善，加之面对经济全球化、世界多极化和科学技术革命的深入发展，促使学科不少学人在已有研究成果基础上，针对新时期思想政治教育的新特点、新规律，对学科进行拓展、深化、发展和完善，形成了颇有参考价值的思想政治教育前沿理论。论题研究得益于这些前沿思考。

一、思想政治教育环境论

思想政治教育环境是指对"思想政治教育活动以及思想政治教育对象的品德形成和发展产生影响的一切外部因素的总和"②。思想政治教育环境是

---

① 张耀灿：《思想政治教育学前沿》，人民出版社 2006 年版，"序"第 1—2 页。

② 陈万柏、张耀灿：《思想政治教育学原理》，高等教育出版社 2007 年版，第 96 页。

一个特殊的环境系统，其特殊性体现在只有当它及其要素对思想政治教育活动和教育对象的思想品德产生影响、发生作用时，才会有所谓的思想政治教育环境。这要求思想政治教育重视环境的作用，尤其重视对校园网络舆论环境的调节，既要充分利用环境的积极影响，强化其与思想政治教育的正相关关系，实现二者的优势互补；也要善于利用正效应抑制和克服环境影响的负效应，削弱其思想政治教育的负相关联系，使思想政治教育排除干扰，健康运行。第一，思想政治教育环境特征明显。就广泛性而言，思想政治教育环境是多维的，涉及自然的也涉及社会的，包括物质的也包括精神的。思想政治教育环境对思想政治教育及其人的思想品德的影响性质是多重性的，影响方式也是多样性的，既有单向影响又有多向影响，既有直接影响又有间接影响，既有深层影响又有浅层影响。就动态性而言，思想政治教育环境内部各要素始终处于变化之中，人改造世界的实践活动也会推动这个环境发生改变。就特定性而言，思想政治教育活动总是在一个具体环境里进行的，即对于处于网络时代的高校大学生而言，这个校园网络舆论环境给思想政治工作的针对性提出了更多精准要求。就可创性而言，环境的某些影响可以根据需要进行放大或缩小工作。这就是说，我们可以根据思想政治教育目标在网络舆论大环境下，去设计、影响和创造小环境。第二，思想政治教育环境的育人作用和育人途径。从宏观上说，良好的环境具有感染作用、促进作用、约束作用。如公众舆论是环境影响思想政治教育的一种重要方式，正确、积极、健康的公众舆论下，社会风气好，好人好事有人夸，歪风邪气没市场，有利于扬善抑恶、扶正祛邪。2014年的湘潭产妇死亡事件在医患纠纷出现患者一边倒的舆论氛围下让人感叹：媒体良知去哪儿了？湖南湘潭产妇张某，在分娩时疑因羊水栓塞引起多器官功能衰竭，经抢救无效死亡。有的报道反复出现"含泪"、"惨死"、"医护人员集体失踪"等不负责任的字眼，单方采信者一方说辞，不断挑动人们对本就脆弱的医患关系的敏感神经。医疗事件成因复杂，没搞清事情真相，没有医学专业基础知识，一些媒体相信狗咬人不是新闻，人咬狗才是新闻。理性回到事件本身，是出于对医学的尊重和新闻报道的敬畏。公众舆论作为思想政治教育的"场"和"势"，不能让歪理邪说、暴力情绪严重误导人们的思想行为。第三，思想政治教育环境要素的现代发展，形成了具有代表性的大众传媒环境（媒介环境）、网络环境（含虚拟环境）等。媒介环境影响力的增强既为思想政治教育提供了新的发展机遇，如培养了受教育者自主判断、自主选择的主体性思想政治教育观念等；同时也带来了新的挑战，如大众传媒相比思想政治教育的直观形象性使得其在争取受众方面更有优势。大众传媒的信息多源性、瞬时性、开放性为思想政治教育信息的选择和处理带来压力。除了瞬时性、开放性外，虚拟环境还有虚拟性、互动性的特点，虚拟环境比其他环境更有吸引力，更容易使人沉浸于其中。

二、思想政治教育生态学

近年来有些研究思想政治教育环境的学者，开始用生态学的理论方法，颇有新意，这的确是一个崭新视角。[①]1866年德国生物学家最先提出了"生态"这一概念，并创立了生态学，形成了解释自然系统内部及生命体与周围环境之间的相互协调、相互消长和彼此依赖的生态平衡关系的自然生态观。从自然科学领域走向哲学社会科学舞台，既是生态概念的发展，也体现人与自然关系的发展，乃至社会文明的发展。借此内涵和引申意义，学者们提出了系列交叉学科理论，如政治生态学、教育生态学、传播生态学等。第一，从生态视角考察思想政治教育的意义。生态学能被众多学科借鉴使用，足见其价值观的普适性与方法论的兼容性，例如系统关联、动态平衡、协调共生等概念确实体现了概念内涵的生命力。借助生态学的理论和方法来开展交叉研究，主要是希望借助生态学所蕴含的系统、平衡、和谐、转化、优化等观念、视角、思维、方法、原则和价值等，追寻问题分析的合理性、科学性和创新性。就校园网络舆论环境优化而言，它倡导一种全方位的生态关怀，强调生态中无论是教师还是学生，无论是校园舆论还是社会舆论，无论是微博还是新闻客户端，无论是其存在的象牙塔还是与之关联的国际政治关系、教

---

① 参见戴锐：《思想政治教育生态论》，《理论与改革》2007年第2期。

育政策环境、传播形态演进等，都相互影响、相互制约，这开启了一种新的整体论思维方式。这也使得笔者在研究校园网络舆论环境时，考察了其微观系统、中观系统、宏观系统。第二，高校思想政治教育的生态关系。① 高校思想政治教育的顺利展开和取得实效存在着一个生态关系问题。它涉及三方面的生态系统，一是社会环境大生态，含政治生态环境、经济生态环境、社会心理生态环境和社会意识生态环境；二是教育系统生态，含中国教育发展的生态环境、普通教育与高等教育以及与社会人才需求关联度所构成的环境、大学生思想政治教育与高校其他教育的关系构成的环境；三是高校思想政治教育生态环境，含教职工与大学生思想政治教育两个系统。高校思想政治教育生态系统的内部关系根据大学生所经历的社会活动场所不同，可区分为家庭、社区、学校、工作单位、社会公共活动场所等相互关联与相互影响的关系。在各种生态因子的综合作用下，高校思想政治教育面临着一些新课题，如学生在课堂上接受的思想政治理论课教育与网络上社会生活的五光十色形成强烈反差，引发学生产生思维困惑等。第三，思想政治教育环境与思想政治教育生态的区别。从相关性而言，前者是后者的一个重要因子。从差异性而言，前者关注之于主体的外部存在，后者关注之于主体的整体关系，前者把人从环境中拿出来考量，后者把人放进环境中考量，且观察的角度是立体的。也就是说，前者观察对象是两个，即人和环境；后者观察对象是一个，即包含人与环境各种错生关系的整体，这个整体中的因素相互作用、相互生成。此外，前者研究一般只具有一维性，多注意考察当下环境受体的作用和影响；后者研究则既涉及现在，也考虑过去，更顾及未来，强调各要素间的共生关系。② 笔者在研究时将论题命名为校园网络舆论环境，而非校园网络舆论生态，是因为笔者以为没有必要把简单概念复杂化，坚持系统化研究，不是仅停留在新名词就够了的，需要将系统论的整体性、动态性、层次性的指导思想贯穿于研究始终。也就是说虽名为环境，但论题充分吸收了思

---

① 参见邱柏生：《充分认识高校思想政治教育的生态关系》，《思想理论教育》2008 年第 15 期。

② 参见戴锐：《思想政治教育生态论》，《理论与改革》2007 年第 2 期。

想政治教育生态学的理念和方法，当中涉及系统各要素之间的互动性、协调性等问题。

三、思想政治教育生活化

当胡塞尔提出"生活世界理论"把科学世界奠基于生活世界时，当杜威认为真正的教育与社会生活有关时，当哈马贝斯把生活世界视为交往行为的背景和基础时，"生活世界"理论表达了这样一种理论向度，从抽象的人回到现实的人，回到日常生活中去，尊重人的主体个性。无论是就思想政治教育学科体系建设而言，还是就思想政治教育实践在社会生活中的拓展而言，思想政治教育生活化研究如今越来越显现出前沿性。第一，思想政治教育生活化的内涵。所谓思想政治教育的生活化，就是要从根本上摆脱思想政治教育抽象化、空谈化、简单化的弊端，把思想政治教育立足于生活世界，用生活为原点还原主体参与，用生活来描述思想行为，用生活为视角考察环境变量。[①] 在研究中，思想政治教育解决的是社会生活中的具体的人的思想问题，它所面向的不是抽象的人，是从具体的人的实践活动出发的。这样的教育模式具有以下特征：整合性，着眼于满足受教育者与现实生活相联系的需求，重新组合思想政治教育内部要素，形成具有整体效应的生活化思想政治教育结构；主体性，不仅关注受教育者的思想状况，也关注他们的日常生活，更关注他们的人格完善和能力发展，同时通过弘扬主体性，引导他们自主探索，主动创造；生长性，由于生活是朝着一个更好的方向不断发展的生长过程，所以思想政治教育生活化本质上是不断适应新环境变化的生活过程，让受教育者在适应生活中，不断发展，不断完善，不断生长。第二，网络社会要求重视生活化思想政治教育。计算机技术和作为一种新的信息技术的网络技术，当初可能仅仅是一种媒介，现已发展成为人们的一种崭新生存空间，意味着一个全新网络社会的兴起。网络条件下做思想政治教育工作不

[①]　参见柳礼泉、陈媛：《高校思想政治教育生活化研究述评》，《思想政治教育研究》2010 年第 1 期。

仅需要跟上技术的脚步，还要创新工作模式，"这种改变必须参照网络社会中全新的人际结构博弈的模式，以网络生活特有的游戏化方式，同时增强主体虚拟生存和现实生存的统一性"①。具体而言，如目标制定上要贴近生活，基础目标应为网民最起码能达到的基本道德修养，中级目标能帮助网民树立社会主义核心价值观，长远目标注重对网民未来生活的规划；内容选择上要源于生活，尽可能地融合到网民现实的生活中，要紧贴时代，具体化因人、因时、因地而变化。第三，思想政治教育生活化要避免三个认识误区。一是去政治化误区。长期以来思想政治教育的目标与实效有差距一直是人们关注的焦点，其中只注重方向性，"教育目标过高而未能符合受教育者的智能发展水平和接受能力，在一定程度上存在'假、大、空'弊端是重要原因"②。因此在讨论思想政治教育生活化的问题上，常有人认为是为了调整思想政治教育原先单纯的"政治化"或"泛政治化"的价值偏好，应当说这种议论有一定道理，毕竟思想政治教育是政治社会化的一种手段，其政治属性不言而喻。但是这个问题应该有更开阔的理论视野和更丰富的现实视界，思想政治教育生活化回归现实生活，体现了对人的价值、人的尊严、人的个性、人的人格、人的理想等给予真心关怀、真诚关切的"以人为本"理念，也将教育宗旨引导到"促进人的全面发展"的主题上来。二是泛生活化误区。尽管社会生活对思想政治教育有一定影响，但用社会生活完全取代是不可取的，因为二者毕竟有着本质区别。思想政治教育体现着国家意志和社会群体的根本利益，是主流意识形态对人们思想产生深远影响的可靠途径，显然是站在更高层次上。生活中的社会因素千姿百态，容易增加教育者和受教育者的思想风险，如果不把精力集中在主要矛盾上，很容易被其他因素吸引至弱相关领域而降低思想政治教育的稳定性。三是孤立化误区。如果说泛生活化误区是高估了思想政治教育生活化的作用，那么孤立化误区则是低估了其影响。孤立化思想政治教育是将思想政治教育脱离于社会生活，将两者之间划出一条

①　张耀灿：《思想政治教育学前沿》，人民出版社 2006 年版，第 454 页。

②　尚丽娟：《思想政治教育应生活化》，《思想政治工作研究》2005 年第 10 期。

鸿沟，这表现为，有的人鼓励"价值中立"的思想政治教育，有的人说一套做一套造成思想政治教育实践中的"两张皮"，有的人采用机械式、填鸭式教育方法以确保受教育者的思想自觉性等。这种孤立化、僵化的思想政治教育显然不利于人与社会发展。

四、思想政治教育隐性态

隐性课程的概念是 1968 年由美国教育社会学家杰克逊在其专著《班级生活》中首次提出的，而后弗里丹·柏格、德里本、劳伦斯·柯尔柏格等人都讨论过隐性课程的问题。目前理论界对隐性课程还没有统一的定义，一般而言指"不在课程规划（教学计划）中反映，不通过正式的教学进行，对于学生的认识、情感、信念、意志行为和价值观等方面起潜移默化的作用，促成教育目标的实现，通常体现在班集体和学校的情境之中，包括物质情境（学校建筑、设备）、文化情境（如教室布置、校园文化、各种仪式活动）、人际情境（如师生关系、同学关系、学风、班风、校风、校纪等）"①。高校思想政治教育根据其实施方式和教育对象作用机制的不同特性，可以分为显性和隐性思想政治教育。隐性资源在思想政治教育中作用的发挥是当前学界和工作战线上的一个热点话题。第一，隐性思想政治教育的特征。其在教育实施过程中，教育目的及意向都隐藏在校园生活环境和特定形式的活动中，给人以润物细无声之感。隐性思想政治教育具有自己独特的品性：潜隐性，似乎没有听到系统正经的宣教，没有滔滔不绝的灌输，更没有苦口婆心地谈心，② 那些外显的直接的因素基本上没有被感知到，然后教育就这样在不知不觉中发生了；渗透性，思想政治教育内容和教育方法融入到个人的学习、工作、生活等活动中，渗透附着在一定的环境、文化等载体上，起着间接引导作用；多样性，不同于显性思想政治教育受时间、空间等客观条件限制，活动形式、覆盖面及影响力等有限，隐性思想政治教育内容包罗万象，

---

① 顾明远：《教育大辞典》，上海教育出版社 1990 年版，第 275 页。
② 刘晓芳：《大学生隐性思想政治教育研究》，《当代青年研究》2006 年第 4 期。

教育方式丰富多样，既存在于教学过程当中，也存在于学生日常生活中；自主性，受教育者看不到居高临下的权威教育者，避免了直接外显的教育意图使受教育者产生逆反心理和对抗情绪，受教育者角色意识淡化，自愿自主地参与教育过程，并非被动的教育客体；互动性，教育者与受教育者不仅仅是"教与学"、"授与受"的关系，还存在"人与人"、"我与你"的关系，教育过程是相互影响、相互促进的过程，这当中也包括教育者与受教育者及受教育者之间知、情、意、信、行等各方面的互动。第二，校园环境是隐性思想政治教育的基本形态之一。"一般而言，高校隐性思想政治教育主要包括三种基本形态：以大学校园的物质环境（包括校园规划、建筑设计、校园自然人文景观及校园生态环境等）为载体的物质形态隐性思想政治教育；以学校的管理制度（包括管理制度所投射的管理理念、所使用的管理手段等）为载体的制度形态隐性思想政治教育和以大学精神（包括专业教育、教师示范、师生关系、校园文化氛围等）为载体的精神形态隐性思想政治教育。"[1]显然制度与精神形态稍显主动，作为环境存在的，还是被动些。教育者无法掌控并不意味着不能积极正面引导，那些消极资源，也可以通过努力将反面教育转化为正面教育，所以关键是教育者如何做到"变废为宝"。第三，新媒体是隐性思想政治教育的现代重要载体之一。新媒体的迅速发展和在大学生中的普遍应用，为其成为思想政治教育的现代载体提供了科技条件和现实基础。不容否认，新媒体可以用于显性思想政治教育，也能用于隐性思想政治教育。如果在微信、微博上开辟"经典著作选读"栏目，一般会认为这依然是显性思想政治教育。[2] 但是作为隐性载体而言，新媒体具有鲜明的特点。新媒体的虚拟性与隐性思想政治教育的隐蔽性、新媒体的个性化与隐性思想政治教育的自主性、新媒体的广泛性与隐性思想政治教育的渗透性等具有协调一致特征，这使新媒体满足了大学生心理需求，增强了教育的吸引力和感染力。

---

[1] 林伯海、李锦红、宋刚：《试析大学生隐性思想政治教育模式》，《思想政治教育研究》2008 年第 3 期。

[2] 参见刘立慧：《高校隐性思想政治教育研究》，中国矿业大学博士学位论文，2011 年。

第三章　高校校园网络舆论环境理论借鉴

马克思说："只要按事物的本来面目及其产生情况理解事物，任何深奥的哲学问题都会被简单地归结为某种经验的事实。"① "从不同的视角，用不同的理论武器与方法工具进行多方位、跨学科的研究和分析，是当前思想政治教育研究的前沿阵地和发展趋势。"② 更何况思想政治教育学的综合性特征，决定了它不仅要以马克思主义的基本理论为研究的理论基础，还要借鉴吸收多学科的理论知识和方法。于是本书通过借助中国传统文化、西方舆论场域理论、经典传播理论以及其他相关学科理论的视域，以期获得关于其本质规律更深的思考。

第一节　中国传统思想文化关照

丢弃传统，抛掉根本，就等于隔断自己的精神命脉，因此讨论新时期网络舆论环境建设的优化理念与方法离不开其根植的历史大环境中的中华优秀传统文化。中华文化源远流长，博大精深，无论是围绕人性乃天赋抑或后天习成而展开探讨路径的古代德育环境思想，还是从古至今的舆论环境建设

---

① 《马克思恩格斯文集》第 1 卷，人民出版社 2009 年版，第 528 页。
② 陈裴：《论当代交往与思想政治教育创新》，广西民族大学硕士学位论文，2009 年。

理论与实践，都积淀着中华民族最深层的精神追求，为网络新时代的我们在价值观冲击、多文化激荡中站稳脚跟奠定了根基。所谓去粗取精、去伪存真、古为今用，就是要求我们对待前人传承下来的价值理念，既要有鉴别地对待，也要有扬弃地继承。

一、人性天赋的德育环境思想

在思想政治教育范畴里研究网络舆论环境，显然无法避开德育环境这个话题。追溯中国德育环境思想的发源，可以从孔子的"性相近，习相远"算起，他的"里仁为美，择不处仁，焉得知"① 是后世思想家们讨论德育环境思想的起点。孔子之后的思想家在德育环境理论方面围绕人性、环境、中介因素关系不断加深认识。先秦时期人们对"人性"的探讨主要放在"人性是天赋的"这一观点上，要么善，要么恶，要么有善有恶，同时也看到后天环境和教育对人的作用。例如墨子以强调"人性"天赋、重视环境对人的习染来肯定环境的重要作用；荀子以"性本恶论"与"化性起伪"论来界定人性与环境的关系，这些都为古代德育环境思想的发展和丰富提供了独特的理路。

其一，墨子的"人性天赋"思想与"习染论"。墨子认为人的思想道德素质是上天赋予的，墨子说："是故义者，不自愚且贱者出，必自贵且知者出。曰：谁为知？天为知。然则义果自天出也。"② 此处的"义"在墨子看来是衡量天下一切是非善恶的最高标准或最后标准，用今天的话来说就是思想道德素质。这个出于天的"义"是公正的、客观的、外在的，一方面表现在行善，"欲人之有力相营，有道相教，有财相分"；另一方面表现在抑恶，"不欲大国之攻小国，大家之乱小家也。强之暴寡。诈之谋愚。贵之傲贱。此天之所不欲也"③。在认为人的思想道德素质是天意安排的同时，墨子又提出了"习染论"思想。墨子在《所染篇》中以染丝为喻，阐明天子、诸侯、大夫、

---

① 谭平、万平：《国学经典论》，人民出版社 2010 年版，第 26 页。
② 《墨子·天志下》，上海书店 1936 年版，第 188 页。
③ 《墨子·天志中》，上海书店 1936 年版，第 180 页。

士应该正确选择自己的亲信和朋友，以取得良好的熏陶和积极的影响，这关系着事业的成败、国家的兴亡。"染于苍则苍，染于黄则黄。所入者变，其色亦变，五入必而已则为五色矣。故染不可不慎也！""非独国有染也，士亦有染。其友皆好仁义，淳谨畏令，则家日益，身日安，名日荣，处官得其理矣，则段干木、禽子、傅说之徒是也。"① 墨子认为，人们生活在一定的社会环境中，不可避免地受到环境熏染，久而久之，就会塑造出具有不同思想道德素质的人。

其二，荀子的"性本恶"论与"化性起伪"说。荀子主张"性恶"论，提出"人之性恶，其善者伪也"② 的著名观点。荀子把人性规定为先天的自然性，即"生之所以然者谓之性"③。在他看来，人性与社会道德规范是不相协调的，如果顺从人性自然发展，人与人就要互相冲突、互相争夺，"犯分乱理而归于暴"，道德规范就要遭到破坏。天下之所以混乱不治，就是因为人的恶性得到发展而没有经过"化性起伪"的改造过程。荀子把人受后天环境影响和经过主观习得的品质称为"伪"，即"虑积焉，能习焉而后成谓之伪"。荀子看到了不同环境可以铸造不同素质的人。"蓬生麻中，不扶而直；白沙在涅，与之俱黑。"④ "居楚而楚，居越而越，居夏而夏，是非天性也，积靡使然也。"⑤ 荀子认为"师以身为正仪"⑥，要端正人的本性，就要用"师法"和"礼义"去纠正人的恶的本性。此外，在荀子看来，环境的影响通过观察和舆论等中介传播。《荀子·大略》中说："孝子言为可闻，行为可见。言为可闻，所以说远也；行为可见，所以说近也。近者说则亲，远者说则附。亲近而附远，孝子之道也。"⑦

---

① 郑杰文：《中国墨学通史》（上），人民出版社 2006 年版，第 84 页。

② 《荀子》，上海书店 1936 年版，第 329 页。

③ 王先谦、沈啸：《荀子集解》，中华书局 1988 年版，第 412 页。

④ 《荀子·劝学》，上海书店 1936 年版，第 3 页。

⑤ 《荀子·儒效》，上海书店 1936 年版，第 93 页。

⑥ 《荀子·修身》，上海书店 1936 年版，第 19 页。

⑦ 方勇、李波：《荀子》，中华书局 2011 年版，第 457—458 页。

二、人性习成的德育环境学说

在"人性"与环境关系研究方面，两汉以后的思想家对"人性"的探讨更为精细，认为"人性"有等级，不同的"人性"在后天环境和教育作用下，会形成不同的思想道德素质。进入明清时代，思想家们已经走出"人性"天赋阶段，认为"人性"是无善无恶的，人的思想道德素质完全依赖于后天环境和教育作用。这里重点举例王夫之与颜元的思想。

王夫之的性"日生日成"、"习与性成"和"继善成性"思想。王夫之运用日新变化的观点阐发人性，把人的生理要求"声色臭味以厚其生"和道德意识"仁义礼智以正其德"① 两者的结合，看作是人性的内容，认定这两个方面都不是凝固不变的，而是变化日新、生生不已的。王夫之这个"性日生日成"的学说从根本上结束了自先秦以来有关人性善恶的争论，是我国德育环境思想史的重要里程碑。② 王夫之认为天赋资禀对于性能否"日生日成"仅为自然条件，起决定作用的是后天的"习"，"后天之性，习成之也"③。这个"习"包括环境和教育，他认为环境是人们生活的地方，最能影响人性，是人性发展的背景，尤其起作用的是社会物质生活状况。他说："饮食起居，见闻言动，所以斟酌饱满于健顺五常之正者，奚不日以成性之善；而其鲁莽灭裂，以得二殊五实之驳者，奚不日以成性之恶哉？"④ 王夫之在论证"性日生日成"时，除"习与性成"的客观影响外，还承认有人的主观因素，这就是"性则因乎成矣，成则因乎继矣。不成未有性，不继不能成"⑤。这里突出强调"继"字，把它看成"人性"得到实现的中间环节，带有"实践"的含义，所以"继善成性"论的实质是强调个人道德修养要在"继善"上下功夫，不断汲取前人优秀品质，并经过长期践履，完善自己的道德素养。

---

① 中国哲学编辑部：《中国哲学第十辑》，人民出版社1983年版，第226页。
② 参见戴钢书：《德育环境研究》，人民出版社2002年版，第97页。
③ 任继愈：《中国哲学史》（四），人民出版社2005年版，第68页。
④ 王夫之：《尚书引义》，载《船山全书》（第二册），岳麓书社1996年版，第301—302页。
⑤ 张岂之：《中国思想史》，西北大学出版社1993年版，第432页。

颜元的"气质之性"与"引蔽习染"思想。颜元从批判程朱学说的角度，探讨了人性与环境的关系。他在《存性篇》中说："诸儒多以水喻性，以土喻气，以浊喻恶，将天地予人至尊至贵至有用之气质，反似为性之累者然。不知若无气质，理将安附？且去此气质，则性反为两间无作用之虚理矣。"① 不难看出，颜元所谓"气质之性"也就是人的自然之性，是人生存的基础，也是人伦道德的根基。"性字从生心，正指人性以后而言。"② 这里心性就是实有的"生"，"人生"同于"人性"，就是说"人性"是在人的社会生活和所受教育过程中形成和发展起来的。在颜元看来，无论是善还是恶，都是人的后天道德行为，后天的道德行为之所以有恶，是由于"引蔽习染"的结果。他说："恶于何加！惟因有邪色引动，障蔽其明，然后有淫视，而恶始名焉。"③ 在颜元的教育思想中，特别重视"习"、"行"的范畴，他在 35岁时其将所居"思古斋"改名"习斋"，认为习性有益于道德修养，在《颜习斋先生言行录》中说："孔门习行礼乐射御之学，健人筋骨，和人血气，调人情性，长人信义。"④

三、古代舆论环境建设的方法

在道德和习俗的社会控制机制中，舆论是社会契约的重要类型。源远流长的中华文明于是孕育形成了颇具中国特色的舆论环境，从原始社会的黄、尧、舜、禹设置采纳民意场所，到春秋战国游说操纵时局，从汉魏清议介入政治生活，到唐宋开明政治促使言路大川，再到明清文字狱弹压舆论，中国古代历史上不同朝代社会舆论环境千差万别。这里无法用有限篇幅穷尽古代所有舆论阐释，从论题角度出发我们希望获得更多建设舆论环境的历史经验，因此将从舆论采集、舆论控制等方面考察古代舆论环境建设方法。

要想搞好舆论环境建设，首先要了解舆情，采用一定方法收集掌握舆

---

① 张岂之：《中国思想史》，西北大学出版社 1993 年版，第 432 页。
② 《颜元集》，中华书局 1987 年版，第 6 页。
③ 《颜元集》，中华书局 1987 年版，第 1 页。
④ 张岂之：《中国思想史》，西北大学出版社 1993 年版，第 440 页。

论动向。我国古代舆论采集方式大致有采诗观风、吏民上书、朝议、官员巡查等制度。① 自上古时代流传的采诗观风制度，直到秦汉时期都还在执行，《汉书·食货志》记载："孟春之月，群居者将散，遒人振动木铎徇于路以采诗，献之太师，比其音律，以闻于天子。故曰王者不窥牖户而知天下。"② 在这种古老的舆情采集方法下，人们能比较自由地表达想法，管理者可以通过它了解民俗，观风察政。吏民上书指朝廷官员或平民百姓个人或集体就具体事项带有明显倾向性意见进行逐级或越级劝谏执政者，《贞观政要·求谏》中记载唐太宗登极即言："人欲自照，必须明镜；主欲知过，必藉忠臣。主若自贤，臣不匡正，欲不危败，岂可得乎？"③ 朝议制度是官员们对政治的议论和对舆情的反映，可分为廷议、朝议、三府议、有司议等类型。④ 官员巡查作为官方主动收集民情的重要举措，历史上各朝代政府都会派官员就不同舆情信息采取明察或暗访手段，巡行地方，探访民瘼，包括奉旨督查、催报督查、微服私访等。

对于中央集权的古代中国而言，多元意见往往被统治者所不容，他们通常采取强势控制手段来谋求舆论一律，比较典型的有焚书坑儒、独尊儒术、党锢之祸、文字之狱等。焚书坑儒是在秦国统一六国之初，六国残余势力和不同文化背景的官员时常发表不同意见带来社会混乱的背景下，由李斯提议而得以确立的控制舆论政策，是历史上最早的一次大规模钳制舆论活动，人们丧失了藏书、撰写等基本自由，⑤ 简单粗暴的舆论刚性传播管制方式，不但不能消弭舆论反而激化舆论，从而导致了历史上第一个封建帝国迅速灭亡。汉代董仲舒与李斯一样对混乱社会舆情有着清醒的认识，为统一舆论他没有采取秦代严格控制异己的策略，而是拼力放大自己的言论，将孔子

---

① 参见刘毅：《刍论中国古代舆情收集制度》，《天津大学学报》（社会科学版）2007 年第 5 期。

② 《〈诗经〉的结集：采诗、献诗、删诗》，http：//www.ayrbs.com/epaper/html/2013-04/24/content_110174.htm。

③ 《古诗文网·卷二　论求谏》，http：//so.gushiwen.org/guwen/bookv_5193.aspx。

④ 参见刘太祥：《秦汉中央行政决策体制研究》，《史学月刊》1999 年第 6 期。

⑤ 参见骆正林：《中国古代社会舆论活动的主要类型和特征》，《洛阳师范学院学报》2008 年第 4 期。

之学升为整个社会的指导思想和观念体系。就舆论控制而言，这个独尊儒术政策其实与焚书坑儒政策就像硬币的两个方面，一抑一扬而已，尽管大一统思想增加了民族凝聚力，但也将专制集权推向了登峰造极。纵观历史，"以'保持高度统一'为特点的一元舆论政策，加上对异己舆论的软性硬性打压和将公共舆论缩小为'朝论'的有限开放策略，是秦汉以来中国封建制度下执政者进行舆论控制和管理的主流形态"①。

四、近现代舆论环境建设模式

历史车轮驶到时局风云变幻的近现代，在社会转型的时代背景下，中国舆论思想孕育着不可逆转的趋势：民主参与、自由表达、多数选择、透明权力。在谈到中国近现代舆论研究时，不得不提到一个人——梁启超，"被学界称为近代中国舆论研究第一人"②。透过其近三十年海内外的办报经历，"以及大量有关舆论思想的著述：《论报馆有益于国事》、《国风报叙例》、《舆论之母与舆论之仆》等"，我们能看到一代知识精英在特殊的历史背景下，既不可避免地传承传统士大夫"修身、齐家、治国、平天下"的儒家价值理想，又受西风东渐影响主动走出国门接受西方科学人文体系训练，"他们与大众媒体、西式大学结合，展现了中国历史上从未有过的强大舆论与言论力量"。从时间发展演进来看，近现代舆论环境研究大致可以分为以下三个阶段。

第一阶段，1919 年以前，舆论至上论。这一时期，辛亥革命结束了两千多年封建君主专制传统，五四运动带来了"德先生"（民主）和"赛先生"（科学）的价值新风，舆论的作用被捧到无上地位。长舆在《立宪政治与舆论》中指出："专制政体之下，固无舆论发生之余地也。立宪时代则不然。一切庶政，无不取决于舆论。"③

第二阶段，1919—1936 年，舆论的消沉。中华民国代替清王朝，崭新

---

① 阎安：《中国古代舆论政策的范式变迁》，《新闻研究导刊》2011 年第 10 期。

② 参见倪琳：《近代中国舆论思想演迁》，上海大学博士学位论文，2010 年。

③ 长舆：《立宪政治与舆论》，《国风报》1910 年第 13 期。

国体与政体让人们看到希望的曙光，但现实的乱象又使许多思想界与知识界人士沉寂彷徨。《东北文化》刊载的《悲舆篇》用上下两篇表达了舆论悲观怀疑论，上篇指出"用威挟利诱的两种方法，制造御用舆论，……于是黑白混淆，是非颠倒"，下篇谈道"真个嘴是两块皮，'翻手为云，覆手为雨'都由你"[1]。在一波舆论悲观论调中，景藏先生、陶孟和先生等近代知识精英提出了对舆论进行规范和引导的对策与措施，逆转了社会舆论导向，大众的悲观与怀疑转向了对专家的乐观与信任。这种用专家意见引导缺乏专业知识和无法独立思考的大众，从而使其意见主导社会民众客观观察与冷静思考的模式是这一时期舆论环境建设的亮点。

第三阶段，1937—1949 年，统制转向自由。卢沟桥事变将中国拖入战争泥沼，从抗日战争到国共内战，此番背景下的舆论环境建设有着新的特点。进入战争状态后，战时宣传与舆论统制由于统一思想的需求自然地结合在了一起，"从政府的立场而论，在战时国内的舆论，务要求其一致，一致的拥护政府的一切政策，一切主张，及其一切的行动，否则战争就无胜利的希望，因为舆论对于民气、士气，是有莫大的关系"[2]。随着抗日战争的结束，民族危机解除，内部矛盾与党内分歧致使民主与舆论的话题成为热点，陈科美先生在《民主与舆论》中指出："舆论是实现民主理想的根本力量。""不是任何的舆论，都有实现民主理想的力量，只有健全的舆论，才有实现民主理想的力量。"[3]

第二节　西方舆论场域理论探索

舆论学认为，人、环境及其二者的互动是舆论形成的基本要素。如果没有具体的时空环境，那么舆论的形成和发展将无从谈起，因此舆论场域理

---

[1]　《时事评论：悲舆论》，《东北文化》1930 年第 139 期。

[2]　梁士纯：《演稿：战时的舆论及其统制》，《国闻周报》1937 年第 24 期。

[3]　陈科美：《民主与舆论》，《评论半月刊》1946 年第 11 期。

论得以发展。网络舆论场为网络上各路意见提供环境，这个环境比较复杂，涉及心理场、新媒介场、社会场，包括心理环境、行为环境和社会环境等，由此我们将借鉴勒温场论、虚拟现实以及网络社会的有关理论。

一、勒温场论

库尔特·勒温是德裔美籍心理学家、社会场论的创始人。论及勒温场理论不得不提到对其理论形成有较大影响的个人经历。1914 年勒温在柏林大学拿到心理学的哲学博士学位，其间还研修了数学、物理学，之后第一次世界大战开始应征入伍，这个过程当中他形成了一些关于环境与人交互作用关系、生活空间等场论的初期思考。[①] 服军役五年后，回到柏林大学，成为格式塔学派成员，其场论也必然受到该学派影响，与格式塔学派不同的是，勒温强调人的动机而非直觉，探索中勒温在数学和物理学方面的研究帮他廓清迷雾。第一，经典公式。在勒温看来，"任何一种行为都产生于各种相互依存事实的整体，而这些相互依存事实具有一种动力场的特征"[②]。公式 $B = f(P, E) = f(LS)$[③]，B 表示行为，P 表示行为主体，E 表示环境。而LS 表示生活空间，是各种可能事件的全体。这个公式的意思是人的行为是其人格或个性与其所处情景或环境的函数。人的行为会随环境的条件改变而改变，同一个学生在不同的校园网络环境条件下会产生不同的行为，不同的学生在同一个校园网络舆论环境条件下会产生不同的行为，甚至同一学生在相同校园网络舆论环境中条件发生了改变，也会产生不同的行为。第二，场力分析。在拓扑学的影响下，勒温用正值和负值来表示个体行为的正负诱发力。正诱发力能满足需要，减除紧张，引起个体趋向，而负诱发力则会引起个体排拒。"据勒温场理论可知，网络舆论环境是孕育网络水军的温床，网民心理中生存、归属与情感、自我实现等需求是刺激网民投身网络

① 刘宏宇：《勒温的社会心理学理论评述》，《社会心理科学》1998 年第 1 期。

② Lewin，k，*Resolving Social Conflicts*，New York：Harpper and Brother publishers，1948，p.11.

③ Lewin，k，*Field Theory in Social Sience*，New York：Harpper and Brother publishers，1951，pp.239-240.

水军的吸引因素，而安全、渴望被尊重的心理需求则成为网民动机的抗拒因素，要减弱普通网民参与网络水军的热情，需净化、优化网络环境，降低网络水军的引值，提升其拒值。"① 第三，三类准环境。勒温所谓的心理环境，是仅对行为有影响的环境，因此被其称为"准环境"，分为三类：一是准事实的环境。学生知道学校的 BBS 是否受学校官方管辖其舆论表达行为往往是不同的，可是我们不能假定官方是否管辖校园 BBS 的事实常存在于学生们的意识之内，"这就说明勒温所说的心理环境不仅有意识到的，也有非意识到的"②。二是准社会的环境。一些高校的校长信箱、职能部门信箱等服务接待窗口之所以受到学生追捧，恐怕不是这个学校有校纪校规，因为任何学校都有，只不过这些学校正视这个窗口的作用，并配有相应的线下处置机制，能及时回应和解决学生问题，学生们觉得好用，信任它。所以学生网民遵守网络舆论场秩序的服从行为，不仅是校纪校规对学生的实际纪律权威或社会权威，更重要的是学校本身在其心中的权威，而这就是勒温所说的意识中的事实。三是准概念的环境。很多舆情事件面前有这样的感慨：怎么会演变成这么大？这反映了肇事者当初设想的心理疆域和事件客观涉及的事实疆域具有相当差异性。不难推理，假如它们能相互一致，那么网络舆论危机处置就容易多了，这就是勒温的准概念的事实不等于概念的事实的根据。

二、虚拟现实

随着信息技术的发展，与"虚拟现实"（Virtual Reality，简称 VR）有关的问题越来越引起人们的普遍关注。虚拟现实是全球自然科学家和社会科学研究者大力研究的前沿领域。从技术角度而言，虚拟现实技术作为仅次于互联网技术改变未来世界的技术，"将模拟环境、视景系统和仿真系统合三为

---

①　赵敏、谭腾飞：《网络水军的成因及其发展——以库尔特·勒温"B＝f（P·E）"为视角》，《新疆社科论坛》2012 年第 3 期。

②　郭子仪、勒温：《"心理的生活空间"述评》，《贵州民族学院学报》（社会科学版）1995 年第 3 期。

一，通过自然技能使用头盔显示器、图形眼镜、数据服务器等"①传感设备与之相互作用的新兴技术，现已逐渐被应用到航空、军事、医学、教育、工程设计、影视、商业经营等各个领域，其研究内容涉及人工智能、传感器、心理学等多学科交叉集成。从人文角度而言，虚拟现实又称虚拟世界、虚拟环境，它不是现实的物化形态，却是一种虚拟的物化形态，但其原型又与现实世界有着这样或那样的联系。作为统一的物质世界的两种存在方式，虚拟现实既是对现实世界的模拟，也是对现实世界的再现，前者的生成和发展依赖并反作用于后者。结合论题在这里我们重点讨论关于虚拟现实的两个问题。第一，虚拟现实强调人与虚拟环境的交互操作。从上得知，计算机生成的虚拟现实是一种高级人机交互系统，在这里人机交互是核心。这包括两个部分：一个是创建的虚拟环境，一种能给人提供包括视觉、听觉、嗅觉、触觉等多种感官系统的环境；另一个是系统介入者，即通过多通道信息进行交互操作获得虚拟世界体验的人。这种交互作用被学者构建为虚拟概念的"显示检测模型"②。第二，虚拟现实的沉浸性与网络文化。迈克尔·海姆曾在其著作《从界面到网络空间——虚拟实在的形而上学》中对虚拟现实的特征作出如下描述：模拟性、交互作用、人工性、沉浸性、遥在、全身沉浸、网络通信。③在这里，虚拟现实区别于一般的低级形式赛博空间的根本属性是由于真实屏蔽带来的沉浸度的质的变化，即让人在直接参与和探索虚拟对象所处的环境作用中，就像置身一个虚拟世界而产生完全沉浸感。正是因为人的感官沉浸以及引发的心理沉浸乃至全身沉浸，才使得电脑屏幕上的字符、图像和声音有了生命，有了情感，有了背景，有了意义，由此可见网络文化的基础在于沉浸性的网络人际互动，沉浸得越深，网络化体验越真实。网络为网民提供了不同于报刊等媒介有诸多限制的自由表达平台，使各种观点、声

---

① 何晓薇：《虚拟现实技术在教学中的作用和应用》，《中国民用航空》2005 年第 10 期。

② Latta J. N., Oberg D. I., A conceptual virtual reality model, *IEEE CG & A*, 1994, (1), pp.23-29.

③ 迈克尔·海姆：《从界面到网络空间——虚拟实在的形而上学》，上海科技教育出版社 2000 年版，第 111—132 页。

音和思想都能在这个虚拟现实里传播，从而形成了这个环境中话语权力分配的全新规则，让网民获得了自己新的社会角色和地位。于是以感官沉浸为核心的全新价值观和生活方式成为网络文化的重要特点。在网络舆论环境中，那些骇人听闻的新闻、名人隐私的八卦、颠覆传统的奇葩等，很容易勾起人们的探知欲望，使他们的感官刺激得到充分满足，进而愈陷愈深。① 从某种角度而言，沉浸性作为虚拟现实的本质属性，反映了当代网络文化的困惑，深刻表征了技术现代性危机和现代生存方式的危机。

三、网络社会

与虚拟现实不同，虚拟的网络社会是真实的，也是客观实在的。从社会学角度而言，网络社会是信息技术和互联网发展的必然产物，其概念最先见于荷兰社会学家狄杰克的论述，之后让我们对概念感受较深的论断是尼葛洛庞帝在《数字化生存》中提出的"计算机不再只与计算机有关，它决定我们的生存"②，但"当代网络社会概念的完整建立则始于美国社会学家曼纽·卡斯特的'信息时代三部曲'"③。从某种意义而言，网络社会是人类社会的最新形态，是人与人之间通过网络组织起来的一种新形式。第一，网络社会的伦理问题。实践证明，技术是把双刃剑，充分的资源共享与开放的市场竞争使得社会发展的空间和方式发生了翻天覆地的变化，但是缺乏相应的运行规则和完善的制约机制，④ 于是可能造成某些负面的、消极的影响，甚至导致严重的伦理危机。譬如，网络社会的自由失控、开放失度、诚信危机、主体道德责任缺失、主体情感淡漠、道德相对主义等。第二，网络社会形成新的社会认同。卡斯特在《认同的力量》一书中指出，从工业时代跨入

---

① 刘大椿、刘永谋：《技术现代性与文化现代性的困惑——以虚拟现实及其沉浸性为例》，《江苏社会科学》2003 年第 3 期。

② [美] 尼葛洛庞帝：《数字化生存》，胡泳、范海燕译，海南出版社 1996 年版，第 15 页。

③ 蒋广学、周航：《网络社会的本质内涵及其视域下的青年社会化》，《中国青年研究》2013 年第 6 期。

④ 蒋广学、周航：《网络社会的本质内涵及其视域下的青年社会化》，《中国青年研究》2013 年第 6 期。

信息时代，"人们普遍无法适应财富、生产及金融的国际化"①，无法适应宗教不再提供真实且神圣的心灵力量，无法适应文化的生产与传播失去有序性，于是人们的认同感逐渐消弭，直至达到普遍性。人们对认同感的抵制随着网络社会个体主义的兴起并渗透到社会机体，从而形成一种新的认同感，"网络社会中，新的权力存在于信息的符码中，存在于再现的影像中；围绕这种新的权力，社会组织起了它的制度，人们建立起了自己的生活，并决定着自己的所作所为。这种权力的部位是人们的心灵。"② 当然网络社会的偏离中心的组织和干预文化有助于人们减少对认同感的抵制，"一种网络化的、去中心化的组织和干预形式，它是新社会运动的特征。最醒目的动议，往往来自于多层次沟通互动网络中的'骚动'。在社会的后巷，它们是文化符码的现实生产者和分配者"③。第三，网络社会分层与网络舆论环境中弥漫的抱怨。网络社会结构的决定因素是技术和知识，谁拥有它们谁就主导网络社会，谁就拥有这个空间的话语权。在现实社会冲突中我们看到，一旦冲突涉及政府官员或富人群体等现实精英阶层，不管事实真相如何，常常会得到众多网民的声援。这其实反映了两个社会结构在网络环境下的冲突，那些拥有知识与技术优势但又处于社会财富与权力分配边缘的人们，一旦在现实社会中遭遇不公，就会习惯性地将抱怨撒在网络社会中，宣泄对现实社会秩序的不满。有学者通过实证研究，认为"网络社会分层将那些原本处于现实社会分层体系中边缘位置的阶层群体推到了网络社会的精英位置，网络社会中弥漫的抱怨不过是网络社会中的精英们对现实权威进行挑战的工具"④。所以要建立和谐的网络社会秩序可以考虑将网络社会分层下的秩序与现实社会秩序

---

① 王保臣、杨艳萍：《曼纽尔·卡斯特研究述评》，《北京邮电大学学报》（社会科学版）2008年第10期。
② ［美］曼纽尔·卡斯特：《认同的力量》，曹荣湘译，社会科学文献出版社2006年版，第416页。
③ ［美］曼纽尔·卡斯特：《认同的力量》，曹荣湘译，社会科学文献出版社2006年版，第419页。
④ 胡建国、博昊渊：《谁在网络中抱怨？——基于网络社会分层视角》，《北京社会科学》2013年第4期。

对接，让网络精英在现实社会中拥有一定话语权，或者让现实社会的精英在网络社会中也能成为网民心目中的权威。

第三节　西方经典传播理论诠释

校园网络舆论环境是一个高流动性、高整合性的传播场域，纷繁复杂。处在自然状态的信息成为舆论事件需要经过一定机制才能浮出水面，成为校园乃至社会关注的热点。这个过程中，西方经典传播舆论能帮助我们更好地认清这个环境的运行法则。

一、"议程设置"理论

议程设置是传播学领域的主要理论假设之一。它的主要含义是"大众媒介之注意某些问题、忽略另一些问题的做法本身可以影响公众舆论；人们将倾向于了解大众媒介注意的那些问题，并采用大众媒介为各种问题所确定的先后顺序来安排自己对于这些问题的关注程度"[1]。也就是说，议程设置的实质意义是，传播如何围绕特定的目的设置议题，使该放大的放大，该缩小的缩小，以达到影响社会舆论的效果。

"美国著名的专栏作家和政论家沃尔特·李普曼是议程设置理论的最早论述者"，他在《舆论学》中将柏拉图的"洞穴人"思想引申后认为："我们就像这些囚犯一样，也只能看见媒介所反映的现实，而这些反映便是构成我们头脑中对现实的图像的基础。"[2]议程设置从假设层面跨越到实证层面，则要归功于麦库姆斯与肖（Shaw）在美国总统大选期间的实证研究，他们的结论是："大众媒介对不同竞选议题的强调程度，不仅在很大程度上反映了

---

[1]　殷晓蓉：《议程设置理论的产生、发展和内在矛盾——美国传播学效果研究的一个重要视野》，《厦门大学学报》（哲学社会科学版）1999 年第 2 期。

[2]　王蓓蕾：《新媒体与传统媒体设置过程的比较研究》，上海外国语大学硕士学位论文，2013 年。

竞选者对重要议题的强调程度，而且也与选民对各种竞选议题重要性的判断之间，存在极高的相关性。"① 他俩一直专注于议程设置研究的深入与扩展，是该领域的权威学者，并被当今学界视为议程设置理论的奠基人。麦考姆斯认为，当前"议程设置研究已经进入第二个层次，由研究议题显著度从媒介议程向公众议程的传播转到检验属性显著度的传播"②。

当然议程设置理论是建立在传统媒体环境之中的，无论是版面有限的报刊还是时段有限的广播电视，这个环境里传统媒体容量有限，但这传统的专业媒介组织却在传播体系中处于主导地位，通过对议题进行有意识的选择和排序实现对信息流量和流向的较强控制力，受众相对而言比较被动，只能从经常接触的媒介中选择有关信息。具体而言，议程设置主要有三种功能："一是在信息扩散之前，通过编辑实行限制；二是增加信息量，强化信息环境；三是对信息进行重新组合或解释。"③ 随着互联网的不断发展，议程设置理论也受到了新的挑战，围绕议程设置理论是否有效，学者们展开了普遍的讨论。目前，更多的倾向是在网络环境下尤其是新媒体环境下，议程设置理论仍然有效，只是出现了不同于以往的新特点。一是议程设置主体由大众传媒转变为大众传媒与网络公众。我们看到很多网络媒体在论坛上设置了各种论题，如果没得到广大网民的回应则很难形成议题，同时网络上很多论题未经媒体参与，但经网友支持，大规模互动也能成为社会重要议题。由此可见，公众在新媒体环境下有较强的自我议程设置能力。二是议程设置的机制和方式由大众传媒通过选择和突出两种方式实现议程控制，转变为通过网民与网民、网民与媒体、媒体与媒体之间开放互动而自我形成议程方向。在新媒体环境下，传播权的分散使得每一位个体包括媒介都能自主表达自己的观点和愿望，所以每位个体都不能控制议题的发展，在互动中议题发展路径不

① Maxwell E. McCombs, Donald L.Shaw, *The Agenda-setting Function of Mass Media*, Public Opinion Quarterly, 1972, pp.176-187.
② 慎之：《议程设置研究第一人——记马克斯韦尔·麦考姆斯博士》，《新闻与传播研究》1996年第3期。
③ 刘训成：《议程设置、舆论导向与新闻报道》，《新闻与传播研究》2002年第2期。

确定并经常发生转换，甚至经常会衍生出许多无关议题。三是议程设置的效果并没有因为大众传媒单方面议程设置能力降低而效果减弱，反而因公众和媒介共同参与的议程设置效果扩大而增强。在这里我们不能忽视互联网对传统媒体的影响，一方面，网络事件有较高的新闻价值，很容易被大众媒体捕捉为议题；另一方面，网民的第一现场素材和事件的快速反应往往迫使大众媒体必须关注网络议程，一旦大众媒体的议程被设置，某事件就完成了从网络信息场到社会信息场的转换，从而引领社会舆论风潮。综上，新媒体环境下议程设置变化的实质是议程设置更加趋向于民意，趋向于众议共识。

二、"把关人"理论

"把关"理论是传播学控制分析领域的经典理论之一，"把关人"又称为"守门人"，顾名思义指直接或间接为媒体把关的人，包括个人或群体。不难推理，在传播体系当中，能做把关人的可以是信息收集者、信息加工者以及公共关系从业人员及其他拟影响大众传媒的利益集团。因此"把关"过程的实质"是把关的结果在总体上体现了传媒组织的立场和方针"①。美国社会心理学家库尔特·卢因最早提出"把关"概念，他指出：输入信息—输出信息＝把关过滤的信息。②1959年麦克内利揭示了信源与信宿之间存在系列"把关"环节。1965年盖尔顿和鲁奇提出选择性守门模式，认为守门有一定标准和依据，因此可以解释和预测。"1969年，巴斯在《使守门人概念更趋丰富》中认为最重要的'把关人'是传播媒介"③，由此拉开了从组织层面研究"把关人"现象的序幕。"1991年休梅克和里茨提出'把关'的五个层次"，他们以更广阔的视角把"把关人"的理解从最初的新闻个案研究发展到了将传播活动视为社会的子系统。

在传统的大众传播秩序中，"把关人"处于特权地位，这体现在接近信息源、掌握媒体渠道、过滤信息、舆论导向等方面。以国际互联网为代表的

---

① 张超群：《浅析博客对我国传统媒体的颠覆》，上海外国语大学硕士学位论文，2009年。
② 参见郭庆光：《传播学教程》，中国人民大学出版社2001年版，第162—165页。
③ 魏少华：《零门槛的隐忧：草根新闻与把关人理论》，《新闻界》2009年第3期。

信息高速公路迅速崛起和成长，将受众从线性、单向的传统大众传播中解放出来，致使"把关人"特权发生了天翻地覆的变化，传统"把关"理论受到严重冲击。一是信息传播环节被简化。网民在新媒体环境下，本身就是信息提供者，可以直接将信息传递给受众，[①] 所以就有了"无关可把"的说法。二是"把关"权的分化。在网络传播条件下，信息的传播与接受是一个"充分的双向性传播"[②]，这使得任何人在任何时刻接触到网络的任一节点都能进行传播。三是"把关"的可行性降低。一方面，网络传播信息的迅捷性和无障碍性大大降低了"把关"的可能性，很多论坛贴吧把关人、新浪微博把关人、微信朋友圈把关人"还来不及作出反应，一些信息已经造成了不良社会影响；另一方面，网络的海量信息也导致'把关'难度加大"[③]，令人目不暇接的信息不仅会混淆视听，还会让"把关人"变得麻木而慢慢丧失判断能力。

当然网络信息传播在终结信息特权的同时，并不意味着"把关人"在新媒体时代的没落，反而也为"把关人"提供了转变机遇和发展空间。在网络信息传播中，传统"把关人"至少可以完成以下角色转换：信息提供者、信息指路人、规范倡导者和监督者。"把关人"的范围可以扩大，可以是个人把关人、媒介把关人、政府把关人。在这里，"个人"把关的趋向势不可当，这是网络时代发展的必然。"2010 年年底《中国新闻周刊》在新浪微博上发布了一条有关金庸去世的消息"[④]，一个小时内相关转发和讨论达 5 万多条，杂志的副总编及负责微博账号的编辑双双辞职，微博的把关机制被舆论推向风口浪尖，而后从闾丘露薇的率先微博辟谣开始，"转发和评论此事的微博用户对消息多半持质疑态度，并不是盲目跟风，从这个角度而言，这件事演变为公民信息素养的生动一课，微博用户集体完成了一次自我把关的信息救赎"。

---

① 王晓园：《传播学视域下的博客议程设置研究》，湘潭大学硕士学位论文，2008 年。

② 金春郊：《试述"把关人"在网络传播中的地位》，《孝感学院学报》2004 年第 2 期。

③ 张超群：《浅析博客对我国传统媒体的颠覆》，上海外国语大学硕士学位论文，2009 年。

④ 汤向男：《关系化信息流：微博环境下的"把关人"》，《东南传播》2011 年第 4 期。

三、"意见领袖"理论

"意见领袖"这一传播学的经典概念最早是由传播学者拉扎斯菲尔德在《人民的选择》中提出的，他在二级传播理论中发现信息总是按照媒介—意见领袖—受众的路径进行传播，也就是说信息先从传媒传向"意见领袖"。通常情况下，意见领袖具有一些共同特征：一是社会威望高，社会资源丰富，在大众心中有一定影响力；二是信息获取渠道较多，速度较快；三是有自己想法，知识丰富，有一定追随者；四是喜欢人际交往，有独特魅力。在社会舆论领域，"公共知识分子由于经常撰写文章、接受访谈、表达观点，因而是意见领袖的最重要群体。《财经时报》曾评选财经界'2003 十大意见领袖'，其中 6 人为公共知识分子"。①

随着技术的不断发展，互联网的新兴功能、网民结构以及信息传播模式使得意见领袖的特征和作用在互联网条件下特别是新媒体环境下得到进一步放大和延伸，使其区别于传统意见领袖。一方面是网络意见领袖产生的范围渐趋多元。互联网给人们提供了一个发表自己观点和看法的公共空间，草根网民、媒体人、商人、明星等加入意见领袖行列，队伍扩充的同时，意见领袖产生的范围更广、更草根化。网络中社会地位不再是前提条件，如周某某在介入"史上最牛钉子户"前，只是郊区卖菜的小青年，凭借博客、微博等载体，参与"公民记者"行动，以非新闻媒体身份报道厦门 PX 项目、瓮安事件等，迅速成为一名颇具影响力的网络意见领袖。另一方面是网络意见领袖数量巨大，流动性强，交往频繁，极易影响舆论，导致行动。网络意见领袖尤其是博客或微博的博主，既有传统意见领袖人际传播的性质，还有大众传播的性质。他们不会只是被动接受传媒信息，然后传播出去，还会主动制造新闻，让传媒不得不跟进卷入。他们不像传统意见领袖那样较少理性交往，常常围绕各自领袖而形成半封闭的社群孤岛，而是通过对话协作或论辩激战，形成围绕话题而非领袖的开放的网络社群。

---

① 陶文昭：《重视互联网的意见领袖》，《中共政工干部论坛》2007 年第 10 期。

四、"沉默的螺旋"理论

"沉默的螺旋"是传统媒体环境下意见表达的一个重要理论假说,由伊丽莎白·诺依曼于 1974 年首次提出。它的基本观点是:舆论的形成与个人对周围意见环境的感知能力有关,而这个前提是个人害怕群体生活中的孤独。人们发表看法前,首先会预判别人的观点,通过比较,如果发现自己的意见与群体意见一致,就自认为处于"优势"并积极踊跃地发表自己的观点;相反,如果发现自身观点与大多数人向左,则会认为处于少数群体的"劣势",个人会感到孤独恐惧,于是便不敢表达自己的想法。当然可以预见的是,两方观点一方沉默一方积极的态势很容易让积极的一方因沉默获得更多的力量,长此以往、周而顾始、循环往复,便形成了这个话题下"沉默的螺旋"①。

互联网迅速发展的今天,围绕这个理论假说是否在网络环境下适用,学者们展开了激烈的讨论。一种观点认为,该假说已经失效,特别在新媒体环境下出现了反"沉默螺旋"现象。网络的匿名性使得"社会孤立的恐惧"基本消失,也减轻了群体对个人意见的压力作用,再加上网络去中心化、碎片化、平等交流等特点从而使得"从众心理"减弱,促使大家不盲目跟风,不会为了保护自己免受孤立而被迫保持沉默,反而自由勇敢地表达自身观点,以打破这种沉默。网络少数派"中坚分子"的力量也不可小看,②如"虎照事件"、"家乐福事件"、"范跑跑事件"等常被当作反"沉默螺旋"的典型来研究。另一种观点认为,该假说在互联网条件下仍然适用。如,当讨论的问题被公众所熟知或者问题涉及社会群体大多数人的切身利益,媒介意见也与公众意见比较接近时,"沉默的螺旋"依然有效。也有学者认为网上的许多错误信息、虚假信息混淆了试听,于是在网络交流对话中就会自发产生各种思考、推理、判断、验证,这样的网络互动越多,线下事实与线上事源就

① 李函擎:《网络传播中的"沉默螺旋"现象》,《记者摇篮》2014 年第 2 期。
② 郭庆光:《传播学教程》,中国人民大学出版社 2001 年版,第 224 页。

会出现出入，一种情况是判断出的真理在原少数人阵营，于是赶紧站队少数人阵营，该队人数扩大，形成积极方；另一种情况是判断出的真理在原多数人阵营，于是赶紧站队多数人阵营，该队人数更大，形成积极方。显然网络的平等交流让网民对意见环境所感知的预判假设压力变弱，但充分的交流会让真理越辩越明，真相越挖越清，但是网络互动产生的调整判断又会客观产生新的"沉默螺旋"仍然悄然存在着。①

第四节　其他相关学科理论透视

"当传统的街谈巷议的舆论进入网络后，就具备了互联网的各个特征，也相应地对应了复杂适应系统的各个特征。"② 向左一步是天使，向右一步是魔鬼。阳光灿烂还是阴云密布抑或是瓢泼大雨，哪一个才是网络舆论的真实形态？都是，也都不是，这其实是一种诸多混合状态的复杂适应系统。面对互联网纷繁芜杂的传播内容与多样化的意识形态，仅仅将研究置于传统线性的、稳定态的、简化模式的理论范式内，不能适应研究对象的复杂、开放、动态的特点。学科划分其实是人类为了更好地认识所生存的世界而进行的学术上的区分，其实并没有什么不可逾越的鸿沟。当某个问题在其所属学科范围内不能被透彻地解释，或者遇到较大挑战和困难时，从另一个领域汲取视角和思路，常会收获惊喜。

一、社会认知过程③

社会认知是 20 世纪七八十年代兴起的一门新兴学科。1984 年美国社会心理学家菲斯克和泰勒共同完成了第一本社会认知专著，同年，威尔和斯路

---

① 参见李函擎：《网络传播中的"沉默螺旋"现象》，《记者摇篮》2014 年第 2 期。
② 高红玲：《网络舆情与社会稳定》，新华出版社 2011 年版，第 31 页。
③ 参见胡杨、徐建军、张宝：《社会认知心理学对校园网络舆论环境优化的启示》，《现代大学教育》2013 年第 3 期。

迩出版了《社会认知手册》。区别于对自然信息加工的逻辑过程研究，社会认知是用"认知的方法研究和解释社会行为及社会信息加工的一门科学"[①]。在舆论产生和发展的过程中，不同的舆论表达一般是个体认知、态度等差异在共同社会关心话题的具体表现，体现了个体社会认知的差异。社会认知系统包括人、物、事三个认知对象以及"社会知觉、社会印象和社会判断三个加工过程"。学生在校园网络舆论环境中的认知过程是其在校园网络舆论环境中获取社会信息并对社会信息进行综合与解释的心理加工过程，是大学生网民对社会现象和刺激进行整体属性反映的心理过程。

第一，社会知觉。它是个体通过感觉器官对网络信息属性直接的整体的感知的过程。学生网民在校园网络舆论环境中的知觉具有以下特征：一是直接性，对网络信息自动、直接的反映，没有多少思考的成分；二是整体性，看到某人的"头像"后，感知的不仅仅是其外部特征，还包括其个性心理特征，并有是否喜欢的整体性判断；三是选择性，对同一页面的网络信息，不同学生会根据自己喜好进行不同选择；四是相关性，学生网民对信息的知觉反应会随其相关程度而有强弱差别。

第二，社会印象。它是社会认知过程的第二个阶段，它是"指人通过与社会刺激的相互作用，形成并留在记忆中的关于认知对象的形象"[②]。在校园网络环境中，个体对他人的印象是在很有限的信息资料基础上形成的，如ID、签名、表情、符号等。大学生在对这些信息材料进行加工的过程中，往往存在着推断、概括和运用经验所进行的补充，通过对各部分网络信息知觉印象的综合，便会产生整体印象。这个社会印象一旦形成，就不会轻易发生改变，不容易被理性所说服。认知心理学认为，信息的先后顺序对印象形成有影响，由于受先前获得的信息的影响，网民往往会歪曲后来获得的信息资料。从认知意义上说，相比积极肯定的信息，个体更注重消极否定的信息。所以网民往往会更注意网络环境中那些消极否定的新闻，于是带有情绪

---

① 参见钟毅平：《社会认知心理学》，教育科学出版社 2012 年版，第 3 页。

② 钟毅平：《社会行为研究——现代社会认知理论及实践》，湖南教育出版社 1999 年版，第 16 页。

色彩的网络舆论在网民的综合印象中占去很大比重，由此引发的"网络暴力"事件频频出现。

第三，社会判断。经过前两个阶段后，便进入了运用概念体系，进行逻辑推理而得出结论的社会判断过程。只有在这个社会判断过程，认知才能在较大的程度上摆脱认知主体固有的情感倾向、动机倾向及价值取向等主体因素的制约作用。以 2010 年多起校园伤害事件为例，"3·23 福建南平校园伤害"① 事件发生突然，且为个案，并未引起学生网民过多思考，鉴于事件的恶劣性质，他们对逝者哀悼的同时也对行凶者表达了强烈的不满。随着"4·12广西西镇小学校园伤害"② 事件、"4·29泰兴中心幼儿园持刀"③ 事件等多起恶性事件的广泛传播，催生学生网民对校园安全的不满，质疑学校安全保障能力。短短两个月就有 6 起校园伤害事件，伤亡学生近百人，学生网民便开始争相反思惨案背后的社会原因，《我们的社会怎么了》、《反社会的人格，最恐怖的发泄》④ 等评论文章迅速走红。

二、非线性发展

非线性通常指变量之间的数学关系，自变量与变量之间不呈直线关系，而是呈曲线、曲面，或不能定量。"非线性是自然界复杂性的典型性质之一；与线性相比，非线性更接近客观事物性质本身，是量化研究认识复杂知识的重要方法之一。"⑤ 记得周光召院士在复杂适应系统和社会发展的讲座中提到，在某些条件下，正反馈作用的参数和系统的初始状态或边际条件会变

---

① 孟昭丽、沈汝发：《福建南平"3·23"重大凶杀事件调查》，http：//news.xinhuanet.com/edu/2010-03/24/content_13233235.htm。

② 闫祥岭：《广西合浦发生凶杀事件 2 死 5 伤　包括多名小学生》，http：//news.sina.com.cn/c/2010-04-12/205620058387.shtml/。

③ 崔佳明：《江苏泰兴中心幼儿园持刀行凶事件 5 儿童伤势较重》，http：//news.ifeng.com/society/special/taixingyoueryuan/zuixinxiaoxi/detail_2010_04/29/1472896_0.shtml。

④ 于建嵘：《反社会的人格，最恐怖的发泄》，http：//star.news.sohu.com/20100429/n271838824.shtml。

⑤ 非线性，百度百科。

得比较敏感，结果如成语"差之毫厘，谬之千里"所述；而在另外一些条件下，非线性作用也可能使复杂系统在混沌中产生秩序。

网络舆论的萌发地是互联网，互联网作为一个虚拟的、匿名的交流空间，它的变化不能用公式来计算，既不稳定也不确定，既无法丈量也不可预测，谁也不知道下一秒钟的网络热点是什么，也无法预料网络事件的发展过程和趋势等，所以其具有非线性的特点。因此从某种程度上说，"网络舆论系统就是一个各要素相互调节、相互作用的非线性自组织系统。各构成要素发挥的非线性作用共同影响着舆情的变化走向"[①]。

在"某某大学博导诱奸女生"事件中，网络舆论的非线性表现得非常明显。事情缘于2014年6月23日，网友@某某在微博上发布了一条《考古女学生防"兽"必读》的微博，暗指某某大学"教授诱奸女学生"，帖子中并未指名道姓，所以当时只在校园内"刮起了一阵风"，而校外的人并不知晓。直到7月10日同是受害者的"青春大篷车"发表了一篇名为《对某某的声援——控诉某某大学淫兽教师某某长期猥亵诱奸女学生（附床照）》的博文引起网络疯传，其中"以学术经费开房"、"常去的幽会地点"等敏感字眼迅速引起了网民的强烈反应，一发不可收拾。随着博文的发出，公众的愤怒与煽动，各新闻网站相继报道，致使事件迅速升级。在这之后，当初还仅止于伤害者与受害者之间的个案，在网络中犹如滚雪球一样，逐渐形成一波未平一波又起的网络舆论乱战，网络舆论的风暴不再受任何因素的控制，急速扩大，似乎没有力量可以阻挡。话题"历史系倒逼学校"、"122名学生联名为某某证清白"、"79名校友联署倡议正视校园性骚扰"、"中国刑法是否存在职权性侵的法治短板"等为网络舆论的非线性发展提供了新的燃料，使得事件往往出其不意地冒出新的因素，让事件的发展变得分外复杂，推动其向不可预测的方向发酵。尽管之后某某大学向社会公布对某某处理情况的通报，事件得以平息，但是该案例还是让公众对网络舆论非线性特征体会深刻。

---

① 喻国明：《中国社会舆情年度报告（2011）》，人民日报出版社2011年版，第5页。

三、自组织临界状态

Bak 和 Wiesenfeld 在 1987 年提出，自组织临界状态是人类发现静止状态、随机状态、混沌状态之后新发现的一种状态。[①] 该理论认为："由大量相互作用成分组成的系统会自然地向自组织临界态发展；当系统达到自组织临界态时，即使小的干扰事件也可引起系统发生一系列灾变。"[②] 他们用沙堆模型来解释，将沙粒缓慢加入，"开始时沙堆越来越高，但不会有坍塌，当沙堆越来越陡峭并达到一定倾斜度时，每加一粒沙粒都可能产生沙崩"[③]。这种状态很容易让我们联想到《道德经》里的"玄之又玄，众妙之门"，"玄"是一切奥妙变化的总法门，"在'玄'的状态下，小蝴蝶扇动翅膀会触发剧烈的波动，从而形成一种新的有序结构"。如今它不仅适用于研究雪崩、地震等自然科学领域，在交通堵塞、意识发展、网络舆论环境等人工活动领域也有所启示。

在网络舆论的传播中，"通常是某个局部的负面舆情在瞬间搅动社会集体想象，改变人们对周遭环境安全的看法，修改人们对日常生活的体验"。如 2010 年波及全国多地的"高校食堂系列罢餐"事件里，一种关于健康的恐惧成为校园普遍现象，一篇纸媒报道《黑心油与高校食堂市场化》扣动了扳机，搜狐、食品科技网、中国网等国内各大媒体纷纷转载，使公共舆论发生快速、激烈、巨大转变。而后网络不断爆料诸如《山东某高校食堂厨师打人》、《某某大学原后勤部长受贿贪污一审被判 12 年》、《广州某高校党委书记自导自演食堂"招标"》、《南京某高校隐瞒食堂食物中毒》、《北京下死令禁高校食堂涨价　部分学校快撑不住》等舆情，引发全国近百所高校学生抵制食堂，进行罢餐。在此，一个重要方面就是关键临界原则，"信

---

① Bak P., Tang C. & Wiesenfeld K, Self-organized critically：an explanation of l/fnoise, *Physical Review Letters*, 1987, (59), pp.381-384.

② 自组织临界，百度百科。

③ 张中全、高红玲：《恐慌传播的自组织临界模型研究》，《国际关系学院学报》2009 年第 6 期。

心就是沙堆倾斜度"，在高校食堂罢餐危机中，如果学生们事前已建立对官方效率及行动能力的信任，那么哪怕局部发生一起食堂负面事件，也不会造成恐慌传播，分崩离析。"跨越关节界限后，自组织临界模型是以沙崩形式重排的，这就决定了危机后应采取多方面协调的综合治理，要注意多米诺骨牌的复合性、多维性、多方向性。"[1] 从教育监管部门到地方高校、从社会媒体到校园媒体、从后勤管理人员到后勤临聘人员、从各种学生组织到主要学生干部等都应积极作出反应，使"市场回暖"，校园和谐。自组织临界系统属于弱混沌系统，具有长期记忆性，若学校某个领域频繁发生小沙崩，则可能一而再，再而三，甚至出现更大规模的沙崩，所以在食品安全、奖学金分配、学生就业等"地震"多发带，不能治标不治本，应对重大问题着眼长远考虑进行综合治理，[2] 以改善整个系统。当然在日常工作中，应该多做理顺体制机制以增加集体凝聚力的动作，这样系统内的信心就会倍增了。

四、相变理论

"相"与"相变"的概念来源于物理学。"物质系统中物理、化学性质完全相同，与其他部分具有明显分界面的均匀部分称为相。与固、液、气三态对应，物质有固相、液相、气相。"[3] 相变就是物质从一种相转变为另一种相的过程。从本质上说，物质之所以会显现出不同的"相"，归根结底取决于构成物质的粒子彼此之间的距离及其相互间的运行状态。"相变"的一个本性，就是突发性，不同"相"之间的变化是突然间发生的，不存在一个可以测量的过程，在物理学上只是存在一个"点"意义上的时间，对于物质而言，突变前后非此即彼，不存在中间黏糊状态。

"如果将人类社会比作一种物质，那么社会个体无疑就相当于组成物质的各个粒子。群体行为的自发性、无组织性的特点契合了'相变'理论中组

---

[1] 高红玲：《网络舆情与社会稳定》，新华出版社 2011 年版，第 66 页。

[2] 相变，百度百科。

[3] 高红玲：《网络舆情与社会稳定》，新华出版社 2011 年版，第 148 页。

成物质的粒子的特点。"① 相变理论对解释种种群体行为有很多有效应用，在校园网络舆论环境的研究中，可以对网络舆论引起的高校群体事件起到一定借鉴作用。网络时代下的高校学生群体行为具有很强的可变性，何时发生、何时结束、规模如何、影响大小等因素都是难以做到合理预期的。理性的群体行为，如"光盘行动"、"我与国旗合个影"等，能促进校园、社会的和谐、进步和发展；非理性的群体行为，如 2011 年北京某大学因虚假招生宣传造成 600 余名"计划外"学生上访、2013 年南京某大学上万学生因断电无空调集体抗议等，无疑对校园秩序造成极大冲击，严重影响学校乃至社会安定，因此有必要对群体行为的诱发因素，即"相变"因素进行分析。例如，温度是引发物质发生"相变"的一个重要因素，在危机事件影响下，学生们就仿佛粒子受热一样，彼此间的排斥力加强，为下一步的"相变"积聚力量，这个关键时刻，学校是否有一整套完善的危机应对机制就成为影响"温度"升降的核心。此外，引发"相变"的重要因素还有压力，在危机事件发生后，学生们的情绪由常态转向激动，他们有很强的意愿向学校官方寻求详细信息，如果学校处于习惯思维采取隐瞒或拖延政策，不及时做好信息公开工作，那么小道消息就会大肆蔓延，这样就会给原本已经具备"相变"趋势的粒子们进一步增加压力，促使粒子间相互排斥力增大，从而加速"相变"发生。

---

① 《教育网络舆情引导策略研究》，百度文库教育专区。

第四章　高校校园网络舆论环境现状分析

高校校园网络舆论是高校校园舆论的重要组成部分之一。它与社会大环境的潮涨潮落息息相关，也与高等学校特定的区域文化密切相连，还融入了青年群体心理与行为等特点以及网络尤其是新媒体独特的及时性、互动性等特征，所以高校校园网络舆论环境在主体、客体、介体、外部环境诱因、环境突出问题等方面所呈现的特点与传统媒体舆论环境、其他领域网络舆论环境明显不同。唯有了解校园网络舆论环境的基本情况，及时发现问题，根据不同问题逐一具体分析，才可以切实做好高校校园网络舆论环境的建设工作。

第一节　外部环境诱因

校园网络舆论环境的外部诱因有来自国际社会影响的，也有来自国内社会变革的，有来自技术层面的，也有来自法律层面以及学生使用媒介环境的。因此笔者将从转型社会、西方敌对势力、信息技术、网络新媒体、政策法律等角度来考察其外部诱因。

一、社会转型的大变革

"如同市场经济背后隐匿着一只看不见的手一样，中国各式各样的网络舆论背后也有一只看不见的手，这就是中国社会转型所带来的政治、经济、文化现象。"① 当代是中国社会急剧转型时期，多发的网络舆论正是此状态的反映。据统计，"群体性事件10年间增长6倍，信访量居高不下"。② 政治上，由于中国正处于市场经济建立阶段，民众的意识形态受其影响，更加注重物质利益追求，注重当下感官享受，而对政治活动、政治目标和政治意识形态等产生了信仰、信心、信任危机。民众对主流意识形态的厌化淡漠，为其他形式意识形态乘虚而入打开了方便之门。经济上，对社会组成部分的再调整和社会利益的重新洗牌，在制度经济学里有温和式改良也有急变式革命，我国目前进行的改革就是这种温和式改革。随着改革的深入，有些人以及一些社会群体由于利益分配的差距，产生了较大的心理落差，于是网络成为他们情绪发泄最便利的通道。文化上，起源于20世纪50年代美国与法国的后现代文化，带着反权威主义、多元化、非理性、平面化及思维的否定性与权力话语消解性等特征逐步熏陶着伴随网络成长的中国当代青年大学生。他们既受学校传统文化影响，也镌刻着后现代文化的印记，无论是"校长撑腰体"还是"学长帮忙体"，无论是表哥、表叔还是房叔、房婶，无论是拿杜甫还是拿皮鞋，无论是开涮官二代、富二代还是调侃雷锋、董存瑞，甚至年轻人习惯于自己都自嘲为屌丝，本来的严肃面孔因呈现出娱乐化的趋势，带给校园网络舆论环境的是狂欢与颠覆，曲折化的表达方式展示了对自己境遇的不满，也有对社会现实的不满。此外校园网络舆论环境也受大众网民的后现代文化影响而频频中弹，因为这里的教育和知识正是他们对理性权威进行否定的标的。

二、敌对势力的冲击波

美国著名未来学家阿尔温·托夫勒说："谁掌握了信息，谁控制了网络，谁就拥有整个世界。"③ 网上的斗争是全球性的，也是高科技的，但归根结

---

① 余秀才：《网络舆论：起因、流变与引导》，中国社会科学出版社2012年版，第162页。

② 人民网舆情监测室：《网络舆情热点面对面》，新华出版社2012年版，第6页。

③ 《"棱镜"引发的思考 谁控制网络谁就拥有整个世界》，http://fiber.ofweek.com/2013-06/ART-210007-8500-28698622.html。

底是思想政治和意识形态的斗争。有大学生辩称，计算机、网络、技术不是中性的吗？它哪有情感？哪有价值观？为什么总要上纲上线？网上的信息不管是关于政治、经济抑或是科技、娱乐，不是凭空出现，总有人组织发布，有人发布就必定带着一定的世界观、价值观、人生观，因为没有人和组织不是生活在一定的社会关系中，而这样的价值观念当然就跟现实利益要求纠葛不清有所指向。① 于是各种非主流意识形态就很容易穿上糖衣炮弹混进来了，风风火火的政治谣言容易中招，温婉清新的心灵鸡汤也不会幸免，这样它们的蛊惑力就大大增强了。进一步说，如果网络社会没有价值选择，我们的生活还有安全可言吗？答案是显然的。有西方政要曾说："有了互联网，对付中国就有办法。"② "信息殖民主义现象"不容小觑。③例如，作为"信息宗主国"的美国，拥有世界上最大的软件公司——微软，最大的接入系统供应商——思科，最大的网络接入服务提供商（ISP）——美国在线，"拥有约 3000 个世界大型数据库中的 70% 和全球 13 台顶级域名服务器中的 10 台，还掌握着互联网核心技术和标准（制式）的制定权"。今天的互联网已经成为意识形态领域斗争的主战场，西方敌对势力将其生活观念、价值标准、意识形态等通过网络向全世界、全时空、全天候地推销，妄图以这个"最大变量"来扳倒中国。当年西方传教士来中国传播宗教还要不远万里，跋山涉水，如今价值渗透却只要一台计算机和一根网线。他们惯于在网络空间对我国社会发展差评吐槽，抓住一些工作不足、发展不全的地方，夸大其词、散布谣言、捏造事实，直接攻击我国的政治制度。在西方敌对势力的支持下，一些分裂势力等都在境外建立了一系列反动中文网站，竭尽造谣污蔑、恶意炒作之能，妄图挑起社会矛盾，煽动不满情绪；他们还以网络游戏、影视大片、在线课程等吸引中国网民，尤其是青年大学生，传播个人主义、自由主义、历史虚无主义、后现代主义

①　参见杨军：《互联网已成意识形态交锋的主战场》，《中国社会科学报》2014 年 4 月 18 日。
②　《互联网已成为意识形态领域斗争的主战场》，《解放军报》2015 年 5 月 20 日。
③　参见罗坤瑾：《从虚拟幻象到现实图景——网络舆论与公共领域的构建》，中国社会科学出版社 2012 年版，第 139 页。

等，① 弱化网民的国家认同和政治认同。令人欣慰的是，有不少爱国青年能认清敌对势力的险恶用心，如有大学生发起"收集整理西方主流媒体作恶的证据，发出中国人民自己的声音"② 的号召，建立了反 CNN（美国有线电视新闻网）网站，并得到世界范围内众多华人支持，日访问量迅速突破 50 万，这一例子从一个侧面也反映了西方对华意识形态的攻势。

三、信息技术的难控性

近年来我们越来越清晰地感受到互联网新技术新业务的运用和普及呈"裂变"趋势。从理论上讲，在网络时代，特别是新媒体环境下任何信息的传播都是无法阻挡的。比尔·盖茨曾说："最有效地控制网络信息的自由流通是给每台电脑派一个警察站在旁边监控。"③ 显然这是不可能的。网络信息技术的难控性，首先在于互联网技术与身俱来的设计缺陷。互联网设计之初，其性质是开放的、松散的，"'端到端的透明性'是 RFC3439 等所描述的互联网少有的、一直坚持的体系架构的核心设计理念"④。随着互联网的迅速发展，其核心理念面临诸多问题和挑战，如"端到端的透明性"无法适应"用户群"的变化，用户相互信任的设计原则方便了安全攻击、病毒和其他有害信息的传播等。其次，网络安全技术存在问题。尽管防火墙、入侵检测系统、防病毒软件、漏洞检测系统、内容过滤系统、审计追踪系统、认证管理系统等各种网络安全产品不断推出，网络安全防范功能不断增强，但技术世界"道高一尺，魔高一丈"的武侠传奇一直存在，网络犯罪分子总能找到网络安全防范技术的弱点发动破坏和攻击，如新闻里报道的一个 15 岁的美国青少年米尼克可以凭着其破译电脑系统的特殊才能，轻而易举地进入"北美防空指挥中心电脑系统"。更何况跟信息技术高度发展的发达国家相

---

① 参见杨军：《互联网已成意识形态交锋的主战场》，《中国社会科学报》2014 年 4 月 18 日。
② 《他们与"藏独"斗争一周年》，http：//news.xinhuanet.com/herald/2009-03/13/content_11004475.htm。
③ 宋绍成：《挑战与对策：网络传播和青少年社会化》，《社会》2002 年第 1 期。
④ 余秀才：《网络舆论：起因、流变与引导》，中国社会科学出版社 2012 年版，第 229 页。

比，我国的技术控制能力还相对较弱。美国国家安全局前雇员爱德华·斯诺登曝光了包括"棱镜"在内的美政府多个秘密监视项目，这再次揭示了中国与发达国家在网络领域的实力差距。最后，过滤技术在网络内容管理上也有不完善的地方。目前国际上过滤技术并没有像想象中那么完善，它根据字词资料库作为筛选信息标准，经常不能有效地过滤掉一些危险资料，美国宾州大学安耐伯格传播学院的一项研究表明，过滤软件在去除暴力信息方面比过滤色情信息要差得多。① 此外，新媒体传播空间的无界性和意见汇聚的即时性为负面网络舆论大开"方便之门"，进一步增加了信息控制的难度。新媒体发展已经经历了 Web 1.0 到 Web 2.0 的两次浪潮，现在正迈入 Web 3.0 时代，媒介之间的无缝融合使得媒介之间的边界日益模糊，异构媒介之间平滑衔接，信息能够实现跨平台共享，信息传递不再有界限。地球村使得舆论传播不再有地域限制，数字技术的进步突破了物理空间对新媒体的限制，许多大学生更是能熟练地在微博、微信、客户端等平台上通过超文本和超链接自由玩转对接。以往社会舆论在传统媒介议程影响下开始呈现变化，一般是新闻报道后的 5—7 周，变化最显著的时刻是在 8—10 周。② 而今新媒体舆论形成周期则大大缩短，移动性、互动性、微内容等使得信息的传递实现了即时性与实时性。这就意味着某高校发生一起事件，可能会在几秒钟之内受到全国甚至全世界人们的关注，进而以最快速度汇聚成一场巨大的舆论风暴。我们看到目前为净化校园网络舆论，许多高校的通用做法是：组织队伍甄别有关信息和图片，因为仅靠软硬件设备还无法识别其优劣，需要网管的人工识别，可见高校在校园网络舆论环境的技术控制能力方面还有很大的提升空间。

---

① Geoffrey Nunberg, The Internet Filter Farce, *The Amarican Prospect*，2001，12（1），pp.28-33.

② Salwen, M.B. Effect of Accumlation of Coverage on Issue Salience in Agenda-Setting, *Journalism Quarterly*，1988，65（1），pp.100-106，130.

四、日趋活跃的新媒体

"基于网络而兴的新媒体现如今已成为人类有史以来发展最快、影响最广的最强势媒体。"[①] 它既能在新的信息网络技术下创造生成，也能借助信息网络技术重生再造新生新的形态，一时间新媒体应接不暇，论坛、播客、播客、微博、微信、易信、微视、直播、手游、网络音乐、网络文学、网络杂志、电子书、米聊、歪歪语音等，[②] 都在校园网络舆论环境中获得蓬勃发展。随着新媒体应用的丰富和使用率的增长，新媒体对社会的渗透性越来越强，值得关注的是，应用丰富多样的新媒体已经成为当前大学生校园生活的重要组成部分，呈现并重构着当代青年的文化及传播生态。这当中，新媒体的一些特质给校园网络舆论环境带来了潜在风险：一是自媒体的无序性，引发自由过度问题。新媒体打破了传统媒体时代政府、传播机构垄断的传播主体格局，新媒体用户不再是单向地接受信息，而是主动地生产传播信息，成为"自媒体"。自媒体最大化降低了用户表达和技术门槛，给予用户更大的权力和自由，但是由于缺乏规制，也引发网络谣言泛滥、新媒体侵犯他人隐私等问题。"2010 年 5 月，美国皮尤中心发布的一项调查表明，有 32% 的美国青少年曾经有过被人在网络上散布谣言、未经允许公布私人电子邮件、未经允许上载令人难堪照片等欺凌和骚扰的经历。"[③] 二是移动化传播，信息安全问题凸显。电脑和智能手机作为目前大学生使用新媒体的主要载体，通过二者产生、演化、扩散的校园舆论有其独特性，特别是手持终端实现了信息传播与交互的"移动化"、"泛在化"，使得学生参与行为"无处不在"。再者学生的个人隐私几乎全部积聚于移动互联网的服务器中，随时有被泄露的危险。而且新媒体内容目前并不分级，移动信息中泛滥的淫秽、暴力等不健康内容会对年轻人产生危害。三是社会化动员，影响校园稳定。新媒体在提高青年人政治参与的同时，也埋下了群体事件中社会

---

①　尹韵公：《中国新媒体发展报告》，社会科学文献出版社 2012 年版，第 2 页。

②　《我国成最大最活跃新媒体市场》，《记者摇篮》2012 年第 11 期。

③　尹韵公：《中国新媒体发展报告》，社会科学文献出版社 2012 年版，第 9 页。

组织和政治动员的隐患。2011 年突尼斯剧变中，许多年轻人通过微博串联、上街游行、示威，每秒钟就有 6 条关于突尼斯抗议活动的 Twitter 信息。①像这样由新媒体引发社会运动和政治对抗的事件已在多个国家出现，较难防范。

五、政策法律的滞后性

约翰·洛克认为："处于政府之下的人们的自由，要有一个长期有效的规则作为生活的准绳，这种规则由社会所建立的立法机关制定，并为社会的一切成员共同遵守。"② 目前网络立法工作的困境与滞后，在很大程度上助长了网络舆论环境的文明失范，这当中当然也包括校园网络舆论环境。像段子"常在网上漂，哪有不挨刀"所言，很多在网络舆论环境中被谣言中伤、被恶语诽谤、被"水军"攻击的师生，虽然内心充满了愤怒委屈，但很多时候选择忍气吞声的重要原因是由于法律不够完善而难以追究。从认识上而言，公众对法律治理网络的重要作用认识不足，政府对网络法制管理与创新的战略性认识也有待于提高。由于网络本身的虚拟性，可以让任何法人、任何自然人以非真实代号上网，使得现实社会环境下起诉真实姓名、真实身份的法律运行机制遇到尴尬。我国对互联网言论内容管制主要采用"事后"管制而非预防性的"事前"管制，导致了管制效果不明显。从立法而言，很长一段时间内网络立法存在空白，立法层次较低，缺乏统一规划；法制建设速度与现在实用的互联网发展状况相比，至少落后 5 年。直到 2017 年 6 月《网络安全法》的颁布实施，标志着我国有了第一部全面规范网络空间安全管理的基础性法律，网络安全从此有法可依。具体到校园网络舆论环境方面，不断加强政策制定，如 2000 年教育部下发《关于加强高等学校思想政治教育进网络工作的若干意见》，要求进一步增强思想政治教育进网络的重要性和紧迫性的认识；2001 年教育部印发《高等学校计算机网络电子公告服务管理

---

① 参见尹韵公：《中国新媒体发展报告》，社会科学文献出版社 2012 年版，第 10 页。
② 魏定仁：《宪法学》，北京大学出版社 1994 年版，第 208 页。

规定》，对高校 BBS 提出明确规定，要求网络实名制；2004 年中共中央国务院下发《关于进一步加强和改进大学生思想政治教育的意见》，指出要主动占领网络思想政治教育新阵地；2004 年教育部、团中央下发《关于进一步加强高等学校校园网络管理工作的意见》，指出要建立健全高校校园网络管理长效机制；2012 年中宣部、教育部印发《全国大学生思想政治教育工作测评体系（试行）》，将积极推进网络思想政治教育作为高校思想政治教育工作的考核指标之一；2013 年教育部、国信办出台《关于进一步加强高等学校网络建设和管理工作的意见》，强调通过加强高校文化供给与服务、构筑高校思想文化阵地、推行激励评价机制改革等促进高校网络文化健康有序发展；2015 年中共中央办公厅、国务院办公厅下发《关于进一步加强和改进新形势下高校宣传思想工作的意见》，强调要壮大主流思想舆论，切实加强高校意识形态引导管理。上述关于网络管理的各种规定尽管很多，但对照瞬息万变的互联网条件下积极、健康、向上的校园网络舆论环境建设要求而言，我们还有很多高峰要攀。

第二节　主体肖像表征

按照哈马贝斯的观点："在公共领域中从事公众舆论的主体，与政治领域中活动的主体不同，它并非是从利益组合中产生的党派，而是作为公众的个人，从各自理解的公共利益出发，对公共事务进行公开讨论和争辩，最后，在理性批判的基础上，形成公众舆论。"[①] 如前所述，在校园网络舆论环境中，主体是上网的大学生。这些人是高校网络思想政治教育的教育对象客体，"思想政治教育客体的实际情况制约和决定着思想政治教育的出发点和落脚点"[②]。"上网的"这个限定词或许是多余的，因为当代高校不使用网络

---

① 侯东阳：《舆论传播学教程》，暨南大学出版社 2009 年版，第 33 页。

② 张耀灿、郑永廷、刘书林等：《现代思想政治教育学》，人民出版社 2001 年版，第 155 页。

的大学生是罕见的。在其他领域的网络舆论环境，可能还存在一个网众、非网众的概念。"在分化明显的当今中国社会，'网众'并不是一个涵盖全民的概念，数字鸿沟的存在，让国民中至少半数以上人口无法成为网络化用户。"[①] 即使成为网络化用户，他们跟大学生这样的群体相比，在所有互联网应用的渗透率上都更低。当然，上网的大学生并不一定是校园网络舆论的生产者或传播者，多数学生扮演看客的身份。为掌握校园网络舆论环境主体独特的肖像表征，笔者在北京、成都、长沙三地高校的本科生四个年级和研究生中抽取调查样本，一共选取 1600 名学生作为调查对象，回收调查问卷1536 份，回收有效率为 96%，图 4–1、4–2、4–3 列出了调查样本的基本情况。

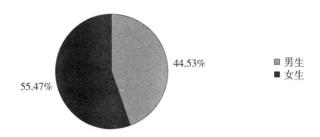

图 4–1　所调查大学生的性别比例

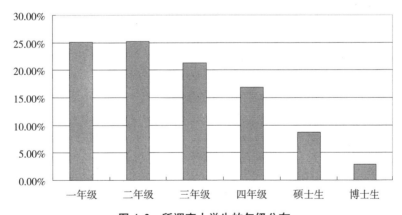

图 4–2　所调查大学生的年级分布

---

① 何威：《网众传播——一种关于数字媒体、网络用户和中国社会的新范式》，清华大学出版社 2011 年版，第 71 页。

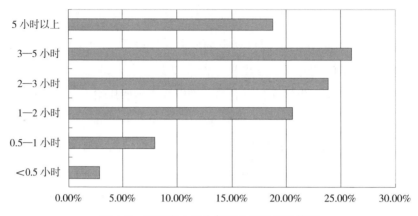

图4—3　所调查大学生每天上网时间的情况

一、心理特征

大学生多为20岁左右的年轻人，是庞大的网络人群中最具活力的生力军。在气质倾向上，比较敏感、热情，差异性较大，面对有争议的社会现象思想比较活跃，表达个人观点的愿望强烈。今日资本创始人徐新在研究消费人群特点时提道："'90后'真的是非常不同的一代，他们非常愿意表达；我们'60后'对什么不满意就算了，'90后'不满意的话一定要写很多的评论，要写很多的感受，如果你不管他，你就失去他了。"[1] 在性格特征上，学生网民个性鲜明、语言犀利，但思考问题欠成熟，情绪波动较大，易迅速地表达意见和采取行动。有人评价这些情绪激动的感染"愤青"病毒的青年，一般都有"内火"，"这些内火有些来自成长的烦恼，这是任何人在青春期前后都有的烦恼，精力和能量突然增长了，但倾泻这种精力的出口一时还找不到，于是精力过剩，心火大炽"[2]。在知识能力上，学生网民通过高考成为高校学子，都具有相当程度的综合文化知识和一定的专业技术能力，民主权利意识强烈更是这一辈人的显著特征，且在一定知识能力背景下他们的现实批判性更强烈，当然这里也不乏一些学生通过西方渗透而不知不觉地内化了很多西

---

① 《90后成为中国消费主力人群》，http：//finance.qq.com/a/20141231/018543.htm。

② 吴稼祥：《投票的公民越多　网络愤青越少》，http：//zqb.cyol.com/content/2010-12/24/content_3468601.htm。

方权利观念。这个群体在年龄、学识、经验、学习、生活等方面都具有高度的同质性，因此这个群体具有相互交往频率高、相互影响和人际吸引大、相互关系持续时间长、群体认知和群体目标认知强等特点。当大学生个体的某种言论得到所在群体成员认可，即使需求行为并非反映大学生群体内部所有成员的愿望，一旦被群体核心成员心理认同，尽管这些看法往往带有强烈个人情绪色彩，却能先入为主地占领舆论空白点，触发大量议论，激发整个学生群体，从而形成汹涌的网络舆情事件。[①] 调查中，我们还发现，当网络舆论表达与自己观点不一致时，面对舆论导向或舆论压力，"适当调整自己原有观点"占较大比例（57.3%），"坚持自己原有观点"的占24.98%，这给校园网络舆论环境下进行思想政治教育提供了可能性。

　　大学生群体中的几个特殊群体因为其独特的心理特征，导致其在校园网络舆论环境中表现不同，值得关注。一是学生干部群体。学生干部群体是网络使用较多的群体，他们平均每天上网的时间要高于其他学生。在BBS、贴吧、微博、微信圈里，他们的角色意识使得他们的网络舆论参与行为更理性、更主动，"'灌水'、'凑热闹'的人数比例比较小，积极发言、提出意见建议的人数比例大"[②]。在校园突发事件中，他们比较关注学校的正面信息，并且会自发地从维护学校声誉和建设和谐校园环境出发引导舆论。二是贫困生群体。这部分学生由于家庭给予的发展基础环境有限，不仅生活消费捉襟见肘，语言表达、人文素养、兴趣特长等跟他人比也有很大提升空间，以致常常会有自卑、孤僻、压抑和多疑等心理问题，这在一定程度上也影响了他们的网络舆论参与行为。网络虚拟性隐匿了大学生现实当中的差别，他们在网络上表现活跃，因为在这个虚拟空间他们能找到平等和自我。只是一些人因为找到了宣泄情绪、释放心理的窗口，心态趋于理性和平和；另一些人的心灵压抑尽管得到充分释放，寻找心理平衡的偏激促使他们无所顾忌、不负责任地发表言论。三是校园网络达人。这部分学生习惯网络生活，对网络新

---

① 参见湖南大学网络舆情研究所教育讲座

② 张瑜：《校园网络亚传播圈及其思想政治教育应用研究》，清华大学博士学位论文，2004年。

媒体的应用比较熟练，并且关注校园热点事件，同时爱好发表言论，尤其是吐槽。这些学生在青年人特有的逆反心理作用下具有质疑权威话语垄断、彰显自我新奇个性的对抗特征，所以在一些校园网络舆论热点事件中，经常会看到他们在自己的博客、微博、日志等个人媒介上，以肢解官方话语地位、积极抢夺并树立草根话语权为乐。他们中有些人能经常结合校园时事创作体现其思考的微产品，或漫话、或音乐、或视频、或小诗、或短评、或 APP 等；有些人能结合社会网络热点，总结各种校园现象造词造句。网络舞台让这些现实校园生活中的草根享受到了受人追捧的刺激感、个性得以张扬的满足感。

二、行为动机

在校园网络舆论热点事件中，学生网民多样性行为背后都具有复杂的行为动机，这些倾向是他们本身就有的，只是在现实生活中不一定表现出来。学生们在网上写博客、发帖子、跟帖子的动机是什么？调查结果如表 4—1 所示，选择网络为渠道发表舆论的原因众多，其中可以平等对话、言论比较自由、发表和回馈比较方便等是主要原因。对网民自己在网上发表意见以及认为他人在网上发表意见的原因调查结果如表 4—2 所示，网民网络发言的动机主要为"有感而发"、"发泄情绪"、"伸张正义"、"维护自身利益"、"凑热闹"等。可见学生网民使用网络发表言论的主要动机还是个人化的，即以自我表现为主，而社会化动机则处于次要地位。在这里笔者选择其中主要的四类动机[1] 进行分析。

表 4—1　所调查大学生选择网络发表看法的原因

选择原因	百分比（%）
可以不用对言论承担现实责任	15.36
不分阶层可以平等地交流对话	58.79

[1]　参见王国华、曾润喜、方付建：《解码网络舆情》，华中科技大学出版社 2009 年版，第 69—77 页。

选择原因	百分比（%）
可以随时随地方便地发表言论	55.79
可以对他人意见及时反馈	52.80
可以引起他人注意	21.16
可以制造舆论压力	16.21

表 4-2　所调查大学生对自己在网上发表意见以及认为他人在网上发表意见的原因

选择原因	自己原因（%）	他人原因（%）
对学校公共事务有感而发	48.24	52.47
监督学校管理部门	18.62	32.94
帮助他人，伸张正义	45.77	59.57
维护自身利益	39.65	52.47
发泄情绪，缓解压力	44.99	66.15
警示社会	12.04	26.43
希望通过网络舆论力量达到一些个人目的	12.30	34.96
凑热闹	16.34	46.09

第一，权利动机。随着社会的不断发展，我国民众个人的权利意识和维权要求不断增长，现实生活中权利得不到保证的部分公民，在正常社会诉求渠道不畅的情况下，通常会选择网络。值得注意的是，学生网民更是一群强烈维权意识的网民群体，当学校管理层沿袭落后保守的官本位思想，对涉及学生利益的政策、事件公布不及时、不透明、不全面、不真实时，他们会非常热衷捍卫知情权。若学校出现涉及有关强势群体欺压弱势群体事件时，如教师欺辱学生、为高干子弟预留奖学金名额等，弱势群体会第一时间得到学生网络大力的同情和支持，而强势群体则会被强烈地指责和谩骂。[①]

第二，利益动机。网络事件的发展变化是多方利益较量的结果，参与事件的网民包括直接利益相关者和非直接利益相关者。在校园网络舆论环境

[①]　参见罗娟：《网络舆情热点事件中的网民行为研究》，华中科技大学硕士学位论文，2011 年。

里能引发学生参与网络舆论行为的有与学生利益直接相关和非直接相关的社会事件、校园事件。其中与学生利益直接相关的社会事件在校外发生，受社会一定程度关注，并且与高校师生的自身利益直接相关，本身是网络环境和现实社会的有机组成部分，但却能够在某种程度上主导高校校园网络舆论的反应及走向。以"黄山门"事件为例，2010 年 18 名某大学学生在未经许可的情况下，进入黄山一段未开放的区域"探险"，其中部分学生缺乏专业和齐全的装备。在探险过程中，被洪水困住，后报警求救，救援过程中民警张宁海坠崖牺牲。获救的 18 名学生回到学校后，对民警的牺牲无动于衷，其中两位成员在人人网讨论如何利用这次机会抢夺登协会长之位，二人谈话被揭发后引来网上如潮骂声。之后网上不断爆出"内幕"，让这所高校深陷"黄山门"事件，受到社会舆论的口诛笔伐。

第三，宣泄动机。从理论上讲，有心理压力的人一定要通过一定方式释放，否则精神状态会因本能的不满足而出现失衡。[①] 校园网络给学生网民进行心理调整、缓解心理压力提供了很好的平台，通过抒发式或批评式的宣泄，心理平衡感逐渐恢复，一段时间后他们的行为会趋于理性温和。但某些情况，宣泄指向对象跟公众利益有关，如因社会大环境物价上涨导致食堂涨价，又在校园网络舆论环境这个同质化易煽动的意见气候场里，情绪更容易被某些激动的学生煽动，从而激化群体心理导致集体网络吐槽食堂。[②] 如果说这样的宣泄算是攻击性宣泄的话，在校园网络舆论环境里也有暴力式、破坏式的宣泄，如在辱师事件、食堂罢餐事件中，其情绪没有得到缓解，反而升级为现实暴力宣泄。[③]

第四，道义动机。在很多网络舆论热点事件中，学生网民往往与事件无直接利益关系，但他们却出于一种道德捍卫，积极主动地甚至不计较时

---

① 参见罗娟：《网络舆情热点事件中的网民行为研究》，华中科技大学硕士学位论文，2011 年。

② 参见罗娟：《网络舆情热点事件中的网民行为研究》，华中科技大学硕士学位论文，2011 年。

③ 参见罗娟：《网络舆情热点事件中的网民行为研究》，华中科技大学硕士学位论文，2011 年。

间和精力的投入表现出对弱者的同情。这一方面是由于学生网民是年轻人，"他们并不具有权威的社会地位，又希望自己的言论具有权威性和正当性，于是他们常常尽量调高自己立言的道德尺度，争夺话语制高点，以强化自己发言的正确性与合法性"[1]。另一方面，这也与我国社会历来所倡导的道义理念有关，以道德为基础的道义责任古往今来一直是社会价值判断标准。[2] 从小受道义熏陶的大学生在网络匿名的条件下，没有现实因素烦扰，更愿意遵照自己的内心去扬善除恶、伸张正义。[3]

三、参与方式

学生参与校园网络舆论环境的方式多种多样，[4] 有的学生网民比较活跃，他们喜欢在网上"灌水"，积极参与话题讨论或喜欢发表文章引发讨论；有的学生比较沉默，他们只是浏览，围观，偶尔转发，一般不发表文章。这两类群体在大学生中有比较稳定的分布，如图4-4所示，后者占据63.15%的比例，说明校园网络舆论环境中围观者群体是大学生中的多数。根据问卷调查的数据分析发现，年级越低，使用方式越被动，主要以浏览、围观为主，年级越高，主动性越强，表达观点的愿望越强烈，不仅浏览、转发，还要评论、点赞、发帖，但到了一定阶段，却又回归了沉默。有学者"根据网民的情绪烈度和行为行动倾向，将网民行为方式分为三大类，即理性温和型、情绪波动型和极端过激型"[5]。受此启示，笔者将学生网民在校园网络舆论环境中的行为分为四类。

[1] 岳鑫：《网络舆情视域下大学生思想政治教育引导功能研究》，山东师范大学硕士学位论文，2013年。
[2] 赵定东、马文颖：《道义诉求与中国社会福利观念嬗变的价值底线》，《中共浙江省委党校学报》2009年第1期。
[3] 参见罗娟：《网络舆情热点事件中的网民行为研究》，华中科技大学硕士学位论文，2011年。
[4] 参见罗娟：《网络舆情热点事件中的网民行为研究》，华中科技大学硕士学位论文，2011年。
[5] 参见王国华、曾润喜、方付建：《解码网络舆情》，华中科技大学出版社2009年版，第61—68页。

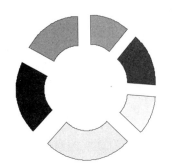

主动发言，但不回帖
主动发言，并且保持高频率回帖
灌水
通常只回帖而不主动发言
通常只转发而不主动发言
从不发言

图 4-4　所调查大学生的网络舆论参与方式情况

第一，理性温和型。这是部分围观者群体和部分活跃者的网络舆论行为的主要表现，这部分学生网民能够根据实际信息，通过逻辑判断，对事件进行深入思考研究，[①] 表现出情绪较为稳定、态度较为平和的行为方式，如浏览、潜水、转发或用词文明不带煽动性地理性温和发言等。但根据对校园网络舆论环境中网民回帖的长期观察，在争议性比较大的网络事件或是短时间辨不出真相的事件当中，即使有理性的声音也会被其他多数非理性的攻击砍杀而淹没，[②] 他们通常被非理性地认为是校方派来的"五毛党"。

第二，情绪波动型。这部分学生网民一般比较活跃，要么是自己有一定的情感偏向、观点偏见，要么是自己特别容易被感染、煽动，总之常常在网络上表现出强烈的情绪化行为，[③] 但没有表现出会采取实际行动的趋势。我们说网民易情绪化多是源于网络意见领袖易情绪化，校园网络舆论环境当中的学生网络意见领袖多数并不是校园里榜样标兵型人物，而是所谓的草根，很多校园事件是他们亲身经历过的，感同身受，"现实生活的情感不断淤积，加上事件的引爆，被集中化地宣泄出来，当然这其中还有好玩、法不责众、助人为乐乃至趁火打劫的感情色彩在里面"[④]。在新媒体环境下，一些

① 参见罗娟：《网络舆情热点事件中的网民行为研究》，华中科技大学硕士学位论文，2011 年。

② 参见罗娟：《网络舆情热点事件中的网民行为研究》，华中科技大学硕士学位论文，2011 年。

③ 罗娟：《网络舆情热点事件中的网民行为研究》，华中科技大学硕士学位论文，2011 年。

④ 参见喻国明、李彪：《高校网络舆情的特点及管理对策》，《新闻与写作》2009 年第 6 期。

学生网民因为具备一定文学素养、专业能力和网络技术以及较高的事件解读力、作品和素材的融会表现力，因此在校园网络舆论环境中，学生受情绪感染创作网络作品的情况比较常见，为研究需要，笔者分别从清华大学的BBS"水木清华"、四川大学的BBS"蓝色星空"、中南大学的百度贴吧中选取发帖主题相同的回帖344条、386条、501条。如表4-3所示，情绪波动型网民在整个网民群体中占相当大的比例，网民情绪表现受环境因素影响较大。①

表4-3 部分网络阵地关于某一主题的网民回帖情绪比较

	理性温和型	情绪波动型	极端过激型	无聊围观型
水木清华	174	136	3	31
蓝色星空	203	154	2	27
中南贴吧	198	267	3	33
	46.7%	45.2%	0.65%	7.39%

第三，极端过激型。这部分学生网民情绪被刺激到了极端化程度，出现了过激反应，并很有可能从线上延伸到线下行为。当然已经出现了现实行动并对师生、家长、社会造成不同程度影响的已然行为更是属于极端过激型。② 具体表现有：发表极端过激言论、网络示威、网络抵制、黑客攻击、串联成立网络组织等。在校园里这种情况多发生在学校管理层出现重大纰漏，如食堂卫生堪忧、无法兑现学历证书等，或者社会上某些事件对学生网民造成心理、精神以及身体较大伤害时。此外，校园网络舆论环境中，从网络最流行的符号中也能看到学生们的极端取向：最美、最雷人、最丑恶、最帅、最牛……要么就是最好的，恨不得把世界上所有美好的语言都奉献给他；要么就是最坏的，哪怕是最尖刻的标签都不足以泄愤。值得注意的是，这种非此即彼、非黑即白的极端语言，久而久之形成极端思维，容易让人变

① 罗娟：《网络舆情热点事件中的网民行为研究》，华中科技大学硕士学位论文，2011年。
② 罗娟：《网络舆情热点事件中的网民行为研究》，华中科技大学硕士学位论文，2011年。

得急躁，诱使人用极端行为解决问题。

第四，无聊围观型。在神马都是浮云的喧嚣网络舆论中，很多人惊奇"小月月"作为一个有自我认知障碍、行为明显失范的怪力乱神居然能在本应较为理性的社会群体大学生中走红，这其实体现了部分青年学生无聊又无意义的围观成性。这种变态心理在校园网络舆论环境中不难找到，例如有些人爱好在校园 BBS 里发大量无意义的帖子进行灌水；有些人知道就是不说；有些人什么也不知道，就是要传播。很多无聊、无稽的消息于是在众多大学生的围观中以莫名方式疯狂传播开来。

第三节　客体热源规律

热源顾名思义就是使之发热的存在，在舆情事件当中一般是指引起关注的因素、使热度上升的因素、使高温持续保持的因素等。[①] 为更好地掌握校园网络舆论环境中环境客体——校园网络舆论的现状，笔者面对海量的舆情事件及信息，从门户网络媒体的教育频道、BBS 等论坛类网站、人人网等社交类网站以及微博、微信等阵地，梳理了 2010—2013 年 226 起校园网络舆论事件形成研究数据库，尝试透过事件的文本信息采取信息聚类、特征提取、编码统计等手段获取分析资料，研究舆情热点事件的热源规律。

一、热源时间分布规律

从校园网络舆论事件与时间的关联度来看，可以分为突发性的网络舆论事件和周期性的网络舆论事件。前者是难以预测的，没有时间表，受关注的程度与重要性以及与师生紧密度有关。后者是在特定时间发生的特定事件，时间上呈一定规律性。这种周期以学期为单位，这与学校学生流动的特

---

① 参见王国华、曾润喜、方付建：《解码网络舆情》，华中科技大学出版社 2009 年版，第53 页。

点及教育管理的规律相适应。三四月份伴随学校开学，校园网络舆论事件发生数量稳中有升，罢课罢餐等具有周期性的校园管理、校园维权事件增加，春季学生情绪易激动，学生犯罪、自杀事件以及打架斗殴等校园暴力事件高发，如 2011 年"福建省泉州市某大学罢课"事件。五六月份随着教学安排的推进，学习任务加重，并且面临各种考试，使用网络时间被压缩，网络舆论事件较为低发，舆情态势较为平缓，这段时间所发事件多为不可预测的安全类突发事件，如 2010 年"浙江某高校发生爆炸"事件。七八月份不同于寒假，仍为网络舆论高发阶段，假期学生外出及学校人员分散，学生外出旅游意外事故、宿舍失火等突发性网络舆情时有发生，毕业季和实习期周期性较强的网络舆论也是关注重点，如 2013 年热门话题"史上最难就业季"。9月份正值学生开学，乱收费、食堂问题、奖学金分配问题、保研问题等涉及学生切身利益的舆情事件多发。十一月份，学生注意力被繁杂学习事务吸引，周期性舆情事件减弱，值得一提的是国庆黄金周的假期出游安全、冬季火灾等突发性事件值得关注。12 月份，临近年末，大多数学生忙于课程学习和复习，舆情事件趋缓。一二月份正值高校学生期末、学生考研和学子返家时期，教育管理类、维权诉求类等周期性网络舆论事件较多。

二、热源空间波及规律

从这 226 起校园网络舆论热点事件区域分布来看，呈现出整体分散、局部集中的特点。集中分布的地方多为人口密集、学校众多、传媒行业发达的地方，但这并不意味着其他区域不会发生，所有省、市、自治区包括香港特别行政区均有涉及。根据统计数据来看，知名度较高的高校受到关注较多，出现热门舆情事件的概率较高。具体而言，2010 年集中分布于湖北、江苏等中南地区、华东地区；2011 年 60% 的舆情事件发生在华东、华北及华中三个地区，且华北地区的北京舆情最为突出；2012 年舆情事件发生最多的省份是广东、北京、湖北，其次是江苏、浙江、河南、山东、湖南等；2013年在北京、上海、广东、湖北等高校集中的地区对校园网络舆情关注度较高。除了上述呈区域集中分布的网络舆论热点事件外，还有一些热点事件发生和发展并不局限于某一具体区域，而是引发全国整体性的连锁反应。

三、热源内容聚焦规律

普列汉诺夫说过："公众意见的历史发展和整个人类历史一样，是个有规律的过程。"[1] 校园网络舆论环境中的热点事件不仅具有时空分布规律，也有内容聚焦规律。根据不同舆情关注焦点，我们将其分为意识形态、民族宗教、突发群体事件、维权诉求、教育管理、教育改革、非正常死亡、师生言行失当、毕业就业、重要人物（事件、节日）、其他 11 类进行聚焦分析，如图 4-5 所示。

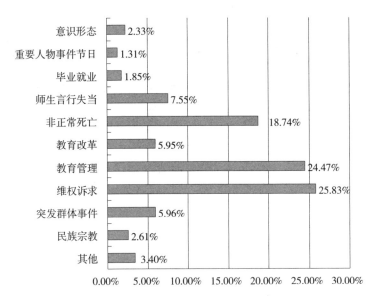

图 4-5　2010—2013 年校园网络舆论环境热源内容聚焦分布

第一，维权诉求类事件突出。学生维权主要涉及事关其切身利益的食堂问题、停水、限电、宿舍搬迁、毕业证发放、奖学金评定、保研资格确定、安装空调热水器等，以罢课形式维权的事件占维权诉求类的 15.7%，学

---

① 陈华栋、张水晶、李敏妍：《教育网络舆情报告与典型案例分析（2013 年度）》，华中科技大学出版社 2014 年版，第 12 页。

生非理性维权行为有逐年拔高的态势。第二，教育管理类事件多发。高校在教学管理、招生实习、后勤管理、安全保卫等管理工作方面漏洞和不完善常常引爆校园网络舆论，造成校方与学生关系紧张，危害校园和谐稳定。综观各类教育管理事故，以学生聚众斗殴、食物中毒等为主因的安全问题最受网络舆情注目。第三，非正常死亡类事件关注较高。高校校园伤害、高校学生自杀等意外死亡事件是近年来社会媒体关注的热点，常会引燃社会网络舆论热议。如2010年李某某驾驶汽车在河北大学新校区内撞倒两名女生，一死一伤，事后继续开车去校内宿舍楼送女友，最后在其返回途中被学生和保安愤怒拦下，可这位肇事者口出狂言："有本事你们告去，我爸是李刚。"后经证实该男子父亲为某市公安分局副局长，"我爸是李刚"迅速成为网络最火流行语。本来大学生年少轻狂闯大祸，社会包容度相对较高，但李某某酒后真言却涉及贫富差距、权力等级、弱势学生受害等敏感话题，因此夹杂着宣泄、不满、起哄等情感诉求，"我爸是李刚"全民造词运动在网络上异常火爆。第四，师生言行不当类事件曝光率高。学术造假、教育官员腐败、论文枪手、师生冲突等一些师生言行不当事件在近年来走向公众视野，引发热议。如2012年湖南某大学体格考试中，男教师于某某没有按惯例让学生抽签选题，考试项目直接由他定为胸部检查和腹股沟淋巴结触诊，否则考试成绩记为零分，该校学生网上自曝该事件以后，引起网民强烈关注。第五，重大社会事件议题关注集中。一些社会事件尽管与学生利益非直接相关，但涉及当前社会现象、主流价值观等重大问题，关于这些问题的讨论通常延伸到政治制度、经济调控、公共政策、反腐反贪、军事外交等重要议题，学生网民常会基于个人爱好或价值观提出自己的看法。我们注意到，一方面，关涉弱势群体利益、自然灾害、民族团结的社会事件容易引发学生共鸣；但另一方面由于大学生容易受外界不真实信息的干扰和影响，有可能出现偏激言论。

此外，从舆情性质来看，热源内容有正面的、负面的以及带有争议性的，反映了参与网络舆论的学生网民价值取向的多样化。"心理学研究表明，由于人们对外部信息安全的天然禀赋，因此人们对外部世界可能影响信息安全的负面性信息具有天然的接近性和高关注度，通过对网络热点事件进行信息倾向研究，发现负面信息更能引起网民的关注。"① 与其他领域网络舆论环境类似，校园网络舆论环境也是负面舆情事件占大多数。观测数据库里，正面舆情事件有10件，如"长江大学英雄群体"、"赵小亭"事件、"女大学生23天戒指换大楼为山区孩子建梦想小学"等。争议性的有13件，如高校现"自杀式"毕业照、"某校校长下跪为母祝寿"、"学生以火灾为背景拍毕业照"等。观测年份负面舆情事件比例较大，这将极大影响公众对我国高等教育体系的信任度。但我们还是欣喜地看到教育部门根据教育体系现存问题，有针对性地推进各种教育领域改革，如研究生国家奖学金改革；各大高校相继制定大学章程，推行现代大学教育制度，掀起新一轮高校改革风潮。

第四节 介体形态表达

网络舆论是网民群体情绪、意见和行为倾向的综合表现，在千变万化的网络社会和日新月异的信息技术下表现途径丰富多彩。在校园网络舆论环境里，介体形态表达由于学生使用网络媒介的习惯以及学生思维的独特性呈现出不同于社会网络的一些特点，笔者将其分为传统网络舆论形态、新型网络舆论形态和另类网络舆论形态三种类型进行分析。

一、传统网络舆论形态

在笔者看来，新闻跟帖、论坛帖文、即时通讯、电子邮件、网络签名、网上调查等是校园网络舆论环境中较早发展起来的网络舆论形态表达方式，因此归为传统网络舆论形态。一是新闻跟帖。如果新闻报道背后开设了供网民发表意见的电子公告栏，而这些新闻又容易引起学生网民的情绪反应，那

---

① 喻国明：《中国社会舆情年度报告（2011）》，人民日报出版社2011年版，第24页。

么学生网民则会通过新闻跟帖一吐为快。这种电子公告一般设在事件描述部分周围，能聚焦学生网民的讨论主题，比较集中地反映学生网民对该事件的情绪看法进而传递出思想动态、行为倾向等信息。[①] 如 2010 年中国政府网刊发《教育部发通知春节期间组织学生网上向祖国拜年》，中国新闻网、新浪微博、网易、搜狐等各新闻门户网站纷纷登载该消息，引发网友热议，学生网民新闻跟帖的观点主要集中在抨击教育部"瞎折腾"，纯粹搞形式主义，舆论呈一边倒，直到人民网、新华网等撰写专题文章引导舆论才使得正面言论逐渐占据主导。二是论坛帖文。以高校 BBS 为代表的论坛一直是高校校园网络舆论环境中的一个持续稳定的高温舆论场。高校 BBS 使用主体构成相比其他社会网站论坛更稳定，在校学生几乎占全部份额，流动人数除随入学、毕业更迭不会出现太大波动，并且在年龄、受教育程度、生活经验等方面具有高度的一致性，彼此沟通更容易理解接受，因此对具体事件的看法容易引起同质人群的共鸣。如"在'中越南海争端'事件中，高校 BBS 的反应非常一致且极其强烈，谴责越南的激愤观点迅速感染整个群体，并引发更新签名档、顶帖等行动"[②]。相对以往，近几年来舆情事件曝光率有所下降，但它作为学生网民发布信息、交换信息、频繁互动的重要场所，也是校园媒体记者或是社会媒体记者挖掘和采编校园事件的重要落点，在网络舆情发展中有着重要地位，在首次曝光和大规模传播方面还是起着不容忽视的作用。在调查中发现，在所有乐于使用校园 BBS 了解学校信息的大学生中，北京大学生比成都、长沙的大学生高出两成，这或许反映了高校 BBS 文化的地区差异性。除校园 BBS 外，学生常去的社会论坛类网站有：天涯、猫扑、百度贴吧、19 楼、凯迪社区、西祠胡同、Chinaren 校园论坛等。三是即时通讯。这种网络应用主要以个人方便聊天、交友、娱乐为目的，开放式的会员资料方便彼此认识，如 QQ、移动飞信、MSN、YY 语音等。其中 QQ 群是 QQ 用户自发组织建立的一个个相对独立封闭的多人聊天交友圈子。之

---

① 参见姜胜洪：《网络谣言的形成、传导与舆情引导机制》，《重庆社会科学》2012 年第 6 期。

② 唐亚阳：《中国教育网络舆情发展报告（2011）》，湖南大学出版社 2012 年版，第 66 页。

所以在这里单独提出对 QQ 群的关注，一方面是因为，QQ 是学生网民最常用的网络阵地，绝大部分学生都是 QQ 用户，其背后是全球 10 亿的注册用户和 1 亿的活跃用户，这一超大规模的 QQ 用户基数给学生 QQ 用户拓展了信息纵深传播空间，易成为大规模群体事件的信息发布与传播平台；另一方面，QQ 群除具备 QQ 全部优势外，还有消息群发、图片分享、文件共享、群组独立等多种点对点即时通信所不具备的特点，QQ 群的成员少则几十人，多则几百人，大多具有相同的兴趣和爱好，易就某一问题达成共识，具有较强的群体性特征。值得注意的是，2015 年百度发布《95 后生活形态调研报告》，显示"95 后"使用 QQ 空间的比例高达 51.8%，而微信朋友圈仅占 15.2%。四是电子邮件。这是现代社会学生们的主要通信工具之一，主要用于学习、人际交往等。但调查中我们发现，许多学生在邮箱里经常会收到一些不良信息宣传邮件。由于匿名群发邮件，特别是收件人甚至可以不锁定对象，通过电脑排列组合拼写地址，可以较为广泛、迅速地影响舆情的形成。且在一些看似正常的邮件信息里，还会隐藏许多不良信息，不利于舆情监控。五是网络签名。在校园网络舆论环境里，学生通过网络签名表达网络舆论的形式主要有两种：一类称为"签名档"，指在论坛和聊天工具后面加入表现自己个性的内容，这种内容写成简单介绍、心情、箴言等，一般由文字或图片组成，表达学生网民近一段时间对某件事情的看法；另一类是针对某一事件或问题由网民自发组织或某网站组织号召网民响应的活动，签名表示对活动的支持，如"万人抵制 ××× 的签名"、"万人支持 ××× 的签名"。网上签名表达的态度非常鲜明，是校园网络舆情的一种直接体现。尤其是后一种，具有较强的煽动性、动员性，值得重点关注。六是网上调查。这是针对某一校园问题或事件，采用简单"投票式"，给定几个预设答案，由网民进行单选或多选，以了解网民态度的活动。网上调查能直接反映学生网民意见的分布和主观评价，并且实时公开的网上调查还能影响网络舆情的走向，尽管这样的调查不像科学研究那样讲究严谨抽样，但却能反映校园网络舆情的一个基本态势。例如某某大学"真维斯楼"事件，最初就是由学校学生自组织开展的"某某大学第四教学楼冠名'真维斯楼'并挂牌你怎么看"的投票活动而迅速聚集学生网民意见并使舆情升温的。

二、新型网络舆论形态

互联网进入 Web 2.0 时代后，互联网升级为由用户拥有主导权的互联网新体系，随着 Web 2.0 体系而来的，是以互动、分享为核心的众多先进技术应用架构。在校园网络舆论环境当中，学生网民近年来常用的新兴网络舆论载体有以下几类：一是 SNS 社群。按照哈佛大学心理学教授六度分隔理论，"即最多通过六个人就能认识一个陌生人，这样每个个体的社交圈都能不断放大，并不断形成一个大型的社会性网络"①，这就是 SNS 社群通过"熟人的熟人"来进行网络社交拓展的设计理念。目前相比高校论坛低迷的现状，SNS 流行是不争的事实，SNS 社区吸引的群体更为集中，爱好、兴趣大体相同的人组成圈子，更易取得一致的意见或态度。学生常去的 SNS 社区有：人人网、开心网、同学网、滔滔网、聚友 9911 等。二是博客。博客是近几年来兴起的一种可以发布新闻、评论、日志的个人网络空间，特点是自由、开放，共享，以个人为视角，以整个互联网为视野，达到个人自由表达、知识过滤与积累、深度沟通的目的。在调查中发现，大多数学生网民写博客的主要目的依次为：自娱自乐（42.62%），与更多的人分享（30.53%），表达自己、影响别人（13.42%），作为公民向社会和政府谏言（3.69%），宣泄情绪（4.36%），展示才华（5.37%）。尽管学生网民在博客使用上影响舆论的意识不强，但博客在一定程度上对于传统媒体掌握的舆论形成与舆论引导形成了冲击，在某种程度上成为一种干预现实的力量。这种干预力量可以是建设性的，也可以是破坏性的，就看我们在校园网络舆论环境建设中如何很好地使用它了。三是微博。微博是微博客的简称，限定在 140 字以内进行文字或图片的信息分享和传播。2010 年微博开始登堂入室，尽管在意见表达上不占有渠道优势，但在信息的第一时间发布上占尽了"天时"优势。急剧膨胀的

---

① SNS 社区，百度百科。

微博用户在改变着互联网的舆论格局，成为影响社会舆论的重要变量。不容忽视的是，除了 PC 端微博，手机微博用户发展势头强劲，已逐渐成为移动互联网时代最具发展潜力的主要应用之一。在观测数据库中，由微博首次爆出的校园网络热点舆论事件数量越来越多，2010 年有 3 起，2011 年为 9 起，2012 年为 16 起，2013 年为 23 起，如"某某微博质疑武汉某高校法学院院长抄袭论文"事件、"某某大学院长微博举报校长"事件。但我们看到，微博由于其信息的间断性和信息的更加海量性，决定了新闻发现成本的高昂度，只有某些精英化的人物或信息才能成为微博圈里关注的焦点，而这当中只有一部分焦点才能"迁移"到校园的公共话语平台中来。四是播客。播客衍生于博客，是"一种订阅式音视频的个人媒体"①，受到青年大学生青睐。相比其他的网络舆论载体而言，播客载体是最直接、最直观、最形象的，人们可以真切地感受事件的真实性，因此成为网络舆论的一个重要集散地。特别是进入 4G 时代，具有拍摄功能和上网功能的手机在运用上的普及，播客在校园网络舆论环境里占有一席之地。如 2014 年"四川某高校副教授强吻女生"事件，因现场视频爆出使其辩言"没做错什么事"再也站不住脚，还好该校迅速就网络举报作出回应，否则该校将陷入"强吻门"的舆论旋涡。五是微信。作为一个跨通信运营商、跨操作系统平台的通信工具，用户仅需消耗较少的网络流量，就可以实现传送文字、语音、图片、视频，也可以通过添加好友将微信内容分享到朋友圈。在社会网络舆论大环境里，"微信正取代微博，成为网络舆论最为集中的平台。网络舆论下沉到相对更私密的微信，如果不加重视，社会压力得不到有效释放"②。在校园网络舆论中，微信也扮演着越来越重要的角色，学生们基于手机通讯录和 QQ 好友发展微信好友，言论空间比较私密，所谓"躲进小楼成一统"，彼此信任度较高。如果说微博是广场，那么微信就是饭桌，因为前者面对的多是生人社会，后者则更多的是熟人社会，基于微信朋友圈这样一种熟人之间的强关系，意见气候

---

① 王欢妮、张冲：《"播客"传播理念的文化指归》，《传媒观察》2009 年第 10 期。
② 《网络舆论移至微信媒体　建议官方重视》，http：//www.dfdaily.com/html/3/2013/12/22/1096570.shtml。

更具渗透性。微信的舆论更像一只"看不见的手"，不知道舆论是什么？在哪儿？谁是舆论主体？对校园网络舆论环境建设提出了严峻挑战。在微信介体方面，还有微信公众号值得注意，"微信上非法信息一度高达信息总量的8%"①。

三、另类网络舆论形态

在对校园网络舆论环境中的"非理性"、"情绪化"网络舆论进行分析、探讨过程中，注意到大学生群体的几种另类网络舆论行为值得关注：一是人肉搜索，又称"网络通缉"，是一个主要依托来自网民而不是依赖网络数据库的新型搜索类型。它在网络社区通过求助、发问方式获得网民的帮助和回答，从而实现"一人提问，八方回应"，由于常被应用在网络舆情事件中寻找具体的人和线索，引发争议较大。在涉及师生个人言行不当而引发的校园网络舆论热点事件中，经常会发生其他学生网民通过网络表达对该事件的观点并形成比较一致的看法，同时伴随着网上激烈的言辞甚至网下的响应搜索行动，对事件当事人进行"道德审判"或"正义审判"。这种行为主观上有维护传统伦理道德的作用，但在客观上却对当事人的生活、心理造成严重心理伤害。当然你可能觉得这是"善有善报，恶有恶报"，但是不顾及他人感受而进行不加限制的人肉搜索，显然已经触及社会道德和个人隐私的底线。笔者接触过几起这些案例中的当事人，他们非常痛苦，遭到大家的排斥，觉得很孤单，更有甚者"感到无法呼吸，想到自杀"。在校园实际生活中，当学生网民铺天盖地的犀利言论轮番轰炸而来时，比社会网络舆论更能干扰当事人正常生活，不需要几轮问答，就能搜索出该当事人的详细情况。更何况在抬头不见低头见的课堂、食堂或者图书馆都有与真人碰面的机会，比起在社会网络舆论的人肉搜索，来自现实威胁的压力更大。二是网络恶搞。这指学生网民凭借其掌握的各种技术手段，在网络上以搞笑、作怪、恶作剧等为

---

① 《政府治理微信　公众号营销号违规时代结束》，http：//www.admin5.com/article/20140529/547047.shtml。

主要特征的另类"创作"行为。有学者提醒，对一些重大历史事件和主流人物的网络恶搞，既给网络舆论传播带来不良风气，也与社会主义核心价值观与社会伦理道德的倡树背道而驰。① 学生网民网络恶搞的手法多样，从最初的简单文字、文本"改编"，向视频、音频等多媒体技术发展。"闪闪的红星之潘冬子参赛记"和"铁道游击队之青歌赛总动员"、"雷锋的初恋女友"等网络恶搞，固然只是调侃娱乐，但是没有底线地颠覆权威主义，反映出青年网民对人类终极价值信仰的游移和后现代主义的虚无。三是民粹主义。极端地、无理由地支持所谓弱势方，极致地推崇底层道德与文化价值是民粹主义的核心表现。② 在民粹主义思想影响下，当强势群体与弱势群体发生矛盾时，真相的理性探索总是会让位于弱势群体的情绪化疯狂力挺。③ 如高校学生干部与同学之间的摩擦被网络曝光后，学生网民总是倾向于支持非学生干部，哪怕这件事情是错的。在民粹主义的网络言说里，高校中那些理智的、不与网民的激烈情绪保持一致的知识分子也被认为投靠了权势阶层或为体制服务成为既得利益者，专家常被讥讽为"砖家"，教授被贬作"叫兽"。这种倾向在对外的民族主义情绪中表现得更为直接和明显，如中日之间一有摩擦，就有学生网民叫嚣抵制日货。

不容否认的是，在网络舆论中，非理性言论有它不利的一面，例如给当事人造成了伤害，给社会造成了影响，但是也有它有利的一面，从某种角度而言，矛盾助推运动生成、事物发展，没有非理性因素，网络舆论就没有博弈、跌宕、螺旋等演变发展的路径，也不可能壮大了。④ 当然，这并不是说网络舆论非理性没有问题，随着交流的继续、互动的持续、相互的纠错，真理就深入人心了，真相就浮出水面了。⑤ 这从观测的数据库来看，多数网

---

① 参见曾小梦：《基于网民心理的网络舆情引导研究》，湖南大学硕士学位论文，2013 年。

② 邹军：《看得见的"声音"——解码网络舆论》，中国广播电视出版社 2011 年版，第 33 页。

③ 李媛：《虚拟社会的非理性表达》，复旦大学硕士学位论文，2008 年。

④ 参见曹茹、王秋菊：《心理学视野中网络舆论引导研究》，人民出版社 2013 年版，第 76—77 页。

⑤ 曹茹、白树亮：《试论现阶段我国网络舆论的特点》，《河北大学学报》（哲学社会科学版）2011 年第 2 期。

络舆论热点事件最后在多方对话辩论、协商沟通下以理性收场。只是在协商沟通的过程中，从建设者角度出发，需要做的工作就比较多了。

第五节　环境突出问题

校园网络舆论环境建设在高校一般隶属于大学生思想政治教育范畴，传统的思想政治教育责任部门主要有学工部（处）、研工部（处）、团委、组织部、宣传部以及思想政治理论课教学部门等，其各自通过自己的系统渠道联系学生。然而在网络时代，各条各块的网络舆论环境建设工作都需要集中体现在网上，传统的联系渠道被打破，而现实中条块分割的思想政治教育工作模式不变，学校教育管理或学生自己言行一旦出现问题，网络舆论引导工作没有及时跟进，处理问题效率低下，或者处置方式不当，都可能使得小问题变成大问题，造成学生波动，引发群体事件。透过教育系统热点网络舆论事件背后，就全国层面而言，目前部分高校网络舆论环境建设存在不少问题。

一、舆论环境建设重视度不够

尽管理论上高校相对于社会其他组织更靠近科技前沿，更熟悉互联网世界规则，但是实践中还是反映出许多高校管理者认识不足。有些人认为象牙塔比不得外界，以为校园网络舆论不如社会网络舆论复杂，比较容易调控。事实上，不同师生群体、个人需求多样化，从而导致利益诉求多样化，教育管理者如果想象以往那样开个会、通个气、发个文就让舆论完全取得协调一致是很难的。除了传统的人际传播、媒介传播外，新媒体如网站、手机短信、微博、微信等在舆论中所起作用越来越大，学生们通过网络获取境外信息越来越容易，信息控制难度加大。所以我们看到由于高校重视程度不够，大多数高校在网络舆情环境软硬件建设方面投入少，他们的舆情信息仅仅依靠网络管理员和信息安全员的人工监测，只有少数学校在此基础上还采取了有害信息过滤系统、网络监控系统等舆情安全技术措施，当然这些系统购置成本较高、技术难度也较大。

二、网络舆论监控引导缺规程

从观测数据库的许多校园网络舆论热点事件的舆情应对来看，绝大多数学校管理者缺乏有效应对网络舆情的能力。如，知识储备不足：由于部分高校教育管理者本身素质和公关意识等不够，不具备舆论监控和舆论引导专业知识，造成舆情事件到来时多少显得阵脚慌乱和不知所措，或者沉默无声，或者学校官方解释遭来更多的舆论谴责，没有把舆情调控好反而上升到一定高度，以致事与愿违，造成火上浇油的后果；干预时间太晚：有不少事件是错过改变舆情意见流向和学校官方态势的良好时机，往往在学生网民的情绪淤积到一定程度，舆论的意见分布对学校管理者极为不利的时候才"千呼万唤始出来"；回应态度模糊：事件发生后，一些学校管理者尽管采取了一些措施进行应对，但态度欠真诚和主动，给人欲盖弥彰或者敷衍了事之感，[①] 这样学生网民往往会对这些无含金量的回应进行"脑补"，无限想象，认为事件当中或许还有什么不能告知的违反公德的因素。[②] 难怪语文出版社社长、教育部前新闻发言人王旭明这么认为："这很奇怪，一方面我们的高校有这样强的学术力量，另一方面，真诚面对积极回应的处理危机事件以塑形象的能力又如此薄弱。如此下去，高校工作如何科学化?"[③]

三、负面能量狂欢难寻好声音

经常上网的学生多会有这样的体验：进入 BBS，登录微博，立刻不知不觉地陷入网络负面信息的包围之中，有的是校园吐槽连篇累牍，有的是不良情绪四处蔓延。从青春失落的情绪宣泄到偏激青年的"网络谩骂"，从"网络水军"的顶帖造势到某些意见领袖的蓄意鼓动，甚至"网络暴民"展示

---

① 刘松旺：《非常规突发事件网络舆情演变研究》，合肥工业大学硕士学位论文，2012 年。

② 曾小梦：《基于网民心理的网络舆情引导研究》，湖南大学硕士学位论文，2012 年。

③ 若尘：《化解"危机事件"需要专业的舆情监测》，《中国青年报》2012 年 6 月 11 日。

的"人肉搜索"等赤裸裸的网络暴力，校园网络舆论环境也难逃互联网负能量狂欢的特性。互联网给人人都提供发言平台的同时，也容易把坏人坏事放大，对恶意言论追捧，在许多微博、微信朋友圈里，情绪宣泄取代了理性批判，网络成为那些片面的、负面的、偏激的、极端的负能量的放大器。青年们似乎对非主流、反权威、非正统、反体制更感兴趣。[①] 相反一些正面、理性、平和的声音、观点却容易淹没在耸人听闻的言论中，甚至遭围攻谩骂、排斥打压，这样的舆论生态不仅可悲，而且可怕。马丁·路德有句名言：社会转型期，最大的悲剧不是坏人的嚣张，而是好人的过度沉默。近来颇受关注的网红周小平，无论是线上的大气利落网评还是线下的高校巡回演讲总能叫好叫座，或许是因为他说出了"沉默的大多数"的心声：中国需要好声音，网络需要正能量。

四、环境运行系统资源未整合

网络舆情如果只涉及校内对学校管理部门来说还好办，该处置的处置，该沟通的沟通，该告知的告知，但往往被炒大了的舆情已经越过象牙塔的围墙，这让学校管理部门就抓耳挠腮了，外部工作不容易推动，显然这种状况其实反映了高校没有充分整合校园网络舆论环境的系统资源。目前绝大多数高校现有的网络舆情调控体系采用传统的自上而下垂直管理方式，信息传递渠道单一，当然难以对网络舆情爆发作出快速反应。在风云多变的信息社会里，如果学校管理者没有将网络作为一个执政领域，没有将网络舆论运行作为一个系统工程来考虑，缺乏针对网络舆情建立专门的舆情统筹机构和人员，没有将学校的各种课堂资源、师生资源利用起来，也没有将校园特有的网上互动与网下活动结合起来，也没有与主要网络媒体形成正式交流通道和沟通机制，很容易陷入舆情困境，影响正常校园教学和生活秩序。校园网络舆论环境危机的治理是一项复杂的系统工程，需要建立和完善公共危机管理协调整合机制，特别要尽快建立完善社会支持系统。

---

① 参见李存义：《为好声音喝彩，为正能量点赞》，《人民日报》2014年10月28日。

五、突发事件应对机制没健全

"不仅突发事件会形成网络舆情，网络舆情也会形成突发或群体性事件"①，如涉 ** 大游行、抵制 *** 等，这些群体事件或由网络舆情引发，或因网络流言致使事件恶化、失控，甚至有少数敌对分子利用网络制造群体性事件。对待高校网络舆情的管理，关键是要快速反应，迅速启动预案内各自职责的工作程序，以最快速度控制事态的发展。目前高校对网络舆情的应对多是停留在"先发生后管理"的阶段，缺乏必要的突发事件应对机制，以致舆论发生后的应对多是一种应急管理。如，在预防方面，没有紧绷突发事件的弦，将其发生的可能性自动忽略，尤其是常规工作中更是没有将其应对作为重要环节；② 在处置方面，没有清晰的应急处置流程，没有建立不同类型和级别的预警事件处置规章；③ 在反思方面，没有主动对已发生事件进行案例式麻雀剖析，事情过了就过了，外校发生的突发事件及其应对机制和经验教训也因工作忙而不花功夫研究，这也怪不得高校热点舆情事件主题聚类趋同了。

六、环境优化评估体系待完善

很长一段时间，舆情危机似乎与象牙塔无关，但随着校园网络的发展、传媒通信设备的普及，教育舆情自身已经成为教育系统不容忽视的舆情信息。由于社会对校园的关注，校园网络舆论的危机往往能引发社会舆论的危机，尽管社会网络舆论评价体系较多，但单纯地套用社会网络舆论环境的评估指数，并不能完全解释校园网络舆论环境现象，更不能解决自己的问题。除部分在网络舆情研究方向上有学科优势的学校，在实际学校管理中应用了校园网络舆论环境评估机制外，目前绝大部分高校普遍缺乏网络舆情动态监测评估体系，也缺乏对网络舆情影响校园的评价，因而对网络舆情的处置较

① 朱璜：《涉军网络舆情管理问题研究》，湖南大学硕士学位论文，2013 年。
② 吕广振：《地方政府应对网络舆情能力建设研究》，郑州大学硕士学位论文，2013 年。
③ 谢清华：《地方政府应对网络舆情的能力研究》，广州大学硕士学位论文，2012 年。

被动。此外，缺乏必要的评估就无法对网络舆情的规律特点进行总结，对各方的应对态度和能力也无法进行合理的评价，不利于学校教育管理能力的增强。

第六节　优化案例解析

网络是一把"双刃剑"。[①]看到校园网络舆论环境现状的突出问题的同时，我们也要注意到现实中的积极方面，西方国家对校园网络舆情的灵活处置经验，国内高校在应对突发事件的有益探索以及一些高校、地区日常积累的网络舆论环境优化模式等值得借鉴。

一、国外处置校园网络舆情技巧可圈可点

案例一，美国"康州校园枪击"事件[②]：快速反应，各方协作。2012年12月14日美国康涅狄格州纽敦镇桑迪霍克小学发生校园枪击惨案，造成28人死亡，其中包括20名学生，这是继2007年导致33人死亡的美国弗吉尼亚理工大学枪击案后的另一起最严重的校园枪击案。凶手是20岁的小伙子，平时成绩优异，可能患有自闭症，其母亲是枪击案学校的教师，已在自家遇害。案发时凶手身穿黑色外衣和防弹背心，携带4种武器进入两个教室后大开杀戒。10分钟后警方赶到，凶手自杀身亡。事后伤者被送往医院，警方疏散教师和学生，霍克小学及当地其他学校全部被封锁，康涅狄格州州长赶到现场与学生家长见面。下午，总统奥巴马第一时间与州长取得联系，了解凶案情况，随后在电视上发表讲话。14日晚，美国各地哀悼遇难者。14—18日，美国降半旗致哀。15日早上，警方公布遇难者名单。在这个案例中，社会力量协作机制反应迅速，整个事件处理过程仅仅用了3天时间。惨案发

---

① 秦亚欧：《组织部门应对网络舆情问题的策略分析》，《领导科学》2011年第2期。

② 参见田凤：《中国教育网络舆情分析报告（2012）》，教育科学出版社2013年版，第108—111页。

生后，美国总统迅速发表讲话，语带哽咽，声泪俱下，表明政府对此事件的立场，总统表示要采取行动，阻止类似悲剧再次发生，并下令美国各地政府降半旗，向死者致哀，政府的这一举措起到了安定民心的作用。案发当晚，数百名群众聚集在纽敦镇教堂，为遇害者守夜祈祷，为缓解当地民众的震惊恐惧情绪起到了重要安抚作用。这件事情因为涉及美国社会争议较大的枪支管制问题，于是网络舆论又有了新的着火点。翻开美国各大媒体的社会新闻版，几乎每天都能看到枪击事件的发生，但由于管控枪支触犯了某些阶层的利益，推动管控议案十分艰难。尽管如此，奥巴马在接受媒体采访时表示，副总统拜登过去一段时间听取了各方建议，枪支管制政策正在酝酿之中，他呼吁国会两党议员抛开政治，凭良心拿出解决枪支暴力的办法。这为舆情事件的话题转向增加了阻燃剂，使舆情中心议题随着事件处置的结束而降温。

案例二，韩国"引诱教师视频"事件[①]：理性处罚，回应舆论。2009年7月7日，韩国首尔某高中一名高二学生A，在自己的迷你空间上传了自己拍摄到男生B当众强行抱住女老师并言语轻佻的视频，取名为"引诱老师"。视频当日即被大量转载，并迅速登上了韩国各大门户网站，成为网络"人气搜索"第一名，在韩国社会引起了强烈反响，人们通过BBS、个人博客和新闻跟帖表达自己的愤怒："太过分了，这样的学生真是社会的垃圾"、"问题学生应该接受刑事处罚"、"学校要加强人性教育"、"教师权益已经沦落到何种程度"。韩国大众对此事的关注声可谓一浪接过一浪。还有人开始"人肉搜索"这名男生，他的姓名、所在学校很快被挖了出来。事件发生后，首尔市教育厅向当事学校派遣了真相调查团，7月9日该校迅速召开了紧急惩戒委员会会议，决定对两名惹事学生停课10天，进行严厉批评，并要求他们向当事教师道歉。惩戒消息被传到网上，又引起网络一阵骚动，认为裁决太轻。学校回应："量刑必须合理合法，学校不会因为群情鼎沸就开除两名相关学生，更不会让学生受到刑事处罚。如果学生自愿提

---

① 刘上洋：《中外应对网络舆情100例》，百花洲文艺出版社2012年版，第202—204页。

出，也可以采取转学等措施。"大量网民表示理解，并称赞教育机构的宽容和理性："他们都是未成年人，应该给他们改错的机会。"为防止不良影响继续扩大，首尔市教育厅和当事学校分别向各大媒体、网站发文，要求删除"引诱老师"视频。当事学校调整了选修课表，增添了一系列道德教育课程，希望学生们加强道德修养。首尔市教育厅还专门召开新闻发布会，公开表示：尽快出台保护教师权益的政策。网民的激烈言辞渐次消失，"引诱老师"的视频风波很快就平息了。在这个案例中，受儒家思想影响很深的韩国的确难以忍受"长幼有序，尊师重教"的道德底线受到离经叛道的挑战。在全国民众的集体声讨中，真相调查团的处理方式十分理智，没有受过激言论影响，对当事学生处罚也很冷静，既没有交给警方，也没有开除他们，而是依据规定通报批评、停课，甚至尊重他们申请转学的权利。这些举措既达到了理性处罚、教育学生的效果，其处理之神速又和外界舆论呼声相互响应，起到了安抚大众的目的；同时有关方面及时向媒体公关，阻止了风波的扩散，而增添道德教育课程，拟出台保护教师权益的政策则更是防患于未然。

二、国内高校应对突发事件经验不断累积

案例一，清华大学"泼熊案"①：治病救人，良性引导。22岁的清华大学电机系学生刘某，先后于2002年1月29日和2月23日两次把事先准备好的火碱溶液、硫酸溶液，倒在了北京动物园饲养的狗熊身上和嘴里，致使3只黑熊、2只棕熊（均属国家二级保护动物）受到不同程度的损伤。第一次侥幸逃脱后，第二次被抓个正着，审讯时，刘某解释自己的行是为了证实"熊的嗅觉敏感，分辨东西能力强"这句话的正确性。刘某硫酸泼熊事件在社会上引起了轩然大波，人们在谴责刘某"高分低能"、"不道德"的同时，几乎把所有矛头指向了所在学校——清华大学。一时间"当今教育的缺陷"成为各大媒体的热门话题。网友们还人肉搜索出该学生的单亲家庭情况以及

---

① 参见刘上洋：《中外应对网络舆情100例》，百花洲文艺出版社2012年版，第215—217页。

在中学时的好学生形象等。事件发生后，清华大学高度重视，立即与家长取得联系，主动与公安机关沟通配合。学校还召集校内教育、法律、社会学、心理健康等各方面专家教授、师生代表进行座谈研讨，大家认为：刘某的所为，背离了清华大学的教育观念，校方支持有关部门对该学生的依法处理。为吸取教训，校方表示会在全体学生中进一步加强思想政治教育，尽可能避免此类事件再度发生。2 月 26 日，清华大学学生会在校园里开展了爱护动物、保护自然的宣传活动和募捐活动，学生代表把 1.1 万元的首批捐款和学生会"致北京动物园的一封信"送到北京动物园管理处，转达全校师生对受伤动物的关爱，而后校领导到动物园了解受伤动物治疗情况。在师生教育帮助下，刘某对自己的行为作了深刻反省，除向北京动物园表示歉意外，还准备到动物园当义工。与此同时，校方多名领导在接受不同媒体采访时，都不约而同地谈到了高素质人才的定位和培养、专业教育和素养教育的脱节、学生如何对社会经济和道德起推动作用等，他们的表态引发了大范围的讨论，引起了人们对中国大学生心理健康的沉重思考。之后，在各方努力下，网民的注意力由谴责不道德的行为和质疑清华的教学体制，逐渐转为"为受伤动物提供物质帮助"上。6 月 27 日，清华大学研究决定：给予刘某留校察看一年的处分，同时取消其保研资格，毕业证及相关学历证明将视其在校表现考虑是否发放。这个决定，无疑给刘某今后的人生道路，留出了发展空间，也让社会看到了清华理性、宽广的胸怀，众多网民为清华大学这一认真负责的决定叫好。2003 年 4 月法庭裁决刘某犯故意毁坏财物罪，免予刑事处罚。之后刘某留校察看一年，获得了毕业证，毕业后没有离开学校，于是学校又给了他很多科研项目让他在学习和科研中充实自己，现在他已经从伤熊事件发生后的心理阴影中走出来了。这个案例能引发网络舆论关注，一个很重要的原因是刘某的母校是清华大学。当网络舆论枪指清华大学时，学校没有将问题学生丢向社会，不忘尊重法律、相信司法公正，本着治病救人的目的，按照校纪校规给刘某作出了适当处理，在其毕业后给予帮助鼓励，得到网民认同。清华大学在这起网络舆论事件中的系列组合拳，转移了舆论矛盾关注点，引发了公众对新话题的思考，起到了积极正面的作用。

　　案例二，武汉大学"解聘门"①：积极沟通，赢取主动。2009 年 11 月 16
日，一篇题为《武汉大学对待功勋教授果真寡情薄义》的帖子在网上流传。
文中称：武汉大学设计学院院长张在元两年前患上罕见的神经元传导障碍并
已经病危，然而 2009 年 4 月 20 日武汉大学竟派员到他病床前，当着不能言
语、靠呼吸机维生的张在元宣布：终止其与武汉大学的聘用合同，停止提供
医疗费和住房，张教授当场老泪纵横。此帖一出，瞬时引起网友的强烈反
响，很多网友指责武大"狡兔死，走狗烹"、"卸磨杀驴"，舆论几乎呈一边
倒的态势，一时间武大被推到了风口浪尖。面对浪潮般的指责，武大迅速
作出回应，11 月 17 日武大人事部出具张在元与学校签订的合同证明自己冤
枉，人事部解释非全日制专家，根据合同规定，不由学校承担医疗等社会福
利，由其全职单位承担。18 日武汉大学在其官方网站上回应说，自张生病
以来武大无义务提供福利的情况下，除补贴 16.5 万元治疗费外，还垫付了
医疗费 68.6 万元，并动员师生组成义务护理组，24 小时轮流陪护，连续三
年前往张的老家慰问老母亲等"善举"，称武大已经"充分体现了人道关怀
和深厚情谊"。众媒体求证张妻陈某，陈某证实确有以上行为，但并不感激，
认为武大应该解决张所有包括今后的医疗费。除人事部、官方网站主动回应
外，武汉大学设计学院党委书记主动邀请媒体见面，称张在元确实哭了，但
绝不是网上的版本，当时张是听到"你是武大最受学生欢迎的院长"这句
话才哭的；该学院办公室也举例对媒体称，网上帖子的情况并不属实，如关
于住房，他本来就是兼职教授，自己在学校没有住房，如何停止住房？武大
的说法合情合理，证据有力，很快浇灭了网络上大部分怒火，但却遭到张在
元的妻弟兼委托人陈四平的质疑，陈怀疑武大擅自更改合同时间。针对陈某
质疑，武大人事部再次积极回应，合同日期从张老师工作日期算起，张老师
2005 年 4 月到岗，但合同是 2005 年 9 月 1 日签约，人事秘书把签约日期当
成合同日期，所以后来进行了更改，更改日期时，张老师也在场。陈某心存
不满，如果张在场为何没有在更改处签名？武大人事部迅速回应，对媒体高

①　刘上洋：《中外应对网络舆情 100 例》，百花洲文艺出版社 2012 年版，第 195—198 页。

调喊冤，这是一式三份合同，除学校、学院外，张也有一份，三份一样，如果学校单方面修改，那么张的合同就应该不一样，拿出张那份出来对质。当媒体向陈某索要合同时，陈称自己手头那份是从学校人事复印来的，张自己那份怀疑被武大从办公室"偷走"。11月19日，武大人事部再次接受媒体采访，介绍了武大聘用张在元的来龙去脉，在全国高校人事制度改革引进"外专"以提升教学水平的大背景下，学校聘用了张等4人担任该校4个学院院长，张一个月一般只有一两天在学校，张在广州还开有自己的公司。11月20日，武大发布招聘新任院长公告，不再招聘兼职院长而要求全职在岗。至此，更多网民重新开始站位，甚至替武大叫屈，"解聘门"事件渐渐淡出网民视野。这个案例之所以引起极大关注，其关键词"武汉大学"、"知名教授"、"病危解聘"就已经足以吸引无数眼球。在这个案例背后，媒体们挖出了更深层次的社会矛盾现状，如大学人事"双轨制"问题、公费医疗制度问题、看病贵问题等，因这些不可绕开的现实问题，武大才被如潮的网络指责淹没，但武大仍然坚持积极、及时地作出回应，不但出具劳动合同等有力证据，还充分利用官网作为窗口，并主动邀请、接受各路媒体采访，第一时间争取到了话语权，使自己的声音和观点无障碍地传播出去，极力引导媒体用客观事实进行报道，以消除民众误会，化被动为主动，值得借鉴。

三、校园网络舆论环境优化模式日新月异

案例一，中南大学：建网络、用网络、管网络。在世纪之初，中南大学顺应时代发展潮流，积极建网络，主动用网络，精心管网络，成功探索了一条加强网络思想政治工作的新路子。学校先后投入4000万元加大校园网络建设，根据"修好路、造好车、供好货"的工作思路，积极构建网上思想政治工作体系，不断增强网上思想政治工作吸引力和生命力。他们注意发挥网络容量大优势，不断丰富网络内容，用健康的网站吸引学生；发挥网络教育方式多样、直观形象的优势，实施网上教学，用科学的理论教育学生；发挥网络覆盖面广的优势，开展网上活动，用高尚的精神熏陶学生；发挥网络信息资源丰富的优势，组织网上服务，用炽热的真情关心学生。此外，通过建

立学生网上思想政治工作队伍；制定学生网上道德自律规范，加强学生网上行为监控，开展网上"扫毒"工作等，使学生在网络思想政治工作中既是被教育者，也是教育者，大大增强了思想政治工作的实效性、互动性，收到了很好的教育效果。2003 年 4 月教育部下发《关于在高校中推广中南大学开展网络思想政治工作做法的通知》。①

案例二，易班平台：新技术、新内容、新机制。互联网进入 Web 2.0 时代后，上海市教委按照教育部需求，依托上海市教育系统网络文化发展中心，与时俱进，使用新技术、创造新内容、建立新机制，自主研发大学生网络互动社区，成功探索出了一套新媒体条件下大学生网络思想政治教育的新模式。在技术上，易班与互联网最新技术保持同步，易班每年都不断研发拓展新的功能，仅 2013 年就先后推出新产品 91 项，新功能 360 项，完善功能点 4000 余处，手机客户端先后发布 2.0 和 3.0 两个大版本和 17 个小版本，用户体验得到飞跃式提升，新研发的资料库、笔记、题库、易打印、微博墙等功能更是深受学生欢迎。在内容上，深度开发整合线上功能应用和线下教育资源，实现用户自主创造，让学生自我管理、自我教育、自我服务，让各级各类学校共建共享。在机制上，运行后台政府支撑、各校协同共享、前台网络运作的模式。截至 2013 年年底，易班共有 131.2 万实名注册用户，其中 19.8 万毕业生依然活跃在易班上，网上班级和群组 4 万多个，发帖数 2140 多万个，用户自发上传的课件和学习资料 260 多万个，每天平均下载量 5.18 万次，覆盖上海所有高校，并在沪外高校试点。2010 年以来党和国家领导人对利用易班开展思想政治教育工作作出批示予以肯定，希望其总结经验，推广经验，发挥更大作用。②2013 年教育部和国家互联网信息办公室联合下文，启动"易班推广行动计划"，拟用 3 年时间，将"易班"建成集思想教育、教务教学、生活服务、文化娱乐为一体的全国性大学生网络示范社区。

---

① 参见徐建军：《新形势下构建高校网络德育系统的研究与实践》，中南大学出版社 2003 年版，第 1—7 页。

② 参见孙小秋：《简论易班在大学生网络思想政治教育中的作用——以西华大学易班的建设和发展为例》，《高等教育研究》2013 年第 3 期。

第五章　高校校园网络舆论环境优化理念

在前面的论述中，我们看到了高校校园网络舆论环境优化的必要性以及任务的艰巨性，但是机会和挑战是并存的。互联网尤其是新媒体技术的发展带动了高校校园网络舆论环境的建设和发展，这不仅给高校育人工作的开展提供了更广阔平台，也催生了新的教育理念和教育方式。在整体优化体系里，理念先行，因为从网络舆论环境建设角度看，首先也是一个认识和观念优化的问题。我们以为最为核心的要点应该是：高校思想政治工作者在校园网络舆论环境中的角色定位应从过去的被动的"把关人"中抽离出来，转变为积极主动的"关系者"，激发一切可以活跃的力量，整合一切可以调动的因素，积极地用恰当的方式协调各方的利益冲突和价值观分歧，主动地用"伴随成长"的方式促进学生在参与校园网络舆论行为中确立其自我判断、自我选择的能力，使校园网络舆论环境系统的自我生长活力充分展现出来。具体而言，这样的"关系者"要能适应复杂舆论环境，要能灵活应对相变临界，要将所有的工作落实到真实生活，并将目标定位在共建共管上，实现环境善治。

第一节　复杂适应认识理念

信息化趋势不可逆转，多少个学生网民就有多少个信息源和麦克风。

它既可能是"七嘴八舌"的街谈巷议，也可能是四处乱窜的"脱缰野马"，更可能是无法掌控的"洪水猛兽"，这就是信息化条件下的复杂校园舆论生态。应对这一形势，首先要建立复杂适应认识理念，绝不能以传统思维僵化处理校园网络舆论发展中面临的各种纷繁复杂的问题。

一、包容一些：哪怕"七嘴八舌"

网络的特点决定了网络舆论与生活中的"七嘴八舌"没有本质的区别，只不过网络中的"街谈巷议"传播得快、影响面广，甚至校园网络舆论在宏观运行中还有"青年聚集极化效应"、"高校光环压力效应"等。多元化既是青年大学生价值观念的表征，也是其网络舆论表达的体现，对待这样的校园网络舆论应该有更加包容的心态。其一，要看到校园网络舆论主流是好的。校园网络舆论毕竟在高等教育系统里发生、发展，其生成演变相比社会其他领域舆论还是增添了更多的理性因素，校园网络舆论总体是反映民意的，它反映着学生民心向背。当然不能否认有些网络舆论存在一定偏颇、过激，在网络舆论的传播过程中还时常夹杂着流言蜚语甚至谎话谣言。其二，要认识到校园网络舆论环境建设，不仅有物质层面的，更有精神层面的。网络舆论的产生一部分是因为社会情绪的存在，说到底是人心的建设。网络舆论建设的核心是人的观念建设。"心理学的代偿机制认为，人们在追求某种东西追求不到不能满足自己欲望时，就不再去追求原来的目的了，而是试图重新假设一个目的来追求，这个替身是可以追求到的，这样假借它造成目的实现的假象以满足自己的愿望。"① 在社会转型时期的大背景下，理想很丰满，现实很骨感，没有地方宣泄和表达不满，会积累更大的社会矛盾，因此一定数量的情绪宣泄平台如承载校园安全阀② 功能的网络是必要的。其三，要意识到学生网民的视角能帮助我们发现教育管理中的失误。学生网民意见不仅多元，有些意见的表达往往犀利、尖锐、不留情面，很多意见指向学校管理层

① 喻国明：《中国社会舆情年度报告（2010）》，人民日报出版社 2010 年版，第 254 页。
② 喻国明、李彪：《舆情热点中政府危机干预的特点及借鉴意义》，《新闻与写作》2009 年第 6 期。

面及其教师个人，听起来比较刺耳。对这些逆耳声音都要保持一个包容的心态，不管他们的意见是合理的还是过分的，是误解还是个人情感，又或是超越现实的想象，教育管理者都应加以倾听和解释，不能简单过滤抹杀。很多教育管理者会认为网络是虚拟世界，缺乏权威性、专业性，网民是在胡言乱语，不屑于倾听应对。正所谓海纳百川才能成其大，事实上哪怕是不恰当的意见建议，换位思考，审视自我，也能成为工作中的一种借鉴，从网民角度兴许还能发现我们平常没有注意到的失误和缺陷。

二、自信一些：驾驭"脱缰野马"

随着社会分化的加剧，造成复杂的网上舆论分散性和碎片化，这既表现在学生们即使对同一主题也会有不同看法和观点，也表现在不同群体的利益诉求、需求、价值观念的差异性，所以学生们对信息的不同解读空间大。或是关注负面信息，夸大其中不良成分；或是拒绝正面信息，对校园官方的信息持有不信任态度，甚至简单怀疑；或是任性为之，随心所欲。不管自身言论正确与否、合法与否，反正是匿名的，这样四处乱窜的舆论野马在校园环境下真的拽不住缰绳吗？我们以为对待校园网络舆论可以自信一些，仔细分析环境的优势和机会，驾驭环境进而优化建设是可能的，也是可行的。一是网络舆论从本质而言其实是社会主流价值观的网络反应。如"我爸是李刚"事件、"药家鑫"事件等引起的网络舆论大潮，其背后都带有现实社会主流价值判断和道德判断，学生公众对这些违背主流价值观的新闻事件的批评、谩骂、愤慨、人肉搜索等说到底是对违反主流价值观的行为的一种变相的惩戒。二是当前高校越来越多的职能部门网络执政理念的树立，越来越多的高校管理者、专家教授、辅导员等开辟博客、微博、微信窗口，这些都为学校管理层与学生民众的互动与沟通打下了基础。三是学校拥有主流媒体和宣传机构，校园官方网站、官方微博、官方微信公众号相较于非主流媒体拥有更大的影响力，同时学校宣传部门不仅可以保证主流媒体优势的发挥，还可以主动利用媒体，营造积极的舆论氛围。四是辅导员通过拓展博客、微博、微信等新媒体形式与学生交流，使育人工作主客体之间具有一定的隐蔽性，营造双方在人格、权利、地位上的平等感觉以及宽松的教育氛围，很多大学生们愿意倾吐心声，交流思想，沟通情感。五是校园网络舆论环境中的意见领袖毕竟是大学集体的一分子，毕竟要在学校学习生活成长毕业，现实生活中给予关心帮助，让其感受到集体温暖，那么对引导工作就不会那么抵制，这将是网络舆论建设的重要力量。六是多数学生网民是理性平和的、通情达理的。事情发生了，就赶紧回应，也许不会得到学生网民的满分评价，但他们要的就是尊重，更关注的是态度，于是接下来他们往往也会理性地参与后面的网络讨论。因为"一般网民的心态是，基于其草根的特性，只要得到部分尊重尤其是政府部门的重视，就有了成就感和满足感"①。七是大多数参与网络舆论的学生多处于围观状态，因而他们的注意力比较容易转移。随着在校年级的增长，所受各种形式的专业教育、文化素质教育、思想政治教育的增多，学生网民会逐渐成熟理性。八是大部分大学生从心底并不排斥对网络舆论环境的监管，调查显示81.29%的大学生表示非常需要或比较需要对网络舆论进行监管。

三、主动一些：避免"被牵鼻子"

在高校，对待校园网络舆论持有对立、否定心态的管理者可能是极少数，但对校园网络舆论抱有被动心态的却可能不在少数，如有的人不愿意上网，对"网人、网事、网论"抱有"鸵鸟心态"，眼不见为净；有的人疲于应付青年学生的网络吐槽表达；有的人甚至被网络舆论的蝴蝶效应牵着鼻子走。要想准确掌握舆论，正确引导舆论，必须坚持主动心态。首先，适度地监管。学校作为学生学习、生活环境的掌控者，职责要求应适度监管校园网络舆论环境。适度管控，"在管控中也应遵循环境介体网络媒体的传播规律，以符合绝大多数公众利益的方式监管网络舆论的传播"②。理性而非盲从，真实而非虚伪，公正而非私心，笔者以为应该是学校进行校园网络舆论环境治

---

① 喻国明：《中国社会舆情年度报告（2010）》，人民日报出版社2010年版，第254页。
② 罗坤瑾：《网络舆情监控与构建公共信息空间》，《当代传播》2012年第6期。

理的出发点。这样就意味着在校园网络舆论空间既会"宰相肚里好撑船"，宽容大度地接纳学生各种言论，也会"横眉冷对千夫指"，让那些流言、谣言无处遁形，有过激的言论就会有和风细雨的正确价值观引导，有重大事件的发生就会有全程观察等。① 其次，体现开放性。校园网络舆论环境是一个开放的系统，尽管技术或信息在其中占有十分重要的位置，但是学生才是学校发展的核心。因而，校园网络舆论环境建设必须首先回应人们的利益诉求，这就要求网络舆论环境的优化体系是一个开放的、不断发展的体系，而不是固定的、僵化的系统。最后，展现生命力。校园网络舆论环境建设，不是限制言论自由，而是为了优化更广大网民的网络环境。校园网络舆论环境建设的实质其实就是为校园舆论的传播创造健康、积极、向上的环境，对舆论形成过程中的非理性倾向通过各种渠道予以纠正，使校园网络舆论发挥舆论监督、伸张正义、凝聚民心、提振精神的作用。积极掌握和利用校园网络舆论，可以让网络舆论成为民意的"晴雨表"、校园的"黏合剂"，有利于促进高校良性运行和发展。

第二节　应对临界相变理念

"风起于青萍之末。"在适当的自组织临界状态下，微小的事件可以引发大的社会思潮，甚至引发巨大的社会动乱，成为压垮骆驼的最后一根稻草，引发相变。校园网络舆论环境在新媒体条件下呈现出的是一个混沌系统，这当中的突发事件具有瞬间性、非预期性、破坏性等特点。自组织临界理论以及相变理论等启示我们应树立相应的突发危机应对理念，即在突发事件的初期，防微杜渐；在突发事件的中期，以疏通为主，在突发事件的后期，亡羊补牢。

---

① 罗坤瑾：《网络舆情监控与构建公共信息空间》，《当代传播》2012 年第 6 期。

一、事件萌发临界点——是否消除隐患

因对当前网络传播的规律理解程度不深，许多高校管理者认为舆论比较关注名校、大校，还是等事情发生了再来研讨应对之策，有甚者还习惯于"宣传部把关"，自己当甩手掌柜，最后事情发生了无法挽回追悔莫及。传统传播下的舆论影响力和扩散力正在减弱，面对新诞生的网络舆情压力，如果仅仅只是用传统方法将事倍功半。危机事件越早介入，损失会越少，负面影响也会越小。早到什么时候算早？在事件发生前，就将隐患清除，才是真正的积极尽早干涉舆情。突发事件发生后，能否具备敏锐洞察力，把握网络舆情危机发生的前兆，把握最佳的时机控制或消除网络舆情危机隐患，是控制事件演变为网络舆论风暴的重要临界点。解决高校网络舆论危机事件最行之有效的方法是防患于未然，成本低，影响小，成效好。突发事件尽管是突然的，但总是有必然规律在发挥作用，偶然孕育着必然，通过抓住初露端倪的现象，把问题解决于萌芽状态，可以避免给高校造成重大损失。高校网络舆论危机的一个重要原因之一在于有关职能部门没能及时找到网络舆论的源头，当然高校可利用的资源有限，不一定能发现完整的网络舆情，而这正好可能是某个高校网络舆论危机的主要源头，因此也必然成为高校正常开展工作的潜在威胁，所以平时建立一套比较完善的高校网络舆情监控机制非常必要。把突发事件的预警、研判纳入完整的工作流程中来，完善处理应对方式的工作步骤，并且将突发事件的预警方法作为日常管理的基本内容，才能在事件有苗头时从容应对。重要热点出现前，往往有一定征兆，要善于将小事件放到大背景下观察，发现苗头和倾向，[①] 提前预测，才能抢占先机。保持学校官方网络渠道的畅通，提供丰富的交流平台，可以成为切断不实舆情爆发的重要手段。对周期性的重复多发校园事件提高警惕，尽早找出合理通用的应对方法，一经出现马上处理，可以避免舆情扩大乃至谣言滋生。

---

① 杨建平：《发挥主流媒体权威优势　引导网络舆论良性发展——论主流媒体在引导网络舆情中的作用》，《新闻知识》2010 年第 7 期。

二、事件升级临界点——是否及时回应

网络舆论事件危机爆发后，许多高校管理者不敢出来说话，采取"沉默是金"的策略，因为害怕说错，即使说对了，也怕舆论误解偏了，于是尽量不说话、少说话成为不少高校管理者的舆情处置原则，"过程缺位失语"成了常见现象。2006 年一位老人在某大学第二医院住院期间，共花费了 550 万元，最后还不治身亡，被网民斥之为"天价医院"。针对这一事件，某大学教授发表评论说："如果消费者不吝惜成本，医院就应提供高成本的服务，同时还应允许医院拉开服务档次，用从高端赚来的钱补贴低端。"她还说："与美国相比，中国的基本医疗服务费用相对便宜，包括住宿费、护理费等等"，"相比美国，中国的天价医院并不贵"，"贵是贵在那些不该贵的地方，譬如治疗普通感冒要花费上百元钱，不论治什么病都先用上在美国都慎用的高档器械，这是虚高的地方，医院是在赚老百姓的钱"。一石激起千层浪，该教授这段话中的"相对美国，中国的天价医院并不贵"的这句话立即遭到媒体和网民的强烈质疑和围攻。实际上，她被网民质疑很冤枉，她的本意并不是说中国的天价医院并不贵，相反她是说中国的药费对老百姓来说是很贵的。[①] 她说了那么多话却被网络断章取义单独拿出一句话来照放大镜，"选择性失明"体现了当前舆论环境的何其浮躁。这样的案例不胜枚举，高校管理者有点"秀才遇到兵，有理说不清"的无力感，所以他们以为多说多错，还是少说少错为好。大多数情况，在舆论危机爆发时，学校管理层并不是没有信息可以发布，而是没有意识到只要及时发布一条信息就可以平息事件。事实上，学生网民总是迫切地需要了解事情真相，但是来自校方的权威消息供应却往往总是短缺，这样就给各种路边新闻挪出了阵地，造成事实真相被混淆、遮蔽、消解，不实信息通过网络大肆传播，随着事态的发展、矛盾的激发，没有得到官方消息的舆情危机最后酿成严重的群体性事件。所以面对舆情危机，高校管理者要勇于介入危机管理和应对，不能自动放弃话语

---

① 邹建华：《微博时代的新闻发布和舆论引导》，中共中央党校出版社 2012 年版，第 75 页。

权，及时发布权威信息是控制事件发生过程中舆情危机升级的重要临界点。

三、事件再变临界点——是否妥善处置

在校园危机事件应对中，许多高校难改长期以来形成的舆情简单处置习惯：一是拖，无视学生网民的利益诉求，听之任之、漠然置之，任其发酵放大，反正新的热点来了网民就不关注了；二是堵，一些高校利用自身所拥有的媒体指挥权和信息处理权，对管辖范围内的校园 BBS、专题网站以及有联系的校外媒体噤声，让网络上的负面消息消失；三是删，利用技术手段对管辖范围内的舆论载体上的不利或负面信息统统删掉，有甚者联系删帖公司进行社会网站的"网络公关"。高校这种简单粗暴地应对危机事件方式，只会导致学校舆情危机压力有增无减，要知道当前中国互联网舆论平台已经十分发达，几十万甚至几百万的热门论坛帖子如何一一审查？校园里成千上万的自媒体用户如何一一规劝他们删除信息？转载信息的社会网站成百上千如何一一沟通？"经验证明，凡是引起社会重大关注和党政高层重视的事件，善后处理结果更为舆论关注"①，因此想通过"拖"、"堵"、"删"来一了百了是很难如愿的。一定要认识到，网络危机事件带来的不良影响不可能在一朝一夕消失殆尽，事件高峰之后的善后没有处理好，往往又会激发新一轮舆论风暴，因此妥善的事后处置是防止事件发生后再次变相的重要临界点。校园网络舆论一是比较关注善后的工作态度：学校进行善后是否积极主动、态度诚恳，是否出自于自愿而非源于外界的压力。积极进行善后而不是消极地封堵、删帖，可以有效平息舆论危机，挽回因负面事件而引发的校内乃至社会信任者群体的流失，预防事态的扩大，修复学校美誉度，为学校的长期稳定发展奠定基础，不留后患。二是比较关注善后工作的公平性：学校在善后处置中对待不同院系、年龄、性别、是否学生干部等背景的学生以及老师是否能一视同仁，如果在善后工作中不尊重公平原则，对师生区别对待，学校的公信力将会有严重损失。三是比较关注善后工作的时效性，事件原因调查结

---

① 薛大龙、马军：《网络舆情分析师教程》，电子工业出版社 2014 年版，第 42 页。

果公布以后，学校要及时履行善后，争取舆论的认可，最大限度地挽回损失，切忌拖沓慵懒。

第三节　回归真实生活理念

在校园网络舆论环境建设过程中探讨思想政治教育工作的有效性问题，事实上是拿出了一个具体的网络思想政治教育环境谈具体建设。网络虽然是虚拟空间，但是思想政治教育要虚功实做，回归真实生活。

一、马列主义思想的生命力在于回应社会问题

马克思主义经历了一个半世纪风霜雨雪的考验仍然保持勃勃生机，究其原因在于其始终具有强烈的问题意识，恩格斯说，马克思总是在"前人认为已有答案的地方，他却认为只是问题所在"[1]。在马克思看来，只有不断追问问题，才能更好地解决问题，这种使马克思主义保持旺盛生命力的"问题意识"，既来自对理论的批判、追问，更为重要的是对人类社会出现的新情况、新问题作出反思和回应。运用马克思主义思想指导校园网络舆论环境建设，也要有与时俱进的问题意识，要意识到校园网络舆论环境建设，不仅是网络社会的建设，更是现实社会的建设。网络舆情事件的产生是现实社会中各种矛盾和利益冲突在网络社会的延伸。"网络舆情建设是一个由外部引导到内生引导，由差异建构到共意建构，由表象参与到本质参与的过程，其目的在于加强社会动力，满足社会的利益需求，弥合现实社会和网络社会断裂所造成情绪波动现象。"[2] 因此校园网络舆论环境建设更重要的是校园现实社会建设，解决现实校园生活中存在的一些热点难点问题。部分非理性的网络舆论是对社会现实不满的反映，社会转型时期的利益矛盾冲突日益增多，具体

---

① 《马克思主义的生命力在于回应社会问题》，http://blog.sina.com.cn/s/blog_ed2a62500101
jk3o.html。

② 张春华：《网络舆情的社会学阐释》，社会科学文献出版社 2012 年版，第 182 页。

到高校改革发展中有招生中的暗箱操作、学术腐败、高校贪腐、教学质量差、师资短缺、就业困难等，这些矛盾和冲突无法通过正常渠道进行解决的时候，网络就成为一个发泄平台，由此出现的校园网络舆论青年群体极化现象也不可避免。再者在日常学习生活中，学生网民极有可能对生活学习、实践中的某些危及自身的危机及其压力，以及自我实现得不到满足等各个方面堆积起来的问题产生不满情绪和现实压抑感，而传统的媒介形式无法满足他们的发泄欲望，网络恰好提供这个舞台，从而形成了以叛逆为特征的校园网络舆论。由此可见，大部分网络舆论来源于现实社会问题，管理网络舆论不能头痛医头脚痛医脚地单纯控制网络媒介，更为重要的出路是解决现实社会中的实际问题，这就要求我们在日常校园管理中不遗余力地解决师生关心的问题，这也是构建健康向上校园网络环境的根本之道。①

二、意识形态建设需与日常社会生活紧密结合

开放的网络舆论环境，几乎所有的西方思想者都愿意将其视为自己知识产权的"跑马场"，开始竞相"跑马圈地"。青年学生如何面对这些纷乱的思想输入？如何在纷杂的观点中不迷失方向？如何帮助青年内化社会主义核心价值观？这些问题一直是中国社会主义建设需要处理的，而分析和处理这些问题需要思想政治教育发挥更大的作用。思想政治教育的生活化和隐性态理论告诉我们，"意识形态建设要获得成功就不能将意识形态局限在少数人的学术圈子里，也不能停留在口号宣传上，必须使其与日常生活密切结合起来"②。这就要求思想政治工作者要积极对大学生的现实生活转变作出回应，立足于国家乃至整个人类的现时代的生活实践，结合学校的具体生活实际，直面校园生活的新情况、新问题，有针对性地进行思想建设和品德教育，而不是向学生们传授那些与现实生活距离太远的陈旧教条与呆板规范。在充满

---

① 苗国厚、谢霄男：《高校和谐网络舆论环境建设意义、现状及完善策略探析》，《东南传播》2014 年第 6 期。

② 孟轲：《社会主义意识形态影响力面临的二大挑战与应对》，《思想政治教育研究》2008 年第 6 期。

活力的校园网络舆论环境中，意识形态建设更不能是宏大理论，而应该是生活叙事，还原生活面目，回到生活本真。因此，一个舆情事件发生后，价值世界支离破碎，我们要结合实际注重对价值体系的构建，避免只是在事实层面付出努力、采取行动、应对危机，而忽视价值层面的努力和建构，如信心、道德、礼法、正义、公平、信念等的沟通和共鸣。某某大学的"黄山门"事件爆发后，该校校长在与学生的座谈会上的讲话就很注重与实际生活相结合的价值引导。该大学校长表示："关于这次的黄山事件，我希望大家从这件事中吸取教训，我们应当遇事冷静，但不是遇事冷漠，冷漠就是无论事情跟你个人关系大不大，你都采取了高高挂起的态度，直至突破了道德底线。人不是计算机，人是有情感的，人做任何事都会带着情感，而所有的情感都必须在人类社会的道德底线之上。但是要知道，情感不是情绪，情感是公共道德条件下应该拥有的类似于亲情、友情等的真情实感。如果你丧失了情感，你就会用一些貌似理性的态度掩盖了你真正的判断力，你就会变成一个冷漠的人。"①

三、沟通讨论是思想政治教育的一种有效方式

有不少学校领导干部认为加强校园生活的社会控制，校园网络舆论就翻不起浪了，甚至用蛮横的语气对待学生群体和社会媒体的质疑，要知道在民主法治越来越进步的当代社会，对舆论进行公然压制是不可能的。由于每个人站的角度和立场不同、出发点不同、认识方式不同，因此对于同一个现象、是非如何，总会存在认识上的差异，正所谓"百花齐放，百家争鸣"、"事越辩越清，理越辩越明"，思考的重要方式就是争论，在争论中思考，在思考中争论，很多问题并非用是非曲直一种结论就能概括，观点碰撞和冲突有时反而会引发一场社会大讨论，从而发挥思想政治教育的功能。历史上关于"问题与主义"的争论、关于"真理标准"的大讨论、潘晓讨论等经验证

---

① 吕红胤、谢继华、王晓旭：《基于网络舆情引导的高校网络舆论环境建设研究》，电子科技大学出版社 2013 年版，第 135 页。

明，争论的过程本身就是最好的思想政治教育形式，因此对于校园网络舆论，高校也要有种允许争论的宽广胸怀。例如2013年北大卖猪校友回校讲创业事件，因干上杀猪一行而闻名的北京大学毕业生陆步轩，受北大就业指导中心邀请分享职业心得，"我给母校丢了脸、抹了黑，我是反面教材"，说完这句话，陆几乎哽咽，而这句话也引起校园网络舆论和外界媒体的广泛争议。根据采集事件不同时期的1000条网民评论，有学者分析了主要网民意见倾向①，"欣赏陆步轩的勇气，他的成功是北大的骄傲"占63%，认为"选择这种工作是浪费教育"的占14%；认为"现实的就业环境让人们很无奈"的占12%，认为"应反思应试教育制度，实践学习也很重要"的占11%。通过占大比例的网民倾向可以看出，广泛的争论让学生们在过程中更清醒地认识到学历只是招牌，有能力才是王道，而这比课堂上灌输该理念进行思想政治教育，效果显然强多了。这个过程其实是辩论对话的过程，学生们将各自认定的逻辑陈述出来，然后各方通过"正—反—合"的辩论对话对各观点进行质疑、释疑，最后尽可能减少分歧，就会得到一定程度的共识。进一步说，笔者以为，在校园网络舆论环境中，网络投票是常用的调查民意的方法，貌似公正，但不是真正逻辑思辨的结果，观点容易改变，当然我们不能忽略这种简单却重要的舆论表达权，对于比较复杂的问题，尤其是涉及思想层面、价值层面的，还需要更多的争论对话。

四、教育环境对思想政治教育模式具有选择性

思想政治教育环境论告诉我们，"思想政治教育环境与思想政治教育系统的主体、对象等各个要素发生作用，制约和影响思想政治教育的实施与效果"②。社会环境的变化，往往会引起思想政治教育发展方向、速度、规模、内容、方式等的改变。这就意味着，"与生物进化论相似，教育环境对思想政治教育有一种选择性，适应环境的思想政治教育模式和方法可以生存，不

---

① 陈华栋、张水晶、李敏妍：《教育网络舆情报告与典型案例分析（2013年度）》，上海交通大学出版社2014年版，第101页。

② 董平：《思想政治教育过程要素新论》，《长春工业大学学报》（社会科学版）2013年第6期。

适应的在竞争中则将遭淘汰"①。现时代校园网络舆论环境下，教育环境随着互联网的发展发生了变化，例如虚拟空间使学生以能动性、创造性、自主性等为内容的主体性得到发展，个性更为张扬；学生们在多元化意识形态和价值观念的冲击下价值冲突加剧，一定程度上导致了国家和民族观念的淡化；由于网络虚拟性、低限制性等特点，学生们在网络舆论环境中有很大的随意性和盲目性，自我约束力减弱，容易出现道德失范行为等。显然，这样的教育环境需要思想政治教育来开展育人工作，但这样的教育环境不适宜空洞说教和一味灌输。适应时代变化，思想政治教育模式必须与时俱进，适时地向多项互动、平等对话、促进生长等特质转变。例如，有学者提出了"基于校园网络亚文化圈的思想政治教育模式"②：一是内容中心模式，其主要应用于学校的正面宣传工作，作为事实类的新闻性内容要以及时性、客观性和真实性吸引大学生，特别要注意通过学校网站的权威性和公信力的优势，赢得广大学生的认同感；作为理论类的理论宣传内容要适应大学生接受方式的发展变化，始终保持对各类校园信息传媒的有效利用。二是媒介中心模式，师生关系场所适合作为正面教育工作的主阵地，熟人世界适合发挥学生的自我教育功能，公共论坛则主要用它发挥对于大学生思想和心理问题的疏通作用，并实现对大学生思想发展状况的动态监测，应对校内外突发事件的网络舆论危机等。三是用户中心模式，根据不同类型学生群体在媒介使用、信息内容获取、网络人际交往等方面的特殊性和差异性，选择相匹配的思想政治教育内容和方式。

五、思想政治教育要根据对象进行话语的转换

随着网络社会的凸显，传统的话语概念在互联网技术的嵌入和影响下得到进一步丰富和发展，"网络话语"成为一种新的话语体系。它不再限定为人们说出或写出的"语言"范围，"文本"含义也得到拓展，视频、图片、

---

① 王滨：《思想政治教育环境论——大社会视野下的思想政治教育》，同济大学出版社 2011 年版，第 46 页。

② 张再兴：《网络思想政治教育研究》，经济科学出版社 2009 年版，第 486—493 页。

音乐、表情符号以及声音、颜色、数字、标点、文本出现方式等都是"话语"。这种带有明显青年亚文化色彩的网络语言的主要使用者是当代青年大学生，从火星文到脑残体，从各路粉丝到各种哈族，由于网络不受身份、地位、阅历和社会关系的约束，他们在网络空间里自由驰骋，尽情表达。传统思想政治教育话语体系与新兴青年网络话语体系不对称，使得当前网络思想政治教育遭遇曲高和寡的尴尬。传播学原理告诉我们："当某种信息与接受者自身密切相关时，该信息才最能被吸纳。"[①] 马克思主义大众化理论也告诉我们，"马克思主义能否用群众语言被群众所掌握，能否改进其文本使其更加通俗，能否改革其传播方式扩大受众范围和受众对象，特别是能够起到回应效果，解开人们心中的疑问，这些都涉及回应的叙述方式和技巧问题"[②]。是僵硬的说教？还是启发式的引导？还是交流互动学习？为此，我们需要改变策略适应大学生在网络环境下的表达方式和接受习惯，实现教育双方的网络人际高效沟通。当然，需要注意的是，既不能自说自话，也不能取而代之：一方面，由于传统的思想政治教育话语语境严肃、内容陈旧、语词固定、形式呆板等特点，与网络话语体系中的多样化、娱乐化、不规范等特点大相径庭，如果脱离大学生网络舆论参与行为的实际，不顾及网络人际交往双方的理解差异，思想政治教育自说自话，依然喊口号，讲大道理，结果只能造成教育对象不予理睬，望而却步；另一方面，由于思想政治教育的党性和阶级性决定了思想政治教育话语体系政治语言风格特征，如果在没有把握好思想引领者角色的基础上，一味迎合青年大学生的亚文化话语风格而取悦他们，会落入世俗化乃至庸俗化，难以形成精神力量感染青年大学生，从而背离思想政治教育目标的价值旨归。所以对当前思想政治教育的话语体系进行创造性转换，应该从具体的对象出发，掌握不同的沟通和说服等大众传播技巧，区别话语使用的不同场合。

---

① 于丹：《让传统文化滋养我们的思想成长》，《文汇报》2007 年 3 月 22 日。

② 王滨：《对马克思主义回应时代问题的若干思考》，《思想理论教育》2011 年第 1 期。

第四节　目标指向善治理念

舆论是浮现于社会表层的意识形态，由于舆论调控的合法性通常是从统治权与意识形态之间的关系理论中寻找支撑，所以谈到舆论调控，过去更多的是一种维稳思维，强调的是一种外在力量的强加和制约，重心在于消减社会风险，维护社会稳定。网络社会的到来使得传统的单一问题控制模式遭遇舆情干预难题，如理论上学校里人人都是平等的媒体，但实际话语权并不平等怎么办？理论上高校管理者是校园网络舆论建设的主要责任承担者，学生作为校园网络舆论的主体，难道没有建设责任？越来越多的校园网络舆情与社会发生千丝万缕的联系，跨越了校园围墙，如何调控？这些问题启发我们在舆论环境建设的理念上，要对网络舆论有一个更加清晰的介入思路。能否将校园网络舆论的发生发展看成一个有机系统？能否促成学校管理者与学生对公共校园生活的合作管理？能否通过凝聚共生发展将实现校园建设的责任、角色和方法积极落实在校园网络舆论环境建设中？因此我们提出目标指向善治理念①，希望通过目标指向善治，激发校园内在活力，实现由内而外的规范建设。

一、旨在建设传播高校特色先进文化的前沿阵地

互联网空间的精神文化生活因信息技术的发达而越来越丰富。网络舆论环境建设与网络文化环境建设密不可分，因为这关系到网民对善与恶、真与假、雅与俗的甄别，关系到对网络行为的理性与感性、自律与放纵、主动与被动的选择。我们非常痛心地看到，"随着网络的媒体化发展，网络主流话语权已最终掌握到少数商业资本集团或资源掌控集团的手中，商业资本的天然逐利性以及政治信息领域的种种禁忌，必然促使低俗化、娱乐化信息

---

① 张春华：《网络舆情的社会学阐释》，社会科学文献出版社 2012 年版，第 230—233 页。

的泛滥，低俗消费主义横行网络，可以说这是一种网络原罪，又是一种无奈"①。区别于社会其他领域，高校自诞生以来，就是大量科技、文化精英的聚集地，其人才培养、科学研究、服务经济社会发展、文化传承创新四大职能，注定其成为引领社会文化的先行者。而校园网络则是高校特色文化传播的最好工具，它包含众多学科领域，集孕育人才、精神建构、学术研究、科学发现、技术发明等于一体。因此，我们以为校园网络舆论环境建设应该站在更高起点上，不仅要能承载学校思想传播、文化传承、道德教育、娱乐审美等精神文化活动，成为高校师生精神生活的重要园地，更要能发挥其辐射社会的作用，成为网络世界弘扬祖国先进文化和民族优秀文化的一个重要堡垒。善治理念强调共意整合，"在资源整合的价值统领下，将网络社会的文化、信息、规范进行整合，形成以主流价值观为统领的百花齐放的网络文化氛围，以及行之有效的建设秩序"②。高校校园网络舆论环境要充分挖掘整合教育资源、师资优势、育人力量，一方面，不断拓展自身的文化内涵，使高校的网络文化在社会主义核心价值体系的指导下，宣传科学理论，倡导科学精神，塑造美好心灵，弘扬社会正气，引导人们树立正确的价值取向、积极的社会心态、高尚的道德情操；另一方面，承担惠泽民众职责，向社会传播其科学、民主、创新的精神理念，开放、平等、自由的学术氛围以及浓厚、高品、独特的文化底蕴积淀，"为社会发展进步提供正确的价值观念和舆论支持，扩大社会主义核心价值体系的影响范围，提高社会思想文化建设的整体质量"③。

二、旨在建设提供参与高校民主管理的有效平台

随着社会的发展、法治的健全，中国人民的主体意识、民主意识也不断增强，当师生面对不合理的规章制度、政策措施，遭遇不公平、不透明的

---

① 喻国明：《中国社会舆情年度报告（2011）》，人民日报出版社 2011 年版，第 300 页。
② 张春华：《着力促进网络舆情的良性发展》，《贵州日报》2012 年 10 月 23 日。
③ 徐建军、胡杨：《以社会主义核心价值体系引领高校思想文化建设》，《思想政治教育研究》2008 年第 2 期。

偏袒做法，如果校园网络舆论环境不提供申诉渠道，他们只能诉诸外界传媒，将声音无限放大以影响学校管理层面，因此关闭网上言论通道，看似校园和谐稳定，实则危机暗流涌动；如果校园网络舆论环境能提供一种民主协商的平台，学生们就能在公开决策前参与公开的协商讨论，既自由表达自身的偏好，又倾听他人的不同观点，经过理性思考，实现偏好的转换，从而达成共识，为校园的和谐稳定提供了可能。善治理念强调共同建构，校园网络舆论环境建设不仅是现实社会建设体系的延伸，又架构了新的社会建设框架，将网络舆论建设纳入现实校园教育管理的建设体系势在必行①，所以我们以为校园网络舆论环境应该建成能让学生参与高校民主管理的有效平台。2013 年某某大学的校园网络舆论围绕学生宿舍装空调的话题热闹非凡，有的人极力主张装空调，因为夏天太热冬天太冷，天气条件对学习效率影响很大；有的人反对装空调，过去几十年的学长学姐如何度过大学，战胜恶劣天气环境也是大学应培养的素质能力之一；有的人担心一个宿舍四个人如何平摊空调使用的电费；有的人怀疑宿舍空调享受舒服，学生不爱去教室自习怎么办；有的人认为安装空调后，宿舍里有的成员想制热，有的人觉得太热又怎么办；空调到底是学校购买好还是学生凑份子好，毕业了怎么办，搬宿舍了怎么办；空调租赁的话，到底划不划算，坏了怎么赔偿。学校校务会议准备拿出大笔经费支持学生宿舍安装空调，但是害怕好事办坏，如果花了钱仍然各类投诉、抱怨接踵而来那就得不偿失，于是学校先后三次进行网络问卷调查，并通过学校官方网站、某某 BBS、某某大学百度贴吧、微博群、微信群等广泛征集学生意见，反复修改空调安装方案。由于事前、事中、事后都做好了舆论准备，给予学生充分的表达自由，看似热闹的舆论场以为会掀起一场大仗，但直到空调安装完毕后开始使用，整个过程都平稳和谐，校园网络舆论环境由之前的各种抱怨转为各种顾虑再转为各种如何更好使用的建议。网络舆论通过无数回合的针锋相对、唇枪舌剑完成了网络协商，进而促进了校园各派意见沟通与互动，协商的过程体现了被建构的舆论

---

① 张春华：《着力促进网络舆情的良性发展》，《贵州日报》2012 年 10 月 23 日。

和自在的民意。

三、旨在建设促进青年学生自我发展的广阔空间

善治理念强调公共参与。校园网络舆论环境治理是学校有关职能部门的主责，但培养适应社会发展、引领社会进步的人才更是学校的根本存在意义。教会学生如何在网络舆论环境场里发声与奏唱、生存与发展能为日后学生们走向社会网络舆论场奠定良好基础。而这种学习过程如果是体验式的、实践式的、真实场景式的，则会更能调动学生的主体性，让学生受益匪浅，毕竟授人以鱼不如授人以渔，于是学校管理者与学生共建共管的公共参与就出现了。① 这样也就意味着学生们在进行校园网络舆论行为的同时，还能参与校园网络舆论环境管理与建设，具有独立思维能力的大学生在这个过程中的成长价值与潜能是值得挖掘的，所以基于此我们提出校园网络舆论环境的建设目标应该包含促进青年学生自我发展之义。一些持传统观念的人认为，"新媒体条件下的校园网络舆论不可避免地对大学生的理论思维能力产生抑制和弱化作用"②，例如微博因所受外在约束微乎其微，人们的表达变得随意和简单；微信上的感官刺激与快餐式对白也可能使人们的思维越来越平面化，情感越来越肤浅；匿名的 BBS 上如果肆意谩骂成了习惯，将会导致大学生缺乏责任感，变得淡漠、孤僻等。我们以为思想政治教育的主要任务是引领人们树立社会主义核心价值观，而这个帮助内化的过程主要是培育学生自我教育、自我生长的能力。当然，校园网络舆论环境中的思想政治教育不是课堂上"教"那么简单，而是"伴随成长"，"与学生共荣共处，达到心灵的沟通，使教育无时不在，无处不在"③，在投入全身心的伴随中用一种润物无声的方式让他们接受。因此健康向上的校园网络舆论环境并不是把学生培养成毫无痛感的橡皮人，抑或是盲目发表意见的网络喷子，而是在其参与校园网络舆论行为中帮助其确立自我判断、自我选择的能力，最终达到自我

---

① 张春华：《网络舆情的社会学阐释》，社会科学文献出版社 2012 年版，第 231 页。

② 田月：《新媒体时代高校德育资源的整合研究》，西南大学硕士学位论文，2010 年。

③ 于丹：《让传统文化滋养我们的思想成长》，《文汇报》2007 年 3 月 22 日。

生长的目的。倡导目标指向善治理念，不能停留在旧有的观念和基础上，必须从教育主体着手，广泛调动他们的参与性，让学生在参与自建网络、维护舆论平台的过程中，逐步意识到自身的责任和义务，在具体实践中延展他们对网络运行规律和信息管理制度的学习与认识。进一步说，从善治角度看，校园网络舆论环境以丰富的信息和多样的功能为大学生提供了无数选择的机会，于是为大学生个性化发展提供了可能。而个性化使得大学生能还原为自己，并在自己的基础上实现突破，在参与校园网络舆论环境共同建设中实现发展，这不是简单化、刻板化的统一塑造，而是参与性、合作性的自我成长。

第六章　高校校园网络舆论环境优化途径

进入网络时代，网络无孔不入，它不是一个载体，而是一个空间，是我们赖以生存的社会，是我们生活的环境，因此人与网络的关系就成了人与环境的关系，一种共生关系，不能只知道利用它，还要建设好它。总体上看，校园网络舆论环境建设是一项非常复杂、非常艰巨的工作，牵涉多方利益和资源，因此优化方法体系将以优化主体、优化客体、优化介体、优化系统为研究对象，探讨方法的性质、作用和特点，探讨各种方法之间的联系问题，以期提高网络思想政治教育的有效性，扩大覆盖面，增强影响力。

第一节　优化主体：共同参与

如前所述，在校园网络舆论环境中，主体包括了学生、教师、管理机构等，基于研究主要从加强大学生思想政治教育角度展开，前面的讨论中主要研究了学生作为主体在校园网络舆论环境中的独特表征。但谈到环境建设，从实际工作角度而言，目前更多的是学校管理层、政工队伍、专业教师等唱主角。思想政治教育生活化理论启示我们，思想政治教育要从抽象的人回到现实的人，回到日常生活中去，关注受教育者的人格完善和能力发展，同时通过弘扬主体性，引导他们自主探索与主动创造。因此我们认为在全媒体时代的校园网络舆论环境里，学校的一个重要职责不是传统意义上的包办和颐指气使的统一口径，而是充分调动学校全体成员的力量和智慧，通过建立规则让他们共同参与到校园网络舆论建设中来，使他们在校园公共领域享有更多的发言权、决策权和自我控制权。

一、传统主角：统筹专门队伍建设

校园网络舆论环境的主体首先是网络舆论的管理者。我们认为优化主体首先要统筹网络专门队伍建设。所谓"名不正则言不顺"，仅靠学校战役式的"临时工作小组"解决问题，遇到网络舆论危机事件只能是杯水车薪，学校领导和职能部门的工作人员疲于奔波，费尽心机，即使如此，也没有把握能否赢得和网络舆论之间的赛跑。

在高校与网络舆论环境建设有关的职能部门有很多，宣传部、学校办公室、网络中心、信息中心、学工部、后勤部、保卫处等，但大多数高校没有明确的职能部门负责牵头网络舆论环境建设，以至很长一段时间笔者参加教育部思政司召开的校园网络舆论环境建设有关工作会议时，看到与会者身份五花八门，学校办公室主任、宣传部长、学工部长、团委书记等。学校没有统一的校园网络舆论信息工作标准和平台，这样高校各部门之间舆论信息共享程度低，信息的预警能力较弱，处置水平也较低。所以学校要发挥统筹协调作用，把高校网络建设和管理工作摆在加强和改进校园网络舆论环境建设、推进校园网络规范有序运行的重要位置，进行全面规划、整体部署。2013年教育部、国信办发布的《关于进一步加强高等学校网络建设和管理工作的意见》明确要求："各高校要建立由学校负责同志担任组长的工作领导小组，完善党委统一领导、党政齐抓共管的工作格局，明确党委宣传部门对这项工作的牵头职责，充实工作力量，会同学生工作部门、信息化建设部门抓好组织实施。"在这个文件指导下，高校首先要建立健全校园网络舆论环境建设的组织领导体制，将各方面的人力、物力、财力和各种资源等有效组织起来：宣传部负责总牵头，制定学校网络舆论环境建设规划，针对网络舆情危机事件进行决策并统一指挥，督促建立健全相关制度保障体系，制定应急预警方案并抓好落实等；学生工作部门要发挥组织优势，加强学生网络思想政治教育、学生网络舆论载体的管理和网络资源的开发利用；技术管理部门和保卫部门要加强网络建设、维护及安全管理，有条件的还可以推进有关软件开发；学校其他部门也要着眼于本部门网络资源的开发，本部门的网络思想政治教育和安全管理工作。明确这个领导小组不是临时工作小组，而是日常工作的常设机构，要保证小组成员内信息沟通渠道迅速快捷、畅通无阻，要按期举行联动会议，部署任务和协调解决建设中出现的问题。只有各方面的力量调动起来了，形成指导有力、师生参与的局面，才能保证全校网络舆论的正常发展。

在统一的组织领导体制下，要立足全员育人，充分发挥校园网络舆论环境优化主体的作用，推进各类专门队伍建设。[1] 一是组建网络建设队伍。广大学生既是网络资源的使用者，又是开发者。学校要积极鼓励学生自主开展多种网络新媒体应用，每年投入一定的网站维护费，组织学生勤工助学，参与网站建设和维护工作；同时学校要设专岗专人负责网络内容建设，配备专职人员带领学生一起负责校园网站编审。二是组建网络策划队伍。学校要注重整合各种学生组织资源，建立绿色网络文明活动学生策划委员会，构建合理有序的宣传策划机制，由他们牵头策划，动员所在学生组织定期开展健康向上的校园网络文化活动，如网页设计大赛、网络文化工作室、网上辩论赛、网络征文等。三是组建网络监管队伍。选拔一批政治可靠、熟悉网络环境的专职思想政治工作干部和学生骨干担任网络信息员，按期排班，全网监控，汇集研判网上师生思想动态，及时发现处置网上不良信息，并对网络舆论动态进行分析、研究，定期将相关工作产品如舆情动态、案例分析等向有关部门报送。四是组建网络评论队伍。一则主动建立系统队伍，选拔思想政治素质高、网络技术熟练、文字表达能力强的思想政治教育专家、学生工作教师、专业研究生、优秀本科生等构建四级校园网络舆论环境志愿环保队，在网络平台上就学校师生集中反映、议论的热点焦点问题积极评论、转发。

---

[1]　参见徐建军、胡杨：《三力合力优化高校校园网络舆论环境的操作模式》，《中共贵州省委党校学报》2013 年第 5 期。

二则主动挖掘志愿者资源，在日常工作中注重寻找思想觉悟高、在网络上比较活跃、具有一定网络影响力的专业教师或学生，培养他们在网络舆论环境中成为"意见领袖"，从而增强舆论引导的有效性。三则主动建立激励机制，让学校里的宝贵高端人才资源参与到网络正能量的弘扬中来，学校里的院士专家、学科带头人、教学能手、科研大牛、学生最喜爱的老师等的言论能增加网络评论的公信力。当然这一点很难做到，毕竟他们更关注学术科研教学等方面的工作，但还是要相信一点，只要工夫深，铁杵磨成针。五是组建网络研究队伍。要凝聚一批专家学者，创建各类研究组织，让他们真实介入应对舆情危机管理的规律探索中，通过集体智慧和专题公关指导解决目前和今后一段时期校园网络舆论环境问题。当然也期待这样的研究能为更高层面、更宽视野的战略前沿提供思路和视角。① 在当前如火如荼的高校综合改革中，如果有学校能重视这一块的实际社会作用，创新性地将优秀网络文章纳入科研成果统计、教学工作量等，让他们干事有条件、发展有空间，最大限度地调动他们的积极性，那就令人兴奋了。

高校网络舆论环境建设工作，从某种意义上而言，是一项政策性很强的工作，网络舆论的监测与引导也是一项挑战性很强的工作，因此各类专门网络工作队伍，尤其是前四类主要由学生参加的工作队伍，要特别注意选任、培训和管理，站在舆情制高点上，如果自身不遵守纪律制造舆论事件，那将比一般舆情更加棘手。在选拔方面，网络专门队伍必须要求思想合格、政治可靠，具有大局意识、组织纪律强；富有使命感，热心服务于高等教育的改革的发展；了解掌握基本的法律知识和政策规定；了解学校的基本情况，熟悉大学生思想政治教育的基本方法；有较强的信息获取能力和信息处理能力；熟悉校园网络舆论环境，熟练使用学生们常用的新媒体平台和软件；善于运用网络话语体系；具有良好的心理素养等。在培训方面，既抓日常，也抓事前，方法灵活多样、因地制宜，案例分析、实战演练等方法只要能让队

---

① 陈华栋、于朝阳、胡薇薇：《国内外网络文化建设管理模式比较分析与借鉴思考》，《思想理论教育》2010 年第 17 期。

伍迅速成长起来都可以采用。培训的内容包括工作意义；校园网络舆论环境各要素特征；相关法律、法规及研究成果；新闻业务知识；舆情研判和舆论引导技巧等。有条件的学校还可以培养一些骨干进行"网络舆情分析师"的考核认证，增强舆情工作的专业性。

需要注意的是，校园网络舆论环境是全天候也是全时空运行的，各类专门队伍在舆情监测、舆情研判、舆情联动工作中是互相配合的，甚至可以再组团队。例如"平安北京微博目前 8 人 24 小时值守，其微博管理团队有 8 名专职民警，除了每天负责平安北京的博客、微博和播客维护外，还要兼着一些公安的外宣工作"①。这个公安网络舆论环境建设队伍配备的经验值得校园网络舆论环境建设借鉴。

二、新兴主体：加强用户网络素养

"互联网＋"风起云涌，在大变革的时代背景下，如果仍然称校园网络舆论环境里的学生群体为受众的话，显然不合时宜了。他们已经不是单纯的舆论接受者，同时还是制造者、传播者，笔者以为称为"用户"更加适合其主体地位。从受众走向用户，一则考虑受众是整体的，用户是个人的，显然这个自媒体横行的时代，个人要素更为凸显；二则考虑受众是静止的，用户是动态的，传统媒体占主导地位，信息反馈要经过一段时间后才能调查得知，而大数据时代则让用户的反馈动态高频；三则考虑到受众是松散的，用户尤其是校园网络舆论环境中的用户由于象牙塔而生的社群以及在其范围内的各类次级社群使其关系较为紧密，这种关系远超受众关系。当然，不可否认，由于我国媒介素养教育起步较晚，网民的媒介素养整体水平不高，这当中占大多数的大学生网民在网络素养方面问题也比较突出，优化主体应该加强网络素养教育。

第一，要树立网络道德意识。大学生在参与网络舆论行为过程中造谣、

---

① 蒲红果：《说什么　怎么说　网络舆论引导与舆情应对》，新华出版社 2013 年版，第146—147 页。

诽谤、泄密、知识侵权、发泄私愤、进行人生攻击等都属于不良网络道德行为。在开放的网络舆论环境里，网民能否杜绝道德失范行为，这是对网民道德自我意志力的考验。为此，其一，必须建立正确的主体道德意识，突出网民在网络道德中的主观能动作用。所有的学生网民都有共同利益和需要，要让他们充分意识到建立健康的网络舆论秩序符合共同利益。"一定的道德体现着自身的需要，认识到他人利益、公共利益与自身利益的根本一致性，这是我们立身处世的根本，只有怀着这种认识前提，我们才能够自立规范，身体力行，在实践中追求高尚的道德情操。"[1] 其二，勿以恶小而为之。正所谓"滴水成溪，聚沙成塔"，心中偶尔闪过的一些恶念（如在网络上对某个挂过自己科目的老师进行吐槽谩骂）或是不经意间犯过的小错（如没有核实信息真伪对奖学金评定存在猫腻的消息进行转发），如果不加克制，一次次地放任自己，内心的正义感、荣辱观、羞耻心会慢慢动摇，界限模糊，最后意志消磨，良心泯灭。其三，不要以道德的名义绑架道德。"5·12汶川大地震后，重庆某学院旅游系一名叫'Die 豹'大三学生网民，因为在网上发表伤害人感情、不合时宜的言论成为网友人肉搜索对象，很快'Die 豹'的各种真实资料被公布在网上。随之而来的是她本人及其家人不断受到骚扰与威胁以致她不得不休学一年。"[2] 这种以道德名义审判他人不道德的人肉搜索行为，实际上自己已经不道德了。其四，增强自律的道德诉求。校园网络舆论环境中有一种矛盾现象，有不少人一边抱怨别人不理性，一边自己跟着论坛后面留言脏话；一边谴责他人人身攻击，一边自己发泄私愤；一边责怪他人轻率地指名道姓猜想，一边自己不假思索地转发。这种将道德的手电筒只照别人不照自己的心态，与网络道德的精神实质背道而驰。网民的网络不违规、不失范，最终取决于网民的道德自觉性。许多90后的青年大学生可能习惯于反抗他律，殊不知，若缺少自律，无论是微博还是微信都会丧失自由空间，我们更希望坚持网络道德慎独，帮助学生自己由"他律"走向

---

① 曾长秋、万雪飞：《青少年与网络文明建设》，湖南人民出版社2009年版，第201页。

② 曹茹、王秋菊：《心理学视野中网络舆论引导研究》，人民出版社2013年版，第308页。

"自律"。

第二，要弘扬网络理性精神。在网络上有这样一种说法，用来描述当前网络舆论环境中言行让人失望的一个侧面，觉得比较恰切："听一半，理解四分之一，零思考，双倍反应。""四个动词及四种程度，勾勒出一条行动链。从听到理解，由理解而思考，这应该是一个逐渐内化也逐渐深入的过程，但与之相应的程度却在递减，从一半到四分之一，由四分之一而归零，这实际上呈现出一种智力上的递减。接下来，从思考到反应，则是一个外化的过程，而与之相应的程度在成倍膨胀。缺乏理性考量的这种释放过程，无疑是不谨慎的，甚至可能是危险的。"① 为此，弘扬网络理性精神，要引导大学生建立正确的网络认知体系，要意识到网络的发展和应用最大的成功不仅在于技术层面，更在于人文层面，网络不仅实现了便捷通信和资源共享，更重要的是它是一个新的文化平台和交流平台。要增强学生对网上有害信息的甄别、抵制、批判能力，对网络上的信息缺乏理性的甄别、批判意识，不能有选择的接受，一旦错误信息进入大脑，行为就可能随之走偏。要引导大学生意识到网络自由与网络责任对等，权利与义务、自由与规则是网民应遵守的基本准则，"一旦进入权利无限化的时候其实距离权利丧失也不远了，因为无限的权利和绝对的自由意味着对他人权利剥夺"②，对他人自由带来损失甚至灾难，网络暴力即源于此。要引导大学生认识到网络舆论行为与其他言行一样是在和谐稳定的社会主义中国大背景下进行的，个人私权的伸张不能以侵害公众权利、国家安全利益为前提，受过高等教育的青年知识分子应该拥有更大的胸怀、更高的眼界，凡事以大局为重。在具体的网络舆论行为中，例如，当面对令人激动的不同意见之时，要保持理性不当骂客；当与人争执不下之时，要保持理性不能搞人身攻击；当发表对某个热点事件看法时，要保持理性不能立场先行；当自己的原创或转发信息与事实有出入时，要保持理性及时澄清，主动承担传播错误信息责任；当关心突发事件情

① 徐百柯：《网上行事切忌"智力递减"而"暴戾递增"》，《中国青年报》2012 年 6 月 5 日。
② 公方彬：《全球网络博弈中的国家意识与个人理性》，《北京日报》2013 年 9 月 16 日。

况时，要保持理性及时刷新来自权威信源消息的进展，不因片面失真而误导他人。

第三，要做好网络心理调适。在校园网络舆论环境中，由于各种主客观原因，大学生容易出现心理认知偏差，[①] 如个性张扬，倾向逆反权威：有些大学生不仅乐于展现自我风采，勇于表达自我见解，而且总是喜欢干些成人或社会不期望的事，体现一定的逆反心理，如对政府决策、专家观点、官方表态、富裕人群容易倾向于通通持怀疑态度，"拍了砖"再说；对社会上的阴暗面，喜欢以"局外人"身份恶言谩骂；对先进典型形象，戴有色眼镜，乐此不疲地挖掘背后不光彩行为。再如，思维定势，喜欢泄愤吐槽：对于有一定社会生活阅历但并不多的大学生而言，遇事思考常常会因"简单思维"、"惯性思维"、"经验思维"等因素导致思维定势。如媒体热衷报道关于"房价"的负面新闻后，引发网络晕轮效应的出现，毕业即将有购房需求的大学生更是容易对"房价"相关事物形成厌恶的情感，出现此类新闻、话题、政策时，就会一边倒的持反对、质疑的声音。加强网络心理调适，首先要加强心理素质教育，改善心理品质。要让大学生掌握基本的网络心理知识，这样可以预防常见的网络心理问题。帮助大学生树立正确的人生观、世界观、价值观，因为三观属于个性心理品质的范畴，是一个人的总开关，决定一个人为人处世的基本方向。毫无理由地质疑一切，判断先于思考的反抗管制，并不意味着真正的独立精神。大学生学会了分析问题、解决问题的科学方法，才能增强抵御网络舆论环境负面影响的能力，不被舆论左右，实现网上自我教育、自我约束和自我保护。其次，倡导健康生活方式，疏解心理压力。身心健康的生活方式不仅可以缓解现代社会竞争给大学生的压力，成为快节奏生活的心理调节器，保持心理健康；同时还可以让大学生反复体验自由开放的心态，净化心灵，与人和睦相处，使其更能平和地看待问题。最后，要养成良好的参与网络舆论行为的习惯。在参与网络舆论表达时要养成这样的习

---

① 参见胡杨、徐建军、张宝：《社会认知心理学对校园网络舆论环境优化的启示》，《现代大学教育》2013 年第 3 期。

惯：先冷静下来，再尽可能听完整，然后尽力理解，沉下心来深度思考，最后再表现出有节制的反应。

第四，要加强网络法制教育。由于网络的法制规范管理还处于初创阶段，许多不法行为还一时难以管控到位，以至有不少学生天真地把网络当作世外桃源。实际上，每个人在网上的言行都是有记录的，每个人的 IP 地址都是可查找的，当需要落地查人的时候，学校虽然没有权限，但可以联系网络管理部门或者网络警察，几分钟内就可以锁定并找到 IP 的实地地址，并找出其网络舆论行为记录，所以不要以为通过不停地"换马甲"，随便编瞎话造谣，随便恶意诽谤攻击，只要关了电脑一切都会归零。"2009 年重庆某大学土木学院本科生皮某听说家乡永川区有人好像用毒针扎孩子，随即在百度'重庆吧'以'我热，针刺事件居然闹到重庆了'为题发帖，引起许多网友关注和跟帖，一些不明真相的网友将此帖转发至其他论坛，消息很快在该校部分学生中传播，并引起一定程度的恐慌。皮某不知道这一随意行为触犯了法律，他在网上发帖只是想提醒同学注意安全，但重庆是否发生针刺事件，他并不清楚。因这个虚假帖子，皮某被重庆市公安部门依据《中华人民共和国治安管理处罚法》，给予拘留三天的处罚。"① 网络社会和现实社会一样，应遵循国家制定的法律法规，互联网上传播谣言行为如果触犯了法律，同样要受到惩处。加强网络法制观念，一方面，要利用课堂传授网络有关的法律知识，培养学生的法制观念。发挥思想道德修养与法律基础课等主渠道作用，将网络法制教育纳入课程教育，通过情景教学和案例教学，使学生把握我国基本的网络管理法规，自觉遵守网络规范。另一方面，要广泛宣传并严格执行网络纪律管理制度。高校要将不良网络舆论行为纳入校纪校规的管理范畴，同时应采取多形式、多渠道、全方位的宣传推广校园网络管理制度，以提高学生的网络安全意识，主动做到不造谣、不信谣、不传谣。当然，在遵守相关法律法规的框架内，在辅导员谈话帮扶等工

---

① 《一名大学生与一则"重庆针刺"网络谣言》，http://www.cq.xinhuanet.com/2009-11/06/content_18156595_1.htm。

作跟踪到位的基础上，对于违反网络纪律制度的学生施行一定的教育和惩罚是必要的，这有利于学生认识到自身网络舆论行为的危害和后果，从内心认同学校管理制度。

第二节　优化客体：加强调控

校园网络舆论作为校园网络舆论环境当中的客体，从优化角度而言，就是要在环境建设的目标指向下遵照一定规程进行调控。网络舆论调控常常被理解为"上网发帖"，这未免太狭隘，其实网络舆论调控是一个系统工程，涉及舆情的发现、研判和报送以及有害信息的控制与删除、正面信息发布和积极意见互动等。其中监测体系在调控规程中位于前提和基础位置，引导方法则是调控的核心与手段，技术控制则在一定程度上能增加调控的精准性与快捷性。

一、监测体系

校园网络舆论监测的实质就是为了尽早发现危机苗头，避免信息不对称，因为只有早知道才能赢得主动，发现晚了甚至事件已经不可收拾了才知道，处置难度就会增加。当然在高校做思想政治工作还会经常遇到，有些危机苗头自己还没发现，国安部门、公安部门或是上级教育部门就传来讯息了，但这样的舆情发现方式还是会让高校比较被动。无论是高校自己组建队伍进行监测，还是委托第三方进行监测，我们以为监测体系的设计应该包括以下三个方面。

第一，发现筛选。敏锐地发现并筛选校园网络舆论信息，是全面、准确和有效地掌握高校网民思想动态、洞悉危机事件萌芽的第一步。首先，要了解信息关注点。如果只是校园网里的内容，显然好办，但是如前所述，无论是新媒体的介入还是移动互联网的传送，校园网早已不是有围墙的象牙塔。在全网条件下，面对浩瀚如海的网络舆论信息，哪些是我们校园网络舆论环境建设的监测对象呢？就舆情信息而言，主要分为三类：新闻事件、公共话题和热点社会现象。我们以为监测触角主要可以放在反映与高校有关的敏感性事件、反映高校相关人员尤其是学生的思想动态、反映社会人员对高校某些事件或政策的集中性大规模网络讨论以及反映涉及学校人事物的热点社会现象等上面。其次，要掌握信息收集方法。一方面是浏览。因高校网络舆情工作重点在校园网，兼顾社会网和境外网，根据更新速度和关注内容不同，可以采取活跃 BBS、微博、SNS 逐一排除，热点网站、博客、微信公众号分时段排查，一般网站常规排查等方式。这当中即时通信也不能忽略，"一个网络舆情监测者只要参与 10 个以上的每个不少于 50 个网友的 QQ 群的话，基本上每天发生的大家关注的事情，都可以知道"[①]。当然所谓排查，人工不可能一条一条信息去勾选，浏览可以借助论坛首页推荐、门户网站新闻排行榜、论坛 BBS 热帖排行榜、博客标签排行、微博话题榜、人民网舆情频道排行等进行筛选。另一方面是搜索。这种方式又可以分为两个具体方面：一是人工利用现有社会上的搜索引擎技术进行信息检索，目前国内主要有百度、中搜、搜狗、有道等搜索网站，而百度是全球最大的中文搜索引擎网站；二是开发使用适合学校的个性智能搜索软件平台自动适时抓取，这部分内容将在技术控制一节里再讨论。这里提出的是，要掌握一些技巧，用活搜索工具。其一，不同的搜索引擎搜出来的东西是不一样的。[②] 其二，合理运用关键词拆分组合进行多维度搜索。关键词的提炼和使用需要网络监测队伍根据经验进行合理联想。其三，对于特别敏感的人物或事件进行多种文字或语义组合变种的搜索。因为很多敏感的"人"、"事"善于伪装和隐藏，如有些人用正常名字搜不出来，但用拼音就能搜出来；有些事件用准确表述搜不出来，但用事件的代号却能搜出来。此外，还要实时关注各大网站的搜索热词，网友的力量是强大的，大家都来搜这个事儿，其实就反映了舆论的一

---

① 蒲红果：《说什么　怎么说　网络舆论引导与舆情应对》，新华出版社 2013 年版，第 74—75 页。

② 参见王俊程：《搜索引擎的种类与使用技巧》，《硅谷》2008 年第 7 期。

个趋势。最后，要明确舆情价值标准。一是重要性。所谓重要，就是看其是否涉及学校整体形象，具有或导致重大影响或严重后果等。一般而言，涉及高校校园安全、稳定的信息，关乎学生意识形态的言论，社会上对高校人事物的评论等比较重要。二是典型性。如果一个点的事仅代表一个点，那就没有代表性；如果一个点的事能呈现由点及面的问题，那么它就具有典型性。例如 2009 年的罗彩霞被冒名顶替上大学事件以及其后爆出的一系列冒名顶替事件。三是倾向性。如果信息能反映出某些事件及大学生网民态度中的思想倾向和苗头问题就值得关注。例如 2009 年某地打砸抢烧严重暴力犯罪事件，引起高校学生网民的热议，在悲愤之余，学生的讨论集中在对不法分子的严惩方面。

第二，分析研判。对监测得来的舆情信息进行认识、分析、研究和甄别是分析研判的过程。网络世界鱼龙混杂，任何参与网络社会的人都很难保证自己在未经验证的网络消息面前首先确认真实性，很难保证在某些跟自己生活遭遇有关的事件当中不被一些"印象"、"成见"所干扰，很难保证在弱势群体声嘶力竭的呐喊中扪心自问他们的需求是否有不合理的成分。[①] 舆情分析研判需要更加清醒的思维和运用科学的理论和方法，分清虚实，去粗取精，去伪存真，抓住要害，形成判断。无论是个人层面、社会层面、价值层面的思想动态，还是网络参与行为与习惯，抑或是主流媒体舆论引导力等，都是我们在校园网络舆论分析研判中需要综合考虑的。分析研判主要有三项基本任务：一是鉴别信息真伪。方法主要有：看信息来源是否权威可靠、推理信息细节是否符合逻辑、依靠众所周知的常识经验判断是否为真等。例如 2007 年 11 月，传言有 3 名男青年进入某某大学校园扎针传染艾滋病，有 2 名学生被扎，许多学生晚上不敢去上晚自习，还有很多学生干脆买方便面充饥以避免出去的危险。谣言一经传出，让大学生们惊惶不安，并迅速波及某某师范大学、某某市职业技术学院等高校。这个舆情之所以判

---

① 参见《舆情分析师如何传递正能量》，http：//www.chinadaily.com.cn/hqgj/jryw/2013-09-12/content_10095759.html。

断是假消息，是因为近年来社会上有关类似新闻事件告诉我们形成一个认知，那就是此类案件所用的作案工具不会传播艾滋病病毒，"犯罪嫌疑人以用针扎人来传播艾滋病病毒，纯属骗人吓人，制造恐慌。艾滋病病毒离开人体一分半钟后因血液凝固就会死亡，除非病毒携带者现场抽血后立即大量注射给他人，否则用扎针的方式很难传播艾滋病病毒"①。二是看当前关注度。现在一般新闻和帖子都会显示其浏览量、回帖量、转发量、点赞量等数据，这些都能显示舆情的关注度和影响力大小。当然舆情分析中，重视已经发生的事，比过度关注言论更重要。三是把握苗头趋势。实际工作中，舆情分析研判最关键的就是要准确判断舆情变化的走势。重视趋势，把握苗头，要注意总结特征规律，但绝不是简单脉络梳理。这个过程中有三个变量可以帮助我们判断趋势：时空，如舆情是否发生在敏感时间和重要地点；民意，如网络舆论的倾向性以及媒体报道和评论的倾向性；社会联系，如学生这项活动背后有没有被某种势力利用的可能性等。同时还要特别做到注意区别不同层次舆情态度。例如某校发生学生被校外人员进校伤害致死事故，事件中死亡者家属同现场其他当事人的第一反应和关注的问题肯定是不同的，该校学生、职能部门以及社会公众的第一反应和关注的问题也是不同的，那么如何反映舆情？最好的办法是分层次反映，将不同群体的反应收集起来，形成各方意见、意愿的集合，只有这样才能完整地反映出事件引发的民意取向，更好地研判网络舆论发展方向。这样哪怕某个校园涉事群体的反应在总体舆论量中比较小，但作为代表一个派别的声音，也会被采样。

第三，传递报送。做好了网络舆情信息的监测和研判之后，无论是动态类、经验类、问题类、意见类、言论类、现象类还是综合类，绝大多数舆情信息是需要传递报送的。这就涉及两个问题：一是以什么形式呈现舆情信息，我们以为这叫舆情产品；二是以什么方式传送，我们以为在高校要建立

---

① 《专家解析艾滋病传播途径（警钟长鸣）》，http://www.people.com.cn/GB/paper53/5355/557380.html。

严格的报送程序。就舆情产品呈现而言，其基本要求是准确、及时、全面、保密。在校园网络舆论环境中，舆情产品主要有四类：① 一是热点信息类，主要是反映最近发生的、讨论集中的热点类信息。二是专题信息类，根据需要重点关注某一特定专题的信息的汇总。如 2013 年大学毕业生 699 万人，再创历史新高，就业形势严峻，舆论称为"史上最难就业年"，引发全社会的共同关注，此时间段与就业有关的信息即为专题信息。三是突发事件类，主要指报送刚刚发生或可能发生的与高校相关的突发性事件的信息。此信息编写时要求快写快报，短小精悍，并且一事一报。四是深度分析类，指综合地反映某一段时间网络舆情及网上热点舆论等概括情况并透过这些现象分析其舆情发展规律的信息。由于高校网民关注热点变化快、议题松散、信息来源复杂，容易造成网络热点舆论跳跃度大，难以把握规律和走向，因此通过多侧面、多角度、多渠道、多层次地描述一个完整事件的发生发展过程及其由此引发的各种网络现象等，能更全面准确透彻地反映舆情，揭示本质。就舆情产品报送而言，我们以为舆情信息工作是政治性、政策性、保密性都很强的工作，学校必须制定严格的报送程序。从报送对象看，可以建立两级报送体系，上报学校校园网络舆论环境建设领导小组和上级教育管理单位，同时如果突发事件有可能向校外发展，学校应及时与有关政府部门进行沟通。从报送时间来看，可以建立日报、周报、月报、年报等形式的报送机制。从报送内容来看，可以根据舆情涉及范围、预估危害程度、事件轻重急缓等将信息分为Ⅰ级、Ⅱ级、Ⅲ级、Ⅳ级等进行报送。对网络舆情信息的报送，最基本的要求就是快，对动态性强的信息要早发现、早收集、早报送，否则事过境迁信息就会失去价值；对重大事件甚至可以采取先口头、后书面，先简要、后详细的方式，以保证上报时效。在传递报送中，还要处理好几个关系：主观与客观的关系，不能凭个人好恶或者领导好恶而忽视实际情况；报喜与报忧的关系，不能报喜不报忧，也不能不问青红皂白见忧就报；数量与质量的关系，既不能片面追求数量而忽视信息价值的把握，也不能片面追求

---

① 参见湖南大学网络舆情研究所部分讲座资料。

质量轻视基础性信息材料。

二、技术控制

新媒体环境下舆情信息数量巨大，仅依靠人工方法很难应付，所以需要利用现代化科技手段对舆情信息进行挖掘处理、分析研判，以实现自动化地主动应对网络舆情。"现代信息技术主要包括计算机技术、数字音像技术、电子通信技术、卫星广播技术、网络技术、远程通信技术、人工智能技术、虚拟现实仿真技术及多媒体技术和信息高速公路等，这些技术为舆情分析的实施提供了手段和途径。"[1]就校园网络舆论调控而言，关键是根据我们事先定义的信息检索要求，主动从互联网上检索相应信息，实时监测信息源的动态变化，实现舆情获取、处理、存储、检索及传递的有效性，网络监管队伍或技术系统能够对文字、数字、图像和声音等信息采用适宜的方法，从中提取有价值的舆情要素，发现舆情热点，研判舆情态势，进而提高舆情掌握和处置的能力。高校在技术控制应用上，一方面要及时跟进、改革、完善校园网站管理，严格落实"校内用户信息交流"和"用户实名注册"两项措施；另一方面要加强网络舆情监控平台建设，目前有三条路径可供高校管理者选择：一是自主研发相关平台，二是购买定制的软件服务，三是委托专业机构进行定期服务。

就自主研发而言，高校相对于其他社会领域，还是有自身资源和优势的，调集与网络信息有关的职能部门和与计算机、软件有关的院系师生，进行自主开发，能确保信息安全和符合学校实际情况。一般而言，这样的舆情系统主要具备以下功能：自动信息采集功能，通过网络监管队伍预设的关键词库，借助搜索引擎技术对校园网、社会网进行网页检索，实现相关舆情信息的获取；数据清理功能，对采集到的信息进行格式转化、数据清理、数据统计等预处理。如对 BBS 需要记录帖子的标题、发言人、发布时间、内容、回帖内容、回帖数量等，最后形成一定制式的舆情产品；舆情分析引擎

---

① 魏永忠：《公安机关舆情分析与舆论引导》，中国法制出版社 2011 年版，第 85 页。

功能，包括热点敏感话题的识别、倾向性分析、主题跟踪、自动摘要、形势判断、报警系统、统计报告等。笔者所在课题组，在实际工作中研发了一套名为"红盾"的高校舆情监测系统。在设计思路上如图 6-1 所示，"红盾"构建"四环一体"的链条体系，将舆情规划、舆情收集、舆情分析、舆情预警的使用要求，通过数据存储、知识管理、数据集成和内容管理四大系统模块（如图 6-2 所示）实现。该系统具有多种功能，如热点发现功能，通过文本聚类自动发现当前的舆情热点，包括热点人名、地名、机构名，热点事件等；主题态度研判功能（如图 6-3 所示），根据敏感词库，结合自动摘要、自动关键词提取、中文分词技术，进行态度研判；手动简报功能，通过系统设置简报模版及简报生成时间，自动生成舆情简报，对生成的简报提供了可视化的编辑功能。

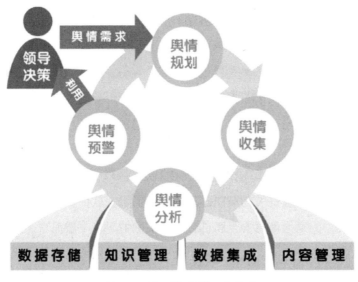

图 6-1 "红盾"软件研发思路

就购买服务和委托服务而言，随着网络舆情的影响日盛，舆情监测本身逐渐成为热点，网络舆情监测已初具产业形态："一是行业合法性逐渐确立，大量舆情软件公司和市场咨询公司迅速成长；二是专业化程度不断提高，监测对象从最初的门户网站、BBS、搜索引擎到微博等新应用，监测形

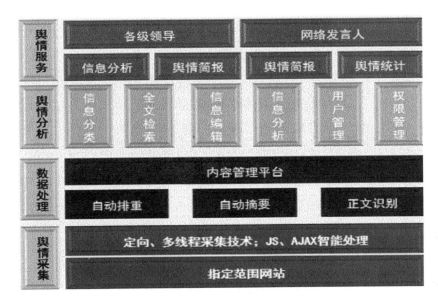

图 6-2　"红盾"软件系统模块

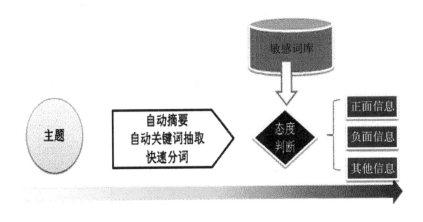

图 6-3　"红盾"软件的主题态度研判功能

态不断多样化；三是分工细化趋势明显，很多舆情监测机构可对客户提供行业细分产品。"① 国内从事网络舆情的机构，主要有四类：第一类是由技术研

---

① 　参见尹韵公：《中国新媒体发展报告（2012）》，社会科学文献出版社 2012 年版，第 151—157 页。

发企业和传统的市场调查公司创立的舆情监测机构，特点是技术实力较强，尤其是在获取舆情数据能力方面，如北大方正电子有限公司。第二类是主流媒体延伸的新业务，这类机构起步早，市场占有率高，对社会热点敏感度高，如人民网舆情监测室，它也是目前最为专业的研究机构之一。第三类是高校研究机构创办的舆情研究所，科研资源丰富，学术气息浓厚，如中国传媒大学网络舆情（口碑）研究所、中国人民大学舆论研究所、上海交通大学舆情研究实验室等。有条件的学校把网络队伍中的网络研究队伍予以整合，建立自己学校的舆情研究所。第四类是政府部门内部成立的专业部门，专门监测本地区、本部门舆情。这些机构有的以技术服务为主，有的以分析、研究和提供应对策略为特色。但是，在充分利用和发挥专业网络舆情监测机构作用的同时，也要意识到，我国的网络舆情监测工作刚刚起步，手段和水平并不高，当前的主要监测方法还是搜索汇集，然后简单主观判断，舆情产品如果不是定制的监测服务，多数只能算案例分析和经验交流，难以起到预警作用，再加上第三方机构角色混杂，市场亟待规范，一些敏感信息掌握在别人手中，安全性得不到保障。

需要说明的是，智能软件永远不能完全替代人脑。文章的导向问题、图片的敏感程度、字里行间的弦外之音等，软件都无法识别和判断，需要人工的鉴别。甚至有时候还需要研究对象有较高的新媒体素养、丰富的社会阅历和文化知识、较强的新闻敏感和政治敏锐性等才能识别一些隐藏的信息。就目前高校校园网络舆论环境建设经验来看，电脑软件和人工分析相辅相成为好。

三、引导方法

在网络舆论形成中让学生网民多一些独立思考而少一些盲目从众，使舆论增加理智的成分，这应当是校园网络舆论引导的应有之义。为了达到这一目的，我们以为针对不同的舆情，要采取不同的引导方法。

第一，控制有害信息。与其他社会领域网络舆论环境一样，在校园网络舆论环境中也存在有关反动言论、惑众谣言、恶意诽谤、色情淫秽、暴力恐怖等的信息或是对学校而言特别有害的信息，这些信息多属违法侵权行为，最有效的应对策略就是通过合法手段予以删除。新媒体条件下的互联网传播速度快、互动性强等特点告诉我们，网络有害信息如果稍一耽搁，就会造成信息的扩散。要删除有害信息，首先得弄清楚经过无数转帖转发之后的信息源头在哪儿。如果是学校管辖内的舆论载体，学校有关职能部门可以行使职权予以删除；如果是学校的某个学生网民发布的消息，可以按照有关校纪校规教育该学生予以删除；如果是校外的某个媒体或者记者发布的信息，则可以通过宣传部门与其用公对公的形式协商予以控制。另外，如果是校外不明身份的网民发布的信息，则可以通过两条途径解决：一方面联系互联网管理部门，目前我国互联网实行的是属地化管理制度，涉及三个方面的主管部门，一是主管网络违法犯罪的公安部门，二是主管网络准入的工信部门，三是主管网络信息安全（意识形态领域）的网管部门；另一方面联系该原发稿所在网络媒体，通过公函协商等正式渠道与之联系协调进行信息控制。其次，不忘与协助传播的转发媒介联系，请其切断有害信息。进入自媒体时代，信息一旦扩散，要想拜托所有网民一一删除信息是不可能的，虽然从技术上而言，删除转发的原始信息后转发内容就会成为空白，但是还有很多人扩散信息时，并不是简单转发，而是截图或自行组织言论评价再转发成为新的信息源，这是很难找到并进行删除的。不过一些影响较大的社会网站，譬如搜索引擎等，还是需要通过正式渠道联系协调以控制有害信息。需要注意的是，学校可以就一些可能形成突发事件的言论、倡议或信息直接删除，防止其传播或扩散。不过这种方式的使用要谨慎，要注意甄别哪些是确实必须删除的有害信息。网络是学生网民发泄不满、发出诉求或进行动员的渠道之一，如果关闭这一途径，大学生则可能寻求其他渠道进行表达，导致矛盾深化。最后，不忽视法律手段的运用。如果发现信息明显不真实、无中生有、捕风捉影、纯粹诽谤、道听途说等，构成了侵权违法，可以借助法律手段予以解决。2014年10月最高人民法院通报了《关于审理利用信息网络侵害人身权益民事纠纷案件适用法律若干问题的规定》，首次明确了个人信息保护的范围、利用自媒体等转载网络信息行为的过错及程度认定等，其第四条指出："原告起诉网络服务提供者，网络服务提供者以涉嫌侵权的信息系网络用户发布为由抗辩的，人民法院可以根据原告的请求及案件的具体情况，责令网络服务提供者向人民法院提供能够确定涉嫌侵权的网络用户的姓名（名称）、联系方式、网络地址等信息。"[1] 现实生活中，互联网公司在法律上有义务对网络用户保密，许多网络侵权者正是倚仗这一条实施违法行为。所以，我们不要忘记有法律武器，通过法律诉讼方式，由法院要求网络服务商提供者提供网络用户的个人信息，能帮助我们确定网络侵权人的个人身份，维护自身权利。

第二，发布正面信息。对于高校的宣传部门而言，传统意义的宣传和营销就是主动发布正面消息，只是在新媒体时代，在网络舆论环境瞬息万变的情况下，主动发布和推送正面信息也讲究一定规程。有建设成就，有好的科研成果，有好的育人效果，这时需要自己主动发布信息；当网上出现某种舆情倾向，需要大量正确信息影响公众、塑造正确舆论、纠正畸变舆论时，该出手时就出手；一个有害信息出来后，学校没有理由或者不太可能通过正式渠道进行删除和控制其传播的时候，也需要主动发布引导舆论信息。因此我们建议高校要建立完善新闻发布体系，根据时代发展需要，这当中要特别注意建立高校新闻发言人制度，建立新闻发布会长效机制，坚持网络发言，增强多元传播格局中舆论引导的主动性和有效性。其一，关于新闻发言人。2006 年教育部首次正式提出高校要建立健全新闻发言人制度。建立高校新闻发言人制度，是主动引导媒体报道、传递自己声音、设置公共议程、树立高校良好社会形象的重要手段，也是应对突发事件、回应公众关心问题、澄清事实真相、释放媒体疑虑、维护学校声誉的重要途径，有利于高校内聚人气、外树形象，同时促进校务公开。作为高校新闻发言人，要有坚定的信念和政治敏锐性，要熟悉教育主管部门和学校的教育政策，要能在特别棘手、难于处理的新闻事件中随机应变，善于沟通，从容应对，展现较高的文化涵

---

[1]　《关于审理利用信息网络侵害人身权益民事纠纷案件适用法律若干问题的规定》，http：//china.rednet.cn/c/2014/10/10/3487822.htm。

养，体现高校的地位和学术水平。其二，关于新闻发布会。根据学校实际情况，可以选择正式的记者招待会、接受单独或联合采访、发布公报或声明，也可采取非正式的新闻通气会、新闻讨论会、吹风会等形式。一般步骤是确定主题、明确意图、确定口径、高效发布。其中口径是指发布方对某个问题权威、准确、一致的回答，特别是涉及学校重大部署、高校各类统计数据以及与师生生活密切相关的教育改革措施以及突发性事件的对外发布口径，须经学校主要领导审定，未形成统一口径前，不能随意发布信息或发表意见。确定口径既要根据掌握的媒体情况，针对他们关心的问题准备回答，也要注意尽管记者会问很多问题但不能被记者牵着鼻子走，要始终围绕发布会的主题。其三，关于网络发言机制。网络发言是传统发言在新媒介上的延伸，是适应新形势下网络舆论环境建设的创新之举。近年来，随着微博平台的兴起，政务微博快速发展，高校官方微博发展也成燎原之势，微博问政逐渐成为主流。一般来说，政务微博应具备三大功能，"新闻发布的平台、舆情监测和危机预防的平台、民生服务的新渠道"[1]。对照这三个重要功能，有的高校官方微博运营不错，根据中科院心理所计算心理网络实验室与新浪微博数据中心发布的《2013 年中国大学生"微博"发展报告》显示，华中科技大学、武汉大学、上海交通大学的官方微博活跃度、传播力和覆盖度等影响力指标靠前，跻身全国高校官方微博前三名。但总的来看，高校大多数政务微博表现不理想，普遍存在"雷声大、雨点小"以及形式大于内容的问题：有的微博仅将校园新闻网简单套上了微博新外套；有的微博学生运营团队痕迹重，微博上常出现个人的声音，让人分不清是个人微博还是官方微博；有的微博通过发布"淘宝体"、"凡客体"公告等网络语言卖萌来维持，短期内确实能吸引大量粉丝，但长期回避现实问题，肯定会丧失信誉。就官方微博而言，笔者以为《人民日报》官方微博是网络公共领域的一个亮点，它既敢于批评荒唐的官方言论，也善于触摸社会敏感热点，没有教条化的假大空自说自话，也没有听到谩骂就关闭评论或成为僵尸微博，而是冷静地反思，积极

---

[1]　邹建华：《微博时代的新闻发布和舆论引导》，中共中央党校出版社 2012 年版，第 140 页。

地关注，以醒目、犀利、逻辑的评论打响了旗号。因此，针对目前现状，对于高校官方微博平台来说，坚持发言主要是坚持两点：一是坚持主动发布学校信息，二是积极回应学校师生和社会人士的关注，二者并重，这个过程中有三个基本要求：一是信息要真实充足，二是平等交流，三是保持热度和效率。在这些基础工作做好了的基础上，可适当借鉴企业微博、政务微博、媒体微博的做法，多从"粉丝"受众角度出发，考虑他们的阅读习惯，办出自己特色，如除校园新闻外，发布与本校有关的历史掌故、名人轶事，推介有特色的课程的优秀师生等以增强亲和力和感召力。当然，在网络发言平台上除了微博外，还有微信、客户端可以选择，在这里微博相当于发布厅，微信相当于会客厅，客户端相当于新闻超市。

第三，积极互动交流。利用网络的互动性，进行平等交流，影响网民，引导舆论，这是新时期网络思想政治教育方法论的核心内容。"互动思路主要是两个方面，一方面把真实信息传递出去，另一方面引导网民正确看待事物。"[①] 网络评论队伍在这两方面的引导过程中，思想政治教育学里的理论灌输法、自我教育法、榜样示范法、比较鉴别法、咨询辅导法等方法要灵活运用。当然，现实生活的矛盾是复杂的，在做互动交流的同时要讲究方法艺术，一是选择突破口的艺术。选择突破口是从网民思想上的特点、矛盾以及认识上的焦点寻找思想政治教育的入手之处。选择得当，不仅能直接解决与突破口有关的问题，取得较好的教育效果，而且能带动思想政治教育向纵深顺利展开，使教育效果扩展和倍增。反之，工作就可能流于表面，难以深入，效果自然不佳。在校园网络舆论环境之中，大多数人共同关心的热点、认识上存在的疑惑之点、情感上的敏感点以及容易发生共振的共鸣点等，都是思想政治教育的突破口，例如相关信息的不公开和不透明、教育制度设计的缺陷、公共权力的错位与滥用、道德和人文精神的缺失、教育行政化与大学行政化的趋势、教师和学生的学习精神和学术意识弱化等，抓住热点、疑

---

① 蒲红果：《说什么　怎么说　网络舆论引导与舆情应对》，新华出版社 2013 年版，第 137 页。

点、敏感点、共鸣点作为突破口，有的放矢地开展教育工作，就能更容易引导人们的思想向正确方向发展，从而调节舆论往正确方向流变。二是运用语言的艺术。如前所述，思想政治教育要根据话语对象做好话语转换，在引导方法中的一个重要方面就是要注意语言技巧。网络语言尤其是大学生的网络语言具有较强的创新性、简约性和趣味性，减少了语法的规范和约束，脱下了严肃的面具和枷锁，便于大学生之间轻松交流对话。对于大学生而言，网络语言不仅仅是发表看法、表达思想的纯语言符号，更是一种群体认同的标志。因此网络舆论引导要选择合适的网络语言与大学生进行沟通，以增加他们的群体认同感和接受度。例如，某大学在处理一起学生游泳突发心脏病死亡的事件时，网络关注数以万计，学校在发布了不到 30 字的文字——"我的室友还在抢救中，需要的是祈祷不是诅咒。拜托了"后，网络舆论由责备质疑转为祝福、祈祷之声。[①] 三是把握态度的艺术。不能正确对待和回应负面舆情最易受到学生网民的质疑和批评，是校园网络舆论危机事件的催化剂。高调的、对抗式的做法除了解气外，没有任何正面引导舆论的效果，反而给公众留下一个不负责任的学校形象，引发更多网民围攻，使危机进一步加深。说服不是比嗓门，而是要放下身段，心平气和、坦诚相待地去沟通，哪怕再大的愤怒也要收敛，再大的委屈也要忍受。不说假话是态度诚恳的最基本要求。有问题要主动承认，该道歉就道歉，问题一时不清楚应表示要检讨自身问题，及时给公众一个满意的答复。

第四，方法配合运用。实践表明，有些舆情应对和舆论引导需要硬性手段予以封堵，有些应对需要平等对话，引导其理性思考，有些舆情则需尊重规律，适时借用意见领袖的力量进行正面声音的传递，这就要求我们酌情配合运用各种舆论引导方法，以下举例说明。[②] 一是进行议程设置，引导受众"想什么"。如前所述，尊重受众的自主性、能动性，关心他们的道德思

---

① 吕红胤、谢继华、王晓旭：《基于网络舆情引导的高校网络舆论环境建设研究》，电子科技大学出版社 2013 年版，第 43 页。

② 胡杨、徐建军、张宝：《社会认知心理学对校园网络舆论环境优化的启示》，《现代大学教育》2013 年第 3 期。

维成长，在校园网络环境中，有意识地组织网友讨论与校园相关的两难问题，帮助学生进行道德推理，换言之，我们无法决定学生对某一校园事件或意见的具体看法，却可以提供给事件背景信息和安排讨论的议题，来有效地左右学生，从而影响学生，以便其形成正确的社会判断。如学校深化改革调整机制体制必会引起各种利益相关群体的热烈讨论，有人"拍砖"，有人叫好，矛盾处理不好容易引起部分师生通过微博吐槽、互发短信、悬挂横幅、校园公开信等方式表达"对立争鸣"。这时不妨在校园论坛设置每天"推荐讨论"，就两方面的观点选择比较有质量的原创帖子进行推荐，让师生既观全貌，又得两派意见"要领"，并引导师生在该帖子下对此话题发表意见和观点。这种集中两派主要意见的讨论，既能把分散的信息以比较隐性、客观的方式集中起来，又能给予特定事件以突出的强调处理，以达到与受众的良好互动，引导好受众的舆论走向。① 二是借助意见领袖，影响受众"怎么想"。不同的人对同一事件会进行不同的归因，于是社会认知态度出现千差万别，当然在复杂和喧嚣的网络中看起来有所谓的乌合之众的景象，但也不是完全群龙无首的。一些数量少、能量大，往往左右网络舆论思潮的人就是网络意见领袖。"一般而言，网络意见领袖主要来自以下群体：网络评选的人物、版主、网络名人、网络知识分子。"② 意见领袖的社会认知既然是网络大众传播的"影响流"，便可以通过借助意见领袖引导受众进行社会归因，改变认知态度，以达到调控舆论环境的目的。如"谷歌退出中国事件"引起各大社会网站、高校 BBS 热烈讨论，校园论坛在关注事态进展的同时，更多的讨论谷歌去留的政治性问题。作为网络传播重要节点之一的意见领袖评论《"谷歌事件"，陈腐偏见的恶性发作》，深入剖析了国际视野中的美国互联网外交。其在文章中指出"双重标准——'言论自由'显示西方优越性的武器；煞费心思——美国将'独特解释'的网络自由强加于人；封杀有

① 陈立思、陈辉：《西方网络议程设置理论与网络思想政治教育》，《北京教育（德育）》2010 年第 1 期。
② 谢新洲：《互联网等新媒体对社会舆论影响与利用研究》，经济科学出版社 2013 年版，第 247 页。

因——网络自由应该有一定的尺度，需要法律和秩序的规范；无理指责——利用网络自由侵犯国家、民族利益要受到法律的惩治"①，言辞恳切，分析透彻，帮助青年学生廓清了思路，使得"蓝色星空"、"饮水思源"、"小百合站"、"日月光华"等高校 BBS 里的网民也跟着开始思考。三是严格信息把关，控制受众"想歪"。所谓调控网络舆论，并非消灭舆论，而应是放大该放大的，缩小该缩小的。因此我们所要做的就是一方面把理性的舆论、正确的舆论通过传播规律进行组织、选择、加工、解释，加强网民对其的信任；② 另一方面把非理性的舆论、错误的舆论控制在一定范围，减少网民的认知冲突，进而促使网络舆论沿着我们希望的方向发展变化。③ 校园网络环境要做好这种增加正面认知因素、减少负面认知因素的工作，关键在于严格信息把关，即对其中不良信息的阻止与过滤，对不良意见的调控或影响。④ 就具体操作而言，在能够进行技术控制的校园网络环境内，可以采取制定发帖规则、区分网民资格身份实行不同意见发表模式、信息过滤、强制删帖等办法进行信息把关。当然这个度很重要，既不能让学生感到校园网络环境太严格，使之流到社会网站上去发表批判性意见，同时也不能给黄、赌、毒等"黑色"信息以肆意空间。⑤

第三节　优化介体：占领阵地

校园网络舆论环境中的各类传播媒介，先进的思想不去占领，落后的文化就会登堂入室。因此，要建设一批有特色、有吸引力和影响力的环境介

①　管克江、张光政等：《"谷歌事件"，陈腐偏见的恶性发作》，http：//world.people.com.cn/GB/10841419.html。
②　张再兴：《网络思想政治教育研究》，经济科学出版社 2009 年版，第 447 页。
③　王帅：《基于"信息把关"的媒介教育反思与构建》，《现代教育技术》2010 年第 11 期。
④　石共文、杨庆瑶：《高校研究生网络德育探微》，《现代大学教育》2013 年第 1 期。
⑤　徐建军：《新形势下构建高校网络德育系统的研究与实践》，中南大学出版社 2003 年版，第 32 页。

体，主动占领网络思想政治教育阵地，积极利用网络对学生进行思想政治、道德修养和心理素质等教育，让正确的舆论导向在校园网络舆论环境中唱响主旋律。

一、增加用户黏性，发挥主题网站品牌效应

PC 门户时代或将过去，移动互联的大门已经打开。不容否认，过去在高校红极一时的主题教育网站目前对学生的吸引力已经下降，这种"重点网站"格式化的权威，在当今时代并不能简单等同于对青年大学生的实际影响力。但是我们以为，要在纷繁芜杂的网络舆论环境中唱响好声音，弘扬主旋律，传递正能量，需要类似主题教育网站这样的一个个鲜活闪亮的主题和灵魂，需要发挥网站在网络思想政治教育中的主渠道作用。加强校园德育主题网站的建设，让先进的、科学的思想文化抢占网络空间，在新媒体时代的校园网络环境下依然显得十分重要。接下来的问题就是如何把它建设好、提高网站访问量、增加学生用户的黏着度的问题了。[①]

第一，着力差异化，做深内容，加强权威形象打造。在新媒体条件下，主题教育网站的生存模式有着天然的缺陷，尽管内容丰富、信息量大，但不便于进入分享式的移动生活，如果没有专门点击该网站，就很可能意味着与之擦肩而过。因此主题教育网站要想巩固阵地，需非常清晰自己的优势劣势在哪里。要着眼信息源渠道机制完善、资讯量大、信息集中的长处，将网站打造成校园权威媒体，将大内容做成深内容。具体而言，要建立特色栏目，特色就是竞争力，一个网站如果没有特色栏目，就无法给人留下深刻印象；要科学设计网站栏目，深入调查研究，广泛征求学生网民意见，认真分析网站点击量，及时更新栏目设置；要开辟更多学生网民喜闻乐见、强化导向、提升素质、寓教于乐的栏目，将正面宣传润物无声地落地；要精心编排栏目内容，贴近本校学生实际，围绕指引方向、展现成就、针砭时弊、鼓舞人心等主题，突出学生原创和深度解读。如果仍然像以往那样只是复制粘贴社会

---

① 喻国明：《中国社会舆情年度报告（2013）》，人民日报出版社 2013 年版，第 217 页。

网站上的内容，没有抓住本校学生网民关注的热点、难点问题，没有反映学校自创的新思想、新思路，主题教育网站依然难以吸引关注。此外，加强校园信息公开，用全面客观并具有时效性的事实增强学校主题网站的公信力和影响力，能进一步增强网站的权威性，把握网络舆论引导的主动权。

第二，着力便捷化，积极拥抱互联网，加强"接触点"产品的开发和更新。移动互联产品受学生欢迎是大势所趋，既如此，要打开大门办网站，不能故步自封排斥新载体。要不断加强对移动互联产品的积极关注和校园订制，提升用户体验，以此获得更多学生青睐。通过移动互联产品的加载，突出主题网站的个性化服务功能，为广大师生提供一个庞大的方便学习和生活的信息平台，能增强网站的亲切感和归属感。"好的产品可以自己说话，因此必须注重用户体验，因为用户体验直接决定着网站点击量。"① 例如人民网为增强竞争力，就为不同移动终端用户提供不同客户端，Andriod 手机、IPhone 手机、Ipad 平板用户等可以体验不同的应用，有的是"人民网社区"，有的则是"人民网阅读器"，显然差异化多渠道的布局为其争取不同用户群提供了强大支持。②

第三，着力全功能，加强一体化平台协同机制建设。"新媒体时代几乎每三年互联网都会有一个颠覆式的产品形态，这不是一个产品就可以吃遍天下的一招鲜产品时代，而是多产品在一个平台下协同作战的时代。"单打独斗的英雄主义已然 OUT，集体作战才有胜出可能。加强平台内部的产品整合，形成特色矩阵，构筑"内容、终端、平台、服务四位一体"业务模式，或许是未来主题教育网站的一个必然选择。例如易班在大浪淘沙的校园网络环境中，路越走越宽，就是因为其不断更新最新技术产品装备，加强整合式的协同平台建设。自 2009 年起，上海正式推出基于 SNS 社区的大学生网络互动社区，具有论坛、班级、博客等应用和服务功能，为高校师生提供了便捷的互动平台、可靠的班级管理平台和内容丰富的校园网络文化平台，成为

① 喻国明：《现阶段传播格局的改变与门户网站未来发展的走势》，《新闻与写作》2012 年第12 期。

② 参见尹韵公：《中国新媒体发展报告（2012）》，社会科学文献出版社 2012 年版，第 283 页。

开展全方位育人的主阵地。自 2010 年起，易班基于云计算技术，推出开放平台和云引擎，为师生开发个性化的应用和功能，开放平台的推出使易班成为学校教育资源整合的重要平台。自 2012 年起，易班适应移动互联网技术的发展趋势，顺势调整发展战略，向移动育人大平台转型，并推出移动客户端 APP，实现信息即时送达、动态同时分享、资源随时融通。自 2013 年起，易班加强内涵建设，不断拓展功能和应用，建成覆盖大中小学的统一信息化平台，实现从互动社区到教育信息化综合平台的转型。

二、强化产品供应，打造网络良性互动平台

新媒体条件下做思想政治工作，是否只要让教育者和受教育者使用新媒体工具就行了？现实生活中，思想政治工作者经常遇到内容很经典但不讲方式、青年根本不接受的情况。教育环境对思想政治教育模式具有选择性，"除了对引导内容有准确的把握之外，还要探索出与青年思维方式相符合的思想逻辑，还要找到与青年特点相贴近、相融合的路径载体，通过青年能够广泛接触和接受的'产品'传递正确的思想主张"[1]。换句话说，在校园网络舆论环境中，尤其是在新媒体条件下，以社会主义核心价值体系为基础，把符合大学生思想逻辑和兴趣爱好的路径载体结合起来，并不是一个简单的"内容引导"，而是全方位的"产品供应"，包含了产品策划、组织、设计、推广等系列工程。由于互联网产品更新较快，品种较多，以下就当前常见的几种载体讨论。

第一，创新校园论坛管理，发挥环境优化推动力。校园论坛是大学生网络生活不太可能绕开的一个阵地，尽管目前不太时髦，但毕竟仍是一个高温舆论场。实际工作中，BBS 很难管，容易出现一放就乱、一抓就死的局面。这方面北京大学未名 BBS 的创新经验值得借鉴，在新媒体异军突起和高校 BBS 日渐式微的大环境中，未名 BBS 依然保持旺盛活力，成为北大师

---

① 《陆昊同志在"共青团新媒体和文化成果交流展览会"工作交流会上的讲话》，http：//www.ccyl.org.cn/documents/ccylspeech/201208/t20120816_586879.htm。

生和校友日常交流的重要信息传播载体和服务形式，并逐步演变成为校园网络问政的有效平台。其中几个关键的管理办法是：其一，"探索建立三级组织管理体系，确保网站政治方向。学校层面成立未名 BBS 发展委员会，由学校主管领导担任主任，发挥统筹协调作用。青年研究中心作为委员会秘书处，建立有效运行机制，负责具体指导和监管。网络维护和运营主要依靠学生站务组，充分发挥学生自我管理和教育能力"。其二，"提出校园网络管理由'保稳定'向'保稳定、促发展'的思路转变。在日常工作中，化被动监管为主动建设，深入挖掘和积极培育优质资源，系统研究网络社会的理论和实践问题，逐步形成了内容管理育人、综合服务育人、文化环境育人、舆论引导育人的网络思政育人新模式"。①

　　第二，构建辅导员博客圈，发挥环境优化感召力。网络的迅速发展带来前所未有的互动平台和交流方式，其中"博客"因个性化的知识积累、信息过滤和深度沟通，将网络应用推向新境界。辅导员博客是近些年来全国许多高校重点建设的网络新阵地，而充分发挥辅导员博客对学生的教育引领作用，在学校层面的整体规划非常重要。结合各校思想政治工作的特色和内容，辅导员博客应在思政教学、学风建设、创新创业、校园文化、心理健康、就业指导、职业规划、学生党团建设、班级管理、学生事务管理等方面全面覆盖，全程融入。如湖南大学在辅导员个人建博的基础上，采取"专职辅导员＋专职辅导员"、"专职辅导员＋兼职辅导员"、"专职辅导员＋专业课教师"、"教师＋研究生骨干"等多种组合形式，尝试团队共建博客，引导博主成员学科交叉、优势互补，使得辅导员博客更具延续性、长效性，育人更广泛更深入。

　　第三，搭建校园微博矩阵，发挥环境优化吸引力。微博客作为网络技术和通信技术的合成媒体，以其文本碎片化、半广播半实时交互，以及自媒体、草根性、个体化、私语化叙事更加突出等特点日益成为当前所有网络新

---

① 《北京大学创新校园 BBS 的网络思政和文化育人功能》，http：//www.hie.edu.cn/fzdt_detail.php？id＝1154。

媒体中最活跃的网络应用，赢得了众多网络用户的青睐，并在人们政治、经济、文化生活中扮演着重要角色，是影响社会网络舆论环境的重要因素。探索出适应高校实际的微博客平台运行体制机制是学校网络思想政治教育工作的有效渠道。如"中南大学构建的'5+4+1+X'微博矩阵延伸了思想政治工作者的手臂，活跃了校园微文化。学校依托校、院、班、学生会、社团五级微博体系，打造工作交流平台；依托学校领导、教学名师、辅导员、优秀学生等四类达人微博，打造思想碰撞平台和意见领袖，……正面回应学生困惑，真切凝聚学生情感"；[1] 依托升华微博社区，打造活动组织平台，覆盖学生寝室，举办微直播、微访谈等面广人多的微博活动；依托系列主题微博，打造特色服务平台，受到广泛欢迎和好评。

第四，巧用微信互动功能，发挥环境优化环绕力。以校园德育网站为依托，创建结合学校自身特色的公众微信平台，既能通过信息及时联动，促进学校与学生、学生与学生之间通过手机多层次、扁平化、平等性交流，也能让学校及时把握学生动态，广泛开展网络舆情收集，使思想政治工作和维稳工作更具主动性和前瞻性。如吉林大学3名学生独立开发的高校励志正能量微信公众平台——"同学，还睡呀"，一经推出迅速得到热捧。该微信具有以下有意思的功能：为提倡学生养成健康生活习惯的早起签到功能：当学生回复数字1时，后台会自动进行排序并回复："恭喜！你是吉林大学今天第24个起床的少年"；为促进学科交叉，培养学生合理知识结构的1分钟讲堂功能：该功能为学生提供知名校友、资深教授、优秀学子与大家分享为人为学经验的语音；为切实服务学生学习生活的实用信息功能：该功能包括空自习室查询、校内通知、办公电话、外卖电话等贴近学生生活、满足学生具体需求的信息。[2]

<hr>

[1]　高文兵：《高校必须正面发声　引领舆论》，《光明日报》2015年2月10日。

[2]　参见徐建军、胡杨：《三力合力优化高校校园网络舆论环境的操作模式》，《中共贵州省委党校学报》2013年第5期。

三、开发网络资源，利用新兴信息时尚元素

站在善治角度，我们以为信息技术和网络技术的飞速发展，为校园网络舆论环境建设提供了强有力的支持。在环境中有许多可资利用的网络资源，合理的开发它们能为环境优化增添事半功倍的效果。

按照产生途径和利用价值，从思想政治教育视角看，我们以为校园网络舆论环境的网络信息资源可以分为三类：① 一是认识性网络信息资源，又叫内容资源，它们是网民生产并发布的媒介"内容"或者叫"文本"，有的是新闻信息，有的是观点评论，有的是知识或艺术作品，它们能直接或间接用来发展人的思想道德素质。二是控制性网络信息资源，又叫渠道资源，它们是网民生产的信息传播渠道。就某种意义而言，"当下传播渠道数量的剧增，不仅来自互联网公司、媒体机构等对信息传播技术的运用，更来自无数普通网络化用户的积极生产行为"②。不用说许多程序员开发的开放式媒介渠道软件供用户发挥一技之长自己完善它们，单是网络用户开设博客、个人门户等多形式信息发布平台，就会集中式或分散式将生产内容传播出去，更何况学生们乐于使用的即时通信软件、基于 RSS 技术的订阅等，更成为分享热门内容的方便高效渠道，它们能通过散发渠道调控网络舆论环境的意见气候。三是状态性网络信息资源，又叫社群资源，它们是校园网络舆论环境公众主体的存在和运动状态信息。"随着越来越多的网络联结被建立，信息和其他资源开始在不同节点/用户间流动的时候，网络中联结度高、资源流动频繁的区域内，就开始出现相对紧密的社群。"③ 所以说网民通过媒介接触与使用，能生产出无数"社群"，而这些社群由于网络互动渐渐会形成某种共识或者目标，这或许是我们思想政治工作的切入点所在。

这些真实而又散落存在的网络信息资源，以往可能因为没有资源开发

① 曾长秋、万雪飞：《青少年上网与网络文明建设》，湖南人民出版社 2009 年版，第 327 页。
② 何威：《网众与网众传播》，清华大学博士学位论文，2009 年。
③ 何威：《网众传播———一种关于数字媒体、网络用户和中国社会的新范式》，清华大学出版社 2011 年版，第 91 页。

的意识而是听之任之，也可能因为应付各种网络突发舆情事件消耗太多精力而无暇顾及。它们虽然琐碎，但未必没有什么价值。针对不同网络信息资源，我们以为应采取不同的开发建设方法令其增值。

首先，针对内容资源，注重呈现方式变革。站在舆论的角度，网络言论的形式不拘泥于文字。原则只有一个，只要有利于引导舆论，什么文本和形式都不重要。有时候讲一个故事，足以震撼人；有时候唱一首歌，便能让人感同身受；有时候画一幅漫画，就能引人思考；有时候套用一首诗词，更能让人明白道理。大学生喜欢追求新颖、时尚、有趣的信息使用方式。为适应移动互联网时代大学生使用网络新媒体的特点和规律，高校不仅要重视校园网络舆论环境中的内容资源，还要重视其呈现方式，这关系到用户阅读体验。① 在这方面四川团组织将网络信息内容结合思想政治教育要求，没有直接或机械地宣传意识形态，而是通过声色俱全、图文并茂、声情融汇、视听共享等时尚新颖元素生动地讲述主流意识形态故事，深受青年人欢迎，值得我们借鉴。他们"借助已有资源和市场力量实现了工作内容新的承载方式，如，精心原创制作"雷锋棋"，通过寓教于乐的方式向广大青年弘扬雷锋精神；采用漫画手法设计制作"共青团工作扑克牌"，生动呈现团的工作和主题活动；编辑出版卡通版《四川省未成年人自我保护手册》和《青少年自我保护提示》，有效提高广大青少年自我保护意识和能力；设计"欢乐熊猫园"在线网页游戏，培养少年儿童自我保护习惯。② 所以我们建议高校校园网络舆论环境建设，在内容资源方面要从系统化布局的角度进行合理规划，努力实现从单向传播向多方互动转变，从文字、图片为主向音频、视频兼顾转变。高校可以通过实施教育部有关高校网络文化试点、数字图书馆、大学生网络文化工作室等项目，主动制作适合新兴媒体传播的网络应用和优秀文化作品。应该说，随着技术更新迭代，校园网络舆论环境可利用的资源手段越

---

① 参见张逸、贾金玺：《新闻网站的移动化之路》，《重庆工商大学学报》（社会科学版）2013年第 2 期。

② 参见《全团要讯　共青团新媒体和文化成果工作交流会上的发言》，http：//www.ccyl.org.cn/bulletin/bgt_qtyx/201205/t20120515_568342.htm。

来越丰富，大数据、云计算、物联网、3D、VR 等能为学生网民提供更个性多样的体验。

其次，针对渠道资源，注重文化共享共建。对于校园网络舆论环境而言，传播渠道的通畅多样与否直接关系着其内容能否顺利到达学生网民。美国研究机构皮尤研究中心曾在 2011 年的《美国媒体发展报告》中指出："如果说搜索新闻是过去 10 年中最重要的发展，那么共享新闻将是未来 10 年更重要的发展。"① 渠道资源的共享性，启发我们可以从共享文化的思路去加以开发利用。应该说，当前很多高校网络舆论环境建设已经涉足网络新媒体，但还停留在"三办两转"上，即办网站、办手机报、办微博或微信，把书报刊转成电子版、把纸面内容转到互联网，没有真正做到文化共享。融合渠道资源，推动文化共建，其实质是要立足校园，发挥优势，运用技术，走向网络，做到一个内容多个创意、一个创意多次开发、一次开发多个产品、一个产品多个形态、一次投入多次产出等。把思路打开，我们可以让学校主题教育网站在微博、微信等社交网上注册账户，吸引关注订阅增强黏着度；也可以针对主题教育网站栏目内容、与学生相关的学校职能分工等设置多个社交账号，以实现更精准的信息投放；还可以拓展与媒体机构、自媒体平台、通信运营商、文化创意公司等第三方机构合作的传播渠道。例如北京团组织与媒体机构合作建立青檬网络电台，"开设青檬校园台、青檬志愿者网络电台、青檬音乐台等频道。全天 24 小时直播，每天有超过 14 万听众收听，听众日均收听 86 分钟，月覆盖网友 91 万人。培养出具有较专业水平的大学生主持人、编辑和记者 697 人。据国内权威广播监测机构'赛立信'公布数据，2011 年年底，在国内网络原创人声电台中居第二位，已成为青年时尚文化传播的有效载体"。②

最后，针对社群资源，注重认同情感建设。网络舆论环境中的网民本

---

① 《Facebook 成新闻网站流量来源重要力量上升到 8%》，http：//tech.sina.com.cn/i/2011-05-10/08075501519.shtml。

② 《陆昊同志在"共青团新媒体和文化成果工作交流展览会"工作交流会上的发言》，http：//www.ccyl.org.cn/bulletin/bgt_qtyx/201205/t20120515_568342.htm。

来彼此间是弱联结的关系纽带，但基于共同话题爱好或者针对某些突发事件共同作出反应的陌生人，通过频繁互动，蕴含着强联结转换的可能。尤其将SNS、微博与博客这样的网络应用比较，我们发现 SNS、微博等没有营造出一个个封闭的社区，而是造就了一个个以个人为中心的社会网络的集合，每一个个体都可以根据自己的需要来建构自己的社群，这种结构为个体的社会关系发展提供了更多可能，也许以前彼此是弱关系，但是在某些因素的驱动下能转变为强关系。① 这种社群资源在微信上体现得更为明显。"随着微信公众账号影响力的扩大，往往聚焦垂直领域的作为私人化、平民化、普泛化、自主化传播的'自媒体人'正逐渐取代微博'大 V'并被赋予新的民间舆论场话语权。随着各类自媒体联盟风生水起，以'自媒体人'为核心的圈群文化开始在舆论场中扮演重要作用。"② 伴随网络社会各种社群被不断生产和重塑，社会结构受此影响也在随之发生变化，我们不能坐以待毙。我们不要想当然地认为同在一个学校，学生一定与学校管理层保持良好情感互动，在社会转型时期的大背景下，在新媒体日趋活跃的条件下，学生情感需求越来越多元，许多突发事件就是网络社群影响形成的不同社会结构的博弈。如前所述，网络舆论环境建设，说到底是人心的建设，而情感正是人内心世界的丰富表达，能不能通过加强情感认同，将这些社群资源建设成为网络舆论流向调节阀呢？我们以为这样的情感建设，需以社会主流思想为主导，尊重学生网民心理活动的有关规律，采用科学的方法和手段，去激活他们的积极情绪和情感。当然这样的过程不会一蹴而就，它是一个不断启发、诱导、抑扬和协调情绪情感的动态发展过程。一旦建立了和谐、团结、融洽的学校与学生的关系，提升了互相信任，在各种危机事件面前，舆情事件的处理就变得游刃有余了。

---

① 参见尹韵公：《中国新媒体发展报告（2012）》，社会科学文献出版社 2012 年版，第 86 页。
② 李未柠：《中国开始进入互联网"新常态"——2014 中国网络舆论生态环境分析报告》，http://news.xinhuanet.com/edu/2014-12/25/c_1113781011.htm。

第四节　优化系统：联动场域

　　校园网络舆论环境是一个开放的系统，从微观到中观再到宏观审视环境舆论演变，涉及课堂内外、校园内外、网络上下等多种场域。思想政治教育的生态学理论启示我们，思想政治教育系统内的各要素都是其整体的一部分。校园网络舆论环境的优化是一项复杂的系统工程，不仅需要确立科学的环境建设理念，还需要协调好教育诸要素的相互关系；不仅需要虚拟空间的理性引导，还需要现实世界的教育规范；不仅需要第一课堂的理论灌输，还需要第二课堂、第三课堂的文化支持；不仅需要思想政治工作部门的尽职尽责，还需要学校其他职能部门发挥全员育人作用乃至社会相关机构的密切配合；不仅需要校园媒介、传统媒体、公众舆论的发声，还需要社会媒介的合作、新媒体的互动、精英舆论的支持；不仅需要学校的重视，还需要行政的管理、法律的约束、行业的自律等社会治理资源参与。总之，需要系统工程式的社会参与推动环境的整体治理。

一、课堂内外相融——活跃网络文化

　　校园网络舆论环境不同于社会其他领域舆论环境，高校有着丰富的第一课堂、第二课堂、第三课堂资源，能进一步丰富网络阳光文化，营造和谐舆论引导氛围。一是延伸第一课堂。高校的第一课堂是指学生的课堂教育。无论是思想政治理论课还是互联网专业课抑或是其他专业教学，都要结合专业特点，引导广大学生形成科学、文明、健康、守法的上网习惯。尤其是思想政治理论课，作为网络思想政治教育的主渠道，要改革传统的教学方式，注意现代教育观念的更新和现代教学手段的运用。二是激活第二课堂。高校的第二课堂是指学生们的校园文化活动教育。网络策划队伍要主动担起策划网络校园文化活动的主要职责。这个过程中，要注意把握引领是主导；弘扬主旋律的同时，尊重差异，最大限度地形成校园思想共识，从而营造和谐繁

荣的校园环境；培育是重点，组织网络文化活动不是在舆论中和稀泥，应该对坚持什么、反对什么，歌颂什么、摒弃什么，吸收什么、抵制什么等，拥有自己鲜明的立场和观点；渗透是关键，真理是赤裸裸的，但赤裸裸的真理有时却难以为人们所接受，"好雨知时节，当春乃发生。随风潜入夜，润物细无声"，成功的教育便应是这种境界。三是拓展第三课堂。我们以为高校的第三课堂指的是学校的社会实践活动教育。在这个过程中可以充分结合网络新媒体进行资源共享，如创办大学生社会实践需求与服务对接系统；开展"田间地头的建言献策"等社会实践微博红段子征集活动；免费发送手机报给全校社会实践团队负责人，为分布在全国各地的实践队开辟方便快捷的信息传送渠道；将实践队分为联络人、宣传员、安全信息员等若干个学生群体，及时整合通信群，提高分类教育引导的实效性；将实践记录视频载入校园网络电视，提高实践教育的吸引力、感染力等。

二、网上网下互补——把握建设主动

为将建设校园网络舆论环境的主动权牢牢控制在手中，我们不能单靠网络应对技巧，网上网下两手抓，两手都要硬。一种情况是在日常舆论环境建设中，我们要充分结合网上网下工作，切实服务学生生活，建立学校良好形象，赢得公众赞誉口碑。例如"华师大女生减肥不刷卡获学校人文关怀"事件[1]，2013 年 3 月华东师范大学开发的"家庭经济困难学生预警系统"开始运行，每月向疑似经济困难的学生发出询问短信。"6 月 14 日华师大女生因减肥，饭卡消费减少，收到校方短信，询问是否遇到困难。这名女生感慨：没想到减肥也减出了人文关怀。于是她把这条短信的截屏画面发到了微博上，遂引起了许多网友的转发和评论以及媒体的关注。学校解释信息来自困难生预警系统，学校通过饭卡消费了解学生经济状况，如果消费比正常情况明显少，将作预警参考。"[2]"央视新闻"评论："负责的学校，让冰冷的数

---

[1]　参见陈华栋、张水晶、李敏妍：《教育网络舆情报告与典型案例分析（2013 年度）》，上海交通大学出版社 2014 年版，第 144—150 页。

[2]　《女大学生减肥减出"人文关怀"》，http://newspaper.jfdaily.com/xwwb/html/2013-06/17/content_1043282.htm。

据有了人性之美";"财经网"评论:"华师大的数据挖掘很到位"。另一种情况是,在舆情危机事件处置过程中,充分结合网上干预与网下干预手段尤显重要。当突发事件爆发后,网上需要控制的有害信息应马上删除,需要积极回应的应立即介入讨论主动引导,同时还要密切跟踪信息的转载、传播、扩散,以了解和把握可能引发舆论风暴的规模和程度。而与此同时,网下要尽快将网上捕获事件的时间、地点、路线、方式等信息提供给学校相关部门或领导,要迅速启动应急预案,采取事件治理行动,当然事件的善后处理也需要网下做许多工作。

三、校园内外联动——迅速处置舆情

当敏感信息出现或突发事件发生后,高校要第一时间作出反应,调集学校系统资源,联系校外机构,控制事态发展,尽可能降低事件带来的不良影响。舆情处置和应对不只是学校宣传部门、思想政治工作者以及涉事组织和个人的事,只要涉及学校育人的神圣使命以及整体形象,关乎高校的每一个职能部门、每一院系、每一个师生。舆情的发生和扩散如果与校外组织或个人有关,还需要及时与当地省市高教工委及公安部门等政府部门进行沟通。校园内外联动处置舆情需要注意的是,事件发生后,由高校校园网络舆论环境建设领导小组负责,明确各职能部门职责,做好人力、物力、财力的安排,迅速组织工作人员各司其职,分工不分家,团结合作。相关领导应第一时间到达现场,根据应急方案,及时做好各种调度,组织各部门协同运作。保卫部门要迅速赶到现场,维持现场秩序,调查取证,协助抢救,必要时联系当地警方,控制相关社会人员,防止事态进一步扩大,并尽可能减少事件带来的损失。学生工作部门需派人到现场协助维持秩序,同时安排辅导员和班导师深入学生宿舍,了解学生想法,澄清事实,发挥学生骨干作用,一同稳定学生情绪,避免负面情绪蔓延和事态的恶化。后勤部门在危急情况时要及时做好配合工作,如车辆调动、物资提供等。宣传部门在必要时要联系社会媒体机构,进行有关事项的新闻发布。如果事件有其他学校人员涉及,或是事件有可能波及其他学校,还需及时联系其他学校相关部门。如

果遇到重大事件，尤其事件背后有着深厚的社会背景因素，学校没有能力单独处置时，需迅速报告上级教育部门以及当地政府部门，及时寻得他们的帮助。当然对部门常态合作的特定事项以制度形式加以明确，能保证参与部门在日常体系中角色与关系的清晰化，确保协调联动事项的落实。

四、传媒立体协同——打造舆论合力

对于校园网络舆论环境而言，传媒场域是一个非常重要的需要整合的资源。具体而言，第一，要促进校内传媒之间的互动。我们要克服以前媒介之间互不来往的弊端，把本校的门户网站、主题教育网站、官方微博、官方公众微信平台、领导干部微博、教师微博、学生微博协同起来，建立"媒介群"，通过发布消息、增强相互之间的互动，提高集群效应，放大正能量的传递倍数。以微博为例，这样的组织类微博群可分级建立，学校层面在顶层，一条线是旗下的各职能部门，建议与学生相关的职能部门都要开放微博窗口，一条线是所有二级院系。然后在职能部门内、学院内还有三级机构、四级机构的，继续按系统建立，便于外界查找，也便于内部沟通。而个人类微博则可以根据学校实际情况，设计"一个篮子"把大家统摄在一个系统里。要把一个部门或个人的"独唱"，变成多人、多部门、多系统的"合唱"，当有正面声音需要传递出去时，互相转发，互相支持，能形成规模化的强势声音。第二，要促进学校与社会媒体之间的沟通。我们建议高校在日常工作中要与社会媒介保持良好沟通，逐步建立学校宣传部门与记者之间的经常交流通气制度及负责宣传工作的管理者与媒体主管之间的定期交流制度，并不断探索协作的新渠道、新形式，建立长期、稳定的合作关系。要正确理解新闻功能，在突发事件处置时将舆论引导体现在对媒体的主动服务上，通过及时发布信息和提供咨询服务，最大限度地杜绝媒体传播流言。第三，要促进传统媒体与新媒体之间的融合。传统媒体和新媒体的优点与缺点都非常明显，传统媒体具有稀缺的权威性资源，但是面临阵地在群众却不在的尴尬；新媒体在网络监督、形成网络正能量方面能起到一定积极作用，但是对网络谣言和负面信息的传播也起到了推动作用。2014 年中央全面深化

改革领导小组审议通过了《关于推动传统媒体和新兴媒体融合发展的指导意见》，强调推动两者"在内容、渠道、平台、经营、管理等方面的深度融合"①。该文件精神为我们建设校园网络舆论环境提供了启示，在校园内推动传统媒体和新兴媒体融合，着力打造能够正确表达国家话语和学校方针、体现社会主义核心价值观、为学生喜闻乐见并具有足够影响力和先进手段的新型主流媒体是我们未来工作的一个很重要的方向。第四，要促进精英舆论与公众舆论之间的交流。在校园网络舆论环境中，我们以为精英舆论主要来自三个方面：一是社会主流网站的信息和学校官方权威消息，二是社会名流和学校领导或名师的意见观点，三是通过线上行为和网民互动自发形成的学生网络意见领袖。《中国教育网络舆情分析报告（2012）》指出："通过对影响力较大的数百名微博教育达人的身份进行统计分析发现，新闻媒体所占比例最高，达 35.6%，主要是各大媒体的官方微博。其次为专家学者，占比为 23.6%，如中国青少年研究中心副主任孙云晓、教育学者熊丙奇等。……教育部前新闻发言人王旭明，由于经常发表犀利的教育观点，颇受媒体和民众欢迎。"② 在新媒体时代，从某种程度而言，就是意见领袖的时代，微博在构建一个意见领袖主导的声音世界，微博的深入应用增强了网上意见领袖的舆论力量，也让更多人成为舆论领袖。要促进两种舆论的沟通，特别要争取意见领袖的支持，我们不能有心理障碍，哪怕起初情绪多么对立，也要放下架子，主动沟通。例如"北大未名 BBS 将传统评优激励模式引入虚拟网络，积极培育校园网络文化环境、合理引导舆论风气。2012 年 12 月，首届北大未名 BBS 风云 ID 获奖代表受到表彰，网络优秀人物典型首次从虚拟空间走上现实舞台，校园网民个体和集体首次被纳入学校权威评价体系并得到充分肯定"③。总之，为打造舆论合力，我们要根据不同媒介特点，不遗余力地促进媒介立体互融，对于学生公众网民微博而言，转发就是力量，因为草根微

① 《推动传统媒体和新兴媒体融合发展》，http：//media.people.com.cn/GB/22114/387950/。
② 田凤：《中国教育网络舆情分析报告（2012）》，教育科学出版社 2013 年版，第 95 页。
③ 《北京大学创新校园 BBS 的网络思政和文化育人功能》，http：//www.hie.edu.cn/fzdt_detail.php？id＝1154。

博能传递舆情和点上信息。对于校园达人微博而言，影响力就是旗帜，因为意见领袖的只言片语往往影响舆论走向。对于学校官方媒介而言，公信力就是导向，因为它们的权威性能擎起主流声音。

五、社会治理整合——营造和谐氛围

互联网是一个无国界的自由空间，网络舆论环境建设的复杂程度远非任何传统舆论环境可以相比，置身于现代结构复杂、价值多元的社会之中，单靠政府无法解决纷繁多样的问题。对于校园网络舆论环境而言，更是如此。单靠学校更显力不从心，必须实现政府、网络行业、网民以及各社会组织的共同努力，在多方合作博弈下对网络实现共同调控。关于"网民的努力"和"学校的努力"已经在前面讨论了，在此不再赘述。而对于政府方面的努力而言，我们认同有关学者的观点，政府在舆论管理中最重要的是进行角色的转换，不应既是"掌舵人"又是"划桨者"，而应该成为网络舆论环境和谐发展的监护者和领航人。[1] 我们欣喜地看到，2011 年 5 月，"国家互联网信息办公室正式成立，这标志着中国互联网信息服务和管理工作进入了一个新阶段"[2]。北京市微博实名制从 2012 年实施以来，在规范微博用户使用行为、减少微博虚假信息与谣言传播方面已经起到了显著作用。2013 年国家网信办在全国范围内集中部署打击利用互联网造谣和故意传播谣言行为，以寻衅滋事罪和非法经营罪拘留两位著名网络推手"立二拆四"和"秦火火"，拉开整肃社交媒体生态环境的大戏帷幕。2014 年国家网信办发布《即时通信工具公众信息服务发展管理暂行规定》，又被称为"微信十条"，截至 2015 年 1 月，微信真实身份注册的比例已经超过 80%。

回到校园空间，我们以为校园网络舆论环境优化对政府优化社会治理方式、整合社会系统资源方面的诉求主要体现在以下几个方面：第一，改进行政管理：净化网络舆论的重要前提。如果说在网络舆论环境中，政府应该

---

[1] 参见余秀才：《网络舆论：起因、流变与引导》，中国社会科学出版社 2012 年版，第 239 页。

[2] 姜飞、黄廓：《新媒体对中国"权势"文化的颠覆与重构》，《探索与争鸣》2012 年第 7 期。

还要行使行政手段，我们以为应主要着力在社会治理上，因为解决社会问题，胜过一切舆论应对技巧。舆情所折射的，主要是人民内部矛盾，试看网络上人们关心的问题，诸如劳动就业、社会保障、上学看病、住房问题、利税调节、交通运输、社会治安、打击犯罪、网络安全等等社会矛盾、冲突，不都是同"社会治理"问题紧密联系在一起吗？"面对这样一个时代新关节，我们国家应当有以善处，首先是善处自己。而善处自己的根本立足点，就是在坚持经济建设为中心的基础上进一步练好'内功'。良好的'社会治理'，正是绝对不可或缺的真正'内功'之一，真正'基本功'之一。"① 第二，加强法律约束：规范网络舆论的应然要求。从国际社会来看，政府在网络舆论环境管理方面，行政手段是必需的，但更多的是运用法律手段加强治理。"据有关机构对世界 42 个国家的调查表明，大约 30% 的国家正在制定有关互联网的法规，而 70% 的国家在修改原有的法规以适应互联网的发展。"② 因此新时期面对网络舆论发展的新形势，不断进行法制创新，完善法制管理势在必行。在立法方面，要坚持预防为主原则，以法的强制性防范国家信息化过程中出现的各种安全危险；要注意信息自由与公共利益的结合，在维护公共利益的动机前提下，多倾向于保障公民信息自由表达权力；要具有可操作性，不能太笼统，缺乏细节规定。在法制管理上，要加强法理研究，多出具有针对性和指导性的调研报告；要修改和补充网络监管程序，强化网络主体言论的权利保护；可借鉴他国经验，对网络和内容依据不同法律，由各自独立机构实施管理。③ 第三，加强行业自律：约束网络舆论的有效途径。过去网络舆论的管理经常会看到政府的直接干预，但是干预效果有待改善。放眼国际，越来越多的国家推崇小政府大社会，"少干预、重自律"是当前国际互联网管理的一个共同思路。政府更多的是做服务，为行业政策、发展方向等服务。积极实施网络行业自律，能帮助互联网机构不走歪路，实现可持续

---

① 人民网舆情监测室：《网络舆情热点面对面》，新华出版社 2012 年版，第 5 页。
② 王雪飞：《国外互联网管理经验分析》，《现代电信科技》2007 年第 5 期。
③ 参见余秀才：《网络舆论：起因、流变与引导》，中国社会科学出版社 2012 年版，第 222—226 页。

发展。传播学家郑贞铭说:"新闻自律也可以说是新闻事业对社会责任的实践。"[1] 为此,要建立健全行业自律性管理制度,制定并组织实施行业职业道德准则,推动行业诚信建设。要促进网络媒介履行社会责任,一方面坚持正确舆论导向,另一方面提升自身新闻专业水平。要建立完善行规行约,保证网络媒体舆论监督和引导和谐发展。具体而言,例如对于确定是谣言或者虚假消息,网络运营商要及时联系所涉单位或个人给出权威解释,防止舆论负面影响的进一步扩大;网络运营商要成立网络监测团队,随时解读微博、论坛舆论,实行有针对性地打击负面舆论行为等。

---

[1]　余秀才:《网络舆论:起因、流变与引导》,中国社会科学出版社 2012 年版,第 209 页。

第七章　高校校园网络舆论环境优化机制

　　校园网络舆论危机事件一般具有四个特征：一是突发性：突然发生，难以预料；二是关注性：受到学校、教育系统、社会的极大关注，成为一个时期内舆论的焦点和热点；三是紧急性：必须马上处理，减少损失，恢复常态；四是危害性：对学校形象产生负面影响，危害学校声誉，影响校园正常教学活动。应对如此复杂、棘手的危机事件，机制建设十分重要，没有完备的机制支撑，之前讨论的舆论监测、技术控制、舆论引导等只会杂乱无章，措手不及。校园网络舆情危机事件都要经历一个从最初的发生、发展到危机爆发、持续甚至结束的过程，有其自身的生命周期，在之前的论述中我们将其称为萌芽阶段、活跃阶段、消解阶段。因此，我们依据突发事件自身的生命周期，应对机制也应该划分为三个阶段的子机制：潜伏期的预警机制、爆发期的缓释机制和衰退期的反思机制。

第一节　危机事件潜伏期的网络舆论预警机制

　　2000 年 5 月下旬，"一塌糊涂"BBS 上传出北京大学一名女生在返回昌平校区遇害的消息，迅速成为舆论焦点，进而扩展至整个北京高校并引起海外传媒的极大关注。在"一塌糊涂"、"水木清华"BBS 上的消息鼓动下，23 日晚 8 点，一些学生在北京大学大讲堂前进行了悼念活动，晚 12 点悼念学生约 300 多人举行校内游行，并在学校办公楼前与学校领导进行了对话，聚集活动持续到第二天凌晨 4 点半。24 日北大校长在办公楼前与学生进行了对话，随后又发表广播讲话，讲话内容在 BBS 上流传，学生们的情绪逐渐降温。这次事件是中国高校最早发生的由网络舆论动员和组织串联而引发的校园危机事件之一，[①] 也是中国第一起完全依靠互联网达成信息传递和实际集结的危机事件之一。可以说这起事件使得高校对网络的认识又加深了一层，于是纷纷投入力量研究如何对突发的校园舆情危机事件建立有效预警。如前所述，解决高校网络舆论危机事件最行之有效的方法便是防患于未然，成本低，影响小，效果好。但当高校网络舆论处于潜伏期时，信息比较隐蔽，很难判断，因此这就要求预警机制全面而规范，尽可能地从根本上防止危机事件的形成和爆发，或将其遏制在萌芽状态，使风险降到最低，保障校园网络舆论环境和谐有序。

一、以人为本，注重发展

俗话说：隐患显于明火，防范胜于救灾，责任重于泰山。在校园网络舆论环境建设中，我们以为做好业务工作，以人为本，将学校建设好，发展好，是位于第一位的基础工作。只有将这个基础工作做好了，宣传部门的工作才会游刃有余，学校的公信力和美誉度才能得到维护，校园和谐稳定才会有更加坚实的基础。习近平总书记说"打铁还需自身硬"，他在全国高校思想政治工作会议讲话中强调："党中央作出加快建设世界一流大学和一流学科的战略决策，就是要提高我国高等教育发展水平，增强国家核心竞争力。"为此，在全国各行业掀起全面深化改革的大背景下，高校一是要坚持内涵式发展。树立科学的高等教育发展观，以体制机制改革为重点，围绕高等教育的规模、结构、质量、效益不够协调的问题，大胆探索试验。根据学校办学历史、区位优势和资源条件等，适应经济社会发展需要，探索学校合理定位，强化鲜明特色，调整学校的学科专业、类型、层次和结构，提高高等教

---

① 参见张再兴：《网络思想政治教育研究》，经济科学出版社 2009 年版，第 11 页。

育质量。二是要完善中国特色的现代大学教育制度。落实高校办学自主权，加快大学章程建设，明确学校办学责任。完善治理结构，增强学术委员对学校学术发展的权重影响，推进教授在学校教育管理中的作用，加强民主管理。推进社会参与，为学校改革发展争取更多支持。三是要创新人才培养模式。推动学校教育向学生学习为主转变，探索在教师指导下，学生自主选择专业、课程等自主学习模式，倡导启发式、探究式、讨论式、参与式等互动教学方法，注重学生学习过程考核评价。改革教学管理，以提高实践能力为重点，鼓励本科生参与科研活动，创造条件支持他们早进实验室，探索与有关部门、行业联合培养人才模式。创新人才培养质量标准体系，体现文化知识、道德品质、创新思维、实践能力等全面发展和个性发展的要求。四是要加强师德师风建设。制定高校教师职业道德规范，引导教师既为学问之师，更为品行之师，把师德表现作为教师绩效考核的重要内容。加强高校学风建设，严格学术规范，对学术不端行为按学校管理办法进行惩治查处。我们以为良好的教学管理秩序，不仅能增加在校学生的幸福感、满意度，而且为解决校园内利益矛盾提供了价值基础。某高校校长在接受人民网采访畅谈学校改革故事时表示，改革最大的难点在于价值观的改变："现在，中国的大学虽然取得了一些成绩，但是面临的问题非常大，最大的问题是人心，是人的价值判断和价值观念出了问题。就学生而言，18—22 岁本是人生最好的阶段，应该有很美好的回忆，而现在的孩子们则总是怀着一种很急躁、很压迫的心态，因为他们面临了太多的问题。还有我们的教师收入本来就不高，社会地位也不高，有句玩笑讲，教授满街走，教师不如狗。教师在大学里面也没有得到应有的尊重。管理层当然更不用说，存在行政化的问题。这样就势必带来学校在学风、在教学和科研的比例、在对学生的培养、在对培养什么人的这些问题上有比较大的隐患。"[1] 如前所述，舆论环境建设说到底是人心的建设，坚持以人为本、注重发展，就是要通过学校的建设发展，进一步弘

---

[1] 《改革　让大学成为超越时空的地方》，http://edu.people.com.cn/n/2014/0307/c367001-24562017.html。

扬校园正气，凝聚全校人的心劲，营造积极健康向上的主流价值氛围。

二、日常监测，提高警惕

德国飞机涡轮机发明者帕布斯·海恩从飞机飞行安全事故的角度进行深入剖析后，提出了著名的"海恩法则"，即："每一起严重事故的背后，必然有29次轻微事故和300起未遂先兆以及1000起事故隐患"①。进行日常监测也是同样道理，将预警管理纳入常态管理，是为了长期稳定地了解校园民情民意，为学校决策管理提供重要参考；同时也为了能及时把握公共事件的走向，及时发现问题，及时改进学校工作作风，提高行政效率，反思和调整各项教育政策，将负面影响降到最低。为此，学校需要建立三大工作体系，② 一是学生、院系、学校的三级舆情收集工作体系。辅导员和班导师要与学生党员、学生干部等保持通畅的信息沟通渠道，第一时间了解学生身边发生的事件，并迅速上报给院系，院系了解事件后立即向学校层面汇报。二是网络核心工作团队，即专门的网络监管队伍，能形成专门的网络舆情信息管理机构更好，这样可以随时了解学校师生的思想动态，对网络舆情给学校带来的影响进行预判，使高校网络舆论环境建设更具主动性和针对性。这样的队伍或者机构由一个职能部门统一领导，如校园网络舆论环境建设领导小组的牵头部门——宣传部就合适担任此责，以保障队伍或者机构能够获得更多的整合资源，进而更高效地运行。三是高校网络舆情联动工作体系，这其实就是校园网络舆论环境建设领导小组涉及的职能部门，通过各自系统收集来的信息，要能通过联动工作体系迅速分享。在监测方法上，我们提出了三个步骤：发现筛选、分析研判、传递报送。监测手段上，由于平常的搜索应用无法达到网络暗区，我们建议采用"系统＋人工"方式，相辅相成加以利用。除此之外，就日常监测而言，我们以为在以下三个方面需要加以留意：一是对关键时间、关键地点进行严密监控。周期性舆情事件就是在时间、涉

---

① 海恩法则，百度百科。
② 王国华、曾润喜、方付建：《解码网络舆情》，华中科技大学出版社2009年版，第286页。

及主体、事件类型方面存在共性，经常发生、有规律可循的舆情事件，比如开学时期，容易出现罢课罢餐等校园维权事件，寒暑假时期，容易出现外出意外事故、宿舍失火等教育管理类事件。对于周期性舆情事件，学校要认真总结已发生的事件应对经验，尽早做好防范类似事件的应急方案。我们还要注意到，在具体监测中，还存在着某个具体时期格外容易引起事端的问题，应做好预警。二是对敏感事件进行特别监控。根据校园网络舆论环境热源内容聚焦规律，涉及意识形态、民族宗教、维权诉求、教育管理、教育改革、非正常死亡、师生言行失当、毕业就业、重要人物（事件、节日）等热点内容，都是我们平日里需特别监控的敏感事件。无论哪一类还是哪一种危机事件，如果涉及以上内容，发生后皆容易引发网络舆论热潮，一旦监控不利，极易导致舆论失当和事件本身的应对失误。三是对关键情绪进行实时掌握。学生网民的心态是否关乎学校倡导的社会根本价值观，学生网民的情绪是否关乎深层次的学校治理制度，这两种校园情绪应特别注意，因为这些情绪更容易给校方与学生的互动带来较大影响，一旦处置不当或放任其发展壮大，极易引起校园不稳定。

三、多样渠道，定期协商

众多高校网络舆情事件多是由于网络信息不对称所引起的，当涉及学生权益、安全等事件发生时，学生网民毫不犹豫地将目光首先投向学校，这表明了学生对于校方的期待和信任，但如果面对危机学校不能及时回应，甚至连获取信息的渠道都封闭了，那么结果可想而知。在移动互联网时代，传播对象大众化的情况下，信息不可能被封锁，权威信息缺失只会给小道消息传播提供契机。有时候并不是"官对民"失语，而是"民对官"勿听，网络攻击并不是大多数人解决问题的首选方法，但一旦找不到交流通道，学生只能通过网络施压和泄愤来获得心理平衡和支持。所以，确保学生的知情权，并进行正确的网络舆论导向，是建立学校与学生相互信任的重要基础。在日常工作中，加强师生互动，保持信息畅通，提供丰富的校方与学生的交流平台，将有利于学校及时处理尚未爆发的网络舆情，变被动防御为主动出击。

一是学校官方网站、微博、微信公众平台。这是学生与校方沟通的首选，学生可以在官网上直接与学校职能部门及其负责人通话，表达诉求、传达信息、关注校园动态、了解政策变更。重视利用官网可以成为切断不实舆情爆发的重要手段。二是包含新闻发言人制度、新闻发布会制度在内的完善的高校新闻发布体系。通过新闻发布体系，既向公众传递权威消息，又将信息内容归口到新闻发言人这一权威信息资源，从而使学校在处理舆情危机时，掌握主动，稳定民心。三是网民留言回复制度化。为了规范留言办理程序，避免随意性，制度化办理网民留言已经成为许多政府组织推进"网络问政"的一种"时尚"。高校也应重视网络留言回复，不能让校长信箱、书记信箱等成为摆设。某某大学学生中就流传一句校园闯关秘籍，有问题找校长信箱，因为校长每天会亲自审阅、回复和督办学生的每一封来信。为促进学生反映问题的落实，校长批复给副校级领导及职能部门督办的学生来信，要求 3 个工作日内正式回复，落实不到位的或者被学生反映服务态度不好的，年底扣发绩效津贴。通过校长信箱及时发现学校运转工作中的不足和问题，开辟了除信访渠道外的一条高效渠道，使学校各级部门能够实现自我校正、自我完善、自我发展，值得提倡。四是学生参与学校管理的民主制度。在诸多矛盾冲突事件背后，其实是利益表达机制的缺失。将利益表达制度化，用制度化的利益表达平衡校园中的利益关系，化解校园矛盾，是校园和谐稳定的根基。如，建立各种形式的学生参议制，支持学生直接参与学校民主管理；通过听证会、座谈会等形式，鼓励学生对学校的工作提出意见和建议；建立校领导、职能部门与学生面对面交流常态机制，不断强化学校与学生的对称式信息互动交流，推动学校与学生形成共成长同发展的合力。五是决策前网络民意试探。在学校公共事务的重大决策过程中，为减轻执行阻力敲定公布前可邀请决策者、有关专家、执行负责人进行点评、解读、网上访谈等帮助师生了解政策背景，完整理解措施意图，弄清楚执行步骤，消除误解打消顾虑，[①] 也

---

① 陈剩勇、杜洁：《互联网公共论坛与协商民主：现状、问题和对策》，《学术界》2005 年第 5 期。

可以通过网上公示和民意调查等方式了解民意，然后再作出相应决策。这里要强调的是新媒体使用应该是新时期高校教育管理者的必备执政技能，从校级领导到职能部门负责人再到基层辅导员，都应重视学校各院系师生的网络表达，妥善回应舆论关切。如有可能，在教代会、学代会上或在年终述职、竞聘上岗时，教育管理者应该要汇报拥有哪些网络舆论沟通个人平台，响应了多少网络热点问题，解决了多少网络诉求问题，联系了多少校园网络意见领袖，这一时期在网络上是增分还是减分等。

四、应对预案，常抓演练

古人云："凡事预则立，不预则废。"详细而周密的预案，能够保证在网络舆情危机发生时有条不紊，获得最大限度的主动权。2006 年国务院发布的《国家突发公共事件总体应急预案》，将突发公共事件分为自然灾害、事故灾难、公共卫生事件、社会安全事件四大类。在校园网络舆论环境中，舆情危机事件可能与这四类都有关系，尤其是与社会安全有关的高校群体性事件，更是要特别注意防范的。因此学校应切实按照《国家突发公共事件总体应急预案》的要求，借鉴其编制经验，构建校园网络舆情危机应急处置机制预案，变非流程化的危机处理为程序化的按步推进，缩短有关部门的响应时间。从某种程度上说，一个好的应急预案，凝聚了许多师生的经验，既是对客观规律的理性总结，也是在新媒体环境中的一项制度创新。我们以为制定预案，应把握住以下几个要点：首先，预案应该明确完善预测预警机制，建立预测预警系统，对舆情变化、现实状态中潜在的舆论暗流要有预计和把握，当这些暗流暗自涌动的时候，要开展风险分析，提前预警，做到早发现、早报告、早处置。其次，依据突发事件可能造成的危害程度、紧急程度和发展态势，把预警级别分为四级，特别严重的是 I 级，严重的是 II 级，较重的是 III 级，一般的是 IV 级，依次用不同颜色标示。每一等级都由不同级别、不同范围的力量参与到网络舆情危机应对中，根据网络舆情危机的等级，调动与之相应的资源和力量进行危机化解。最后，根据事件参与主体和事件性质确定处置方式。突发事件的参与主体可以是学生、教师，也可以是掌握学校权力的某个职能部门或者政府教育部门；可以是各类学生组织或是学生网络自组织，也可以是学生家长；可以是社会某个机构或者组织，也可以是不具名的社会公众等。因事件至少会涉及两方主体陷入矛盾冲突方能引发，因此可以将参与主体两两配对进行事件分类。结合事件分类性质，"我们可确定概括性的处置方式，针对可能出现的事件形态制定出应急预案。界定事件性质，必须以法律为准绳区分守法还是违法，以道德为准则区分恃强凌弱还是受害反抗，必须对守法者的权益依法保护、受害者的权益依法补偿，而对侵权和违约者严加惩处"①。预案制定好后，要常抓演练，否则就成了一纸空文。常抓演练的目的是：一是检验预案：预案到底行不行，拉出来溜溜便知，如果预案存在问题，立即加以完善以提高其实用性和可操作性；二是完善准备：通过开展应急预案，检查所需物资、技术、人员等方面的准备情况，如果有不充足的可以及时调整和补充；三是锻炼队伍：突发事件发生时，网络舆论环境建设领导小组旗下的工作小组，缺乏突发事件应急经验，极大影响对突发事件的有效解决，因此需要对他们进行系统专业培训，以积累临战经验，提高业务技能，把握网络舆论发展规律，加强队伍素质；四是磨合机制：遇到重大网络舆情危机事件，是否能在最短时间集结力量产生联动合力对事件的处置具有举足轻重的作用。② 通过演练能进一步检验应急处置联动机制，明确有关部门和人员的责任分工，熟悉工作规程，提高机制运转效率。

---

① 杨英法、李文华：《论群体性突发事件预防和处置机制的构建》，《学术交流》2006 年第 5 期。

② 陶建杰：《网络舆情联动应急机制初探》，《新闻传播》2007 年第 10 期。

第二节　危机事件爆发期的网络舆论缓释机制

我们以为，在校园网络舆论环境中，应对危机爆发，应该遵循以下原则，使得网络舆论尽快缓释。

一、第一时间

"第一时间"是什么时间？很难对其作出具体的规定。传统观点一般认为，处置突发事件有"黄金24小时"一说，即在事发24小时以内发布权威消息主导舆论是平息事件的关键。随着新媒体的迅猛崛起，使得"24小时法则"显得无力，于是又有舆论研究机构提出了新媒体时代处置突发事件引导舆论的"黄金8小时"、"黄金4小时"原则。而在微博成为新媒体时代网络舆论的重要引擎后，一起事件经过微博传播，大约30—50分钟就能成为舆论热点，于是又有研究者提出"钻石1小时"原则。其实"第一时间"是个动态概念，没有一个一成不变的"第一时间"，无论24小时、8小时、4小时还是1小时，都不是机械地要求在固定时间必须怎么样，而是要明确尽可能主动及时发声，强调的是信息发布的及时性。我们强调在"第一时间"抢占舆论制高点，这是因为：其一，危机发生后，第一时间发声，就能作为突发事件的"第一定义者"，抢占舆论先机，掌握舆论主动权，避免妖言惑众，否则在舆论上就会陷入被动。中国社会科学院新闻所所长尹韵公说："新闻有个'先入为主'的特点，一旦事情公布出去，传播速度很快，就算马上进行纠正，一般效果也不会太明显。……我也收集了许多虚假报道进行纠正的案例，但从来没发现纠正消息赶上散布错误消息报道步伐的。"[①] 其二，传统"后发制人"的做法在新媒体时代已经不再灵验。过去对于突发事件或者敏感问题，我们在维稳压力下，习惯于先封锁消息或者

---

① 邹建华：《微博时代的新闻发布和舆论引导》，中共中央党校出版社2012年版，第30页。

冷处理，更何况这些事件一般动静较大，自己也不敢担责任，还需一级一级请示上级，申请领导批示，再到开会，再到处理，只有研究妥当了才敢对外公布，表明立场。理论上这种做法看起来比较稳健，但是当前信息时代，时间等不起。其三，"如果权威声音在舆论最需要的关键时刻缺位，就会给谣言的产生和传播以巨大空间"①，同时也会被网民看作是逃避责任，产生新的质疑。但是万一事实在较短时间内确实无法查明，又要第一时间发声怎么办？第一时间及时诚恳地给出一个态度一般能安抚网民激动的情绪。如果发生了校园意外伤亡事故，新闻发言人应及时出来表示哀悼、表示慰问、表示调查真相，并表明准备要对受难者亲属提供帮助；如果发生了校园管理责任事故，有关领导应要及时现身，新闻发言人要表示道歉、表示反省、表示认真调查以及时公布真相，并表明要严厉追究有关人员责任；如果发生了教师行为失当引发的冲突事故，发言人要表示愤怒、表示痛心，并表明要依据校纪校规进行惩处等。总之，"在当前的舆情信息化社会，在舆论上的滞后往往意味着把事件的评述权、评论权拱手让人，而放弃舆论主导权"②。

二、公开透明

2010年9月起施行的教育部第29号令《高等学校信息公开办法》，从公开的内容、公开的途径和要求、监督和保障等方面进行了明确规定，是我国高校信息公开的基本管理办法，是学校加强自身建设的重要制度。该文件要求"高等学校应当遵循公正、公平、便民的原则，建立信息公开工作机制和各项工作制度"，该文件"公开的内容"一章明确指出要公开"突发事件的应急处理预案、处置情况，涉及学校的重大事件的调查和处理情况"。在突发事件的爆发阶段，面对网络舆论各类铺天盖地的消息，学校主动及时公开信息，营造透明的舆论氛围，有助于公众树立信心③。当然，做任何事情

---

① 《政府媒体危机公关的基本原则》，《领导干部文摘》2009年第9期。
② 魏永忠：《公安机关舆情分析与舆论引导》，中国法制出版社2011年版，第294页。
③ 陈冬杰：《政府应对网络舆论措施研究》，郑州大学硕士学位论文，2013年。

都要讲究方式方法，国务院新闻办把突发事件的舆论引导策略概括为"四讲"，"即尽早讲，第一时间表明对事件的态度和应对措施；持续讲，向公众不断纰漏事件进展情况；准确讲，发布信息真实全面，争取公众的认可；反复讲，采取各种方式向公众进行答疑解惑。"① 做好信息公开透明，我们需要注意以下方面：一是并不是所有的学校信息都是可以公开的，实际上，相当一部分学校信息是不能予以公开的，譬如涉及国家秘密、个人隐私等。学校所掌握的很多信息是具有"秘密"等级的，这是基于学校、社会乃至国家安全需要考虑，而这些内容是有保密法进行严格规制的。二是先发布简要消息，后推进详细资料。突发事件发生后，在情况不甚明朗、信息不太完整的情况下，极易引起学生网民的主观猜测和种种传闻，因此要尽快选择恰当的传播渠道，及时准确地发布有关消息，不能因为等待搜集完整信息而错失发布时机。我们可以利用网络的推送技术，例如 RSS 订阅、弹出式非广告窗口、系统边栏等，用简要消息引导议题，先让学生简单了解各种情况，而后再根据掌握的信息进行陆续推进，再进行全方位的报道，使他们形成接收惯性。三是要有效传递信息。信息传递出去与有效传递信息是两码事。危机爆发后，应让公众感到学校表态非常积极，真诚相待，应对主动，公平公正。表态积极就意味着要尽快沟通。真诚相待意味着事件发生的真实原因、确切过程、全部结果等真相在被努力挖掘进而公之于众。应对主动意味着正在积极处置相关责任人，受害人得到妥善安置。公平公正意味着事件处置过程传递出来的信号让公众觉得没有权钱交易等黑幕影响事件处置。总之，要让学生网民明显地感到学校是坦诚的、透明的，有决心、有能力处理好危机事件。此外，在措辞上，态度强势的"绝对不是我们的问题"、"不可能存在其他原因"之类的表达，容易引起学生网民的逆反心理；"不明原因"、"某些因素"等用词含糊、语焉不详的表述也会造成更多关注，引发不必要的猜测和遐想。四是学校要官方的发声，在突发事件处置中应扮演权威主导角色。

---

① 《2008 年中国互联网舆情分析报告》，http://www.china.com.cn/aboutchina/zhuanti/09zgshxs/content_17100922_4.htm。

与此同时，一些民间的活跃网络账号适时进行信息公开的补充，能为网络舆论增添人性化的特征。譬如校园微博达人、微信红人、学生社团等，他们能凭借其身份优势和深入学生的客观实际而带来的亲近感和信任感，对营造公开的信息舆论氛围发挥推动作用。

三、解决问题

无论是"马列主义思想的生命力在于回应社会问题"，还是"意识形态建设需与日常社会生活紧密结合"，校园网络舆情涉及的热点问题多来自现实校园生活。这样一来，有效解决应对网络舆情事件，实际上就是要解决现实社会中问题，因此"网络舆论环境建设说到底也是现实社会建设的过程"①。《人民日报》评论员文章认为："媒体既不是事件的起点，也不是终点。对于转型期中国产生的'问题'，既要弄清'怎么看'，更要明确'怎么办'。"② 我们一定要认识到，再好的学校也不可能没有问题，有问题不可怕，关键是问题出现了能够正视和解决问题。在校园网络舆论环境建设中坚持解决问题原则，就是抓住了环境中纷繁复杂现象背后的主要矛盾，是舆论调控最根本和最有效的方式。在这里，当事人和围观看客的诉求，大多属于个人和学校的具体而琐细的利益问题，高明的学校管理者应该擅长将这些诉求分解为学校方方面面的管理问题，把校园压力分解到校园社会治理的各个环节中一一击破。解决问题胜过搞定舆论，在现实校园网络舆论环境建设中，解决问题通常有三种情况。③ 其一，实际问题立即得到公正妥善解决，舆论事件很快平息。例如"罗彩霞被冒名顶替"事件，就是在面对具体矛盾冲突时，回应了群众利益的诉求点，把握了问题解决的关键点和着力点。其二，现实问题一时无法解决的，也要明确告知何时能解决，然后千方百计地去推

---

① 张春华：《网络舆情的社会学阐释》，社会科学文献出版社 2012 年版，第 240 页。

② 《人民日报：处置热点不应只重公关　需解决问题》，http：//news.qq.com/a/20110623/000378.htm。

③ 参见蒲红果：《说什么　怎么说　网络舆论引导与舆情应对》，新华出版社 2013 年版，第159—168 页。

进，如有可能的话，推进过程中也尽量多地通报进展。例如"某高校学生编歌要求校长装空调"事件，在做过有关调研后，校长立马回应，公开承诺在财政预算中安排专门经费，第二年 5 月 1 日前所有学生宿舍安装到位，而事实上第二年校长也兑现了他的承诺，赢得了学生们的拥护。其三，从长远考虑，要从根本上解决问题，避免这次缓和了，下次又点着了。例如"异地高考问题"，从 2005 年起就有家长开始努力，在北上广街头发放传单，建立"我要高考"网站（网站获得 10 万余人的网民签名支持），向教育部门递交建议书等，呼吁取消大学招生地域歧视。此外，北京大学、中国政法大学学者们还专门召开了随迁子女就读地高考权力保障研讨会；许多媒体人士也通过发起微博活动表示支持。这样的事关全局的大问题，不是一个简单舆论引导的问题，不解决根本问题，什么样的引导方法都无济于事。《国家中长期教育改革和发展规划纲要（2010—2020 年)》指出要推进基本公共服务均等化，明确了对流动人口的义务教育以流入地为主提供。而高考由于超过基本公共服务范围，教育部回应，基本方向已经明确，相关政策正在研究，并要求各地根据发展需要和承载能力，就此提出具体的解决办法。"全国各省市异地高考方案"专题网站[①] 展示了各地的政策探索情况和开放异地高考的时间表。从某种意义上而言，各地探索的将基本公共服务与户籍剥离是站在从根本上解决问题的视角。

四、尊重规律

舆论从根本上说是民意的反映，也可以说，舆论是社会心态的反映，社会心理是舆论形成的重要机制。顺应、利用社会心态的规律是调控网络舆论的重要原则。一是遵循"首因效应"，力争先入为主。"人们在对他人形成印象的过程中往往根据最先接受到的某些信息形成印象，这种最先的信息对人形成印象具有强烈影响的现象被称为首因效应。"[②] 同样，在网络信息传播

---

①　全国各省市异地高考方案专题网站，http：//www.eol.cn/html/g/ydgk/。

②　章志光：《社会心理学》，人民教育出版社 1996 年版，第 109 页。

中也存在"先入为主"的现象，人们在接受信息时，总是相信第一次听到的，而对后来的说法持怀疑态度。至于后来议论的事实是否清楚、判断是否正确，学生网民在先导性意见形成的强大舆论声势面前，容易缺乏理性思考。[①] 因此，突发事件爆发后，要尽快针对舆论发声，哪怕是表达对事态的关注，承诺采取必要措施也是好的，未必要宣告实质性内容，主要是起到安抚人心、建立良好第一印象的作用。二是遵循"休眠效应"，重视心悦诚服。"在信息传播过程中随着事件的推移，高可信度信源的说服效果可能会出现某种程度的衰减，低可信度信源的说服效果则可能上升"[②]，也就是说时间久了，网上深入传播的观点出自哪里已经被人们忽略了，这就是"休眠效应"。这启示我们，在舆论引导过程中，起决定作用的是引导内容本身的说服力，倘若内容不能感染人、打动人从而走进人的心里，那么再花哨的内容呈现形式也不能让人认可，就算是意见领袖和权威媒体所说的话也会被人们遗忘。三是遵循"破窗效应"，切割有害信息。破窗效应是指，如果一座建筑物的玻璃窗被打碎而没有及时修补，其他的玻璃就可能被一块块地打破，因为被打破的玻璃对人们是一种暗示，即其他玻璃都是可以被打碎的。这个效应告诉我们，在校园网络舆论环境中，"必须高度警觉那些看起来是偶然的、个别的、轻微的'过错'，如果对这些行为不闻不问、熟视无睹、反应迟钝或纠正不力，就会有更多的人'去打烂更多的窗户玻璃'"[③]。在危机爆发后，遵循破窗效应，就更要敢于对负面信息或不利信息及时进行消除、屏蔽，不能不假思索、不计代价地去维护一个落后个体。当然这是有原则的，不能推卸责任，胡乱切割。四是"自己人效应"与培养身边的意见领袖。人们在人际交往中往往对"自己人"采取认同、信任的态度，类似家人、朋友、熟人、老乡、校友等，在心理上有认同感、亲近感的人，容易拉近彼此

---

① 胡杨、徐建军、张宝：《社会认知心理学对校园网络舆论环境优化的启示》，《现代大学教育》2013 年第 3 期。

② 蒲红果：《说什么　怎么说　网络舆论引导与舆情应对》，新华出版社 2013 年版，第183 页。

③ 徐建军、童卡娜、徐鸣：《把握舆论引导　清朗网络空间》，《经济日报》2014 年 5 月 6 日。

心理距离，这就是"自己人效应"①。这个效应告诉我们，在网络舆论引导过程中，要注意从校园生活中寻找身边人培养意见领袖，因为他们来自同学身边，可亲、可敬、可信，坦诚、亲切、拉家常式的话语更容易让人接受。与此同时，我们鼓励学校与学生有关的职能部门负责人开通微博账号，与学生互动，也要注意不能摆出官员架子，而应该是普通人的情趣、亲民的作风、心系学生的平民情怀，否则会适得其反。

第三节　危机事件衰退期的网络舆论反思机制

在危机事件衰退期，对于高校而言，应该积极做好善后工作，防止舆情出现反复，尽快修复公共形象和公信力。应该注意不断探寻网络舆论调控的规律，及时进行反思，既总结经验，又吸取教训，更要对未来危机管理做好准备和预设。在建设中学习建设，从某种意义上说，如果有好的反思机制，每经历一次网络舆情或由此产生的突发事件危机，就是对学校管理能力的提升。

一、积极善后，加快终结

网络舆论从萌发到快速发展再到最终平息，有快速终结和逐步终结等不同过程，舆情处置主体介入程度是影响舆情事件发展过程时间长短的重要因素之一。事件高潮期过后，为尽快恢复校园秩序，应适时开展善后工作，要保证善后工作人员和资源到位；着手追究有关组织和人员的责任；对突发事件的伤亡人员，要给予妥善安置与抚恤；对心理受到伤害的人员要进行心理辅导；对有关单位及个人的物资，要按照规定给予补偿；要落实处置机制中明确的有关协议等。善后处置的同时，要继续追踪和监测事态的发展，如果事件善后过程中出现重大动作或判决结果、网民爆料出足以吸引舆论目光

---

① 曹茹、王秋菊：《心理学视野中网络舆论引导研究》，人民出版社2013年版，第280页。

的新信息、当事人各方有最新言行或表态、新的类似事件发生等等，都可能使舆情出现震荡。从操作层面来看，网络可成为突发事件的孵化器和助推器，也可以成为热点事件消弭的灭火器。在危机事件衰退期，配合正面信息网络传播，为学生网民设置新的讨论话题，进行新的议程设置，一般可以转移学生网民的舆论焦点。

当新的舆情震荡因素出现以后，应该马上研判舆情走势，作出及时回应，说明针对事件的整改态度和实绩。不过，一般负面舆情事件都会带来很长一段时期的社会影响和震荡，有时几乎在毫无准备的情况下，因社会舆论相关因子而躺着中枪，再次被炒热，因此高校要做好心理准备，以平和心态去面对。当然从长远来看，要反思问题本身，才能从根本上进行修复。例如，"药家鑫"事件。2010年10月2日，某音乐学院钢琴系大三学生药家鑫驾车撞人后因发现被记车号，又将伤者连刺8刀致其死亡，随后驾车逃离现场，途中又将两行人撞伤，逃逸时被附近群众抓获，后被公安机关释放。10月23日，药家鑫在父母陪同下自首。该市检察院以故意杀人罪对药家鑫提起了公诉，一审以故意杀人罪判处死刑，剥夺政治权利终身。后来的二审维持一审原判，2011年6月7日，药家鑫被执行死刑。这起杀人事件首次被媒体报道后，网络舆情迅速升温，网友关注度持续高涨，直到一审开庭，舆论渐趋于稳定，关注度不再激增。但药的辩护律师"激情杀人说"随即又饱受攻击，网络舆情出现第二次升温。而后网友爆出药的师妹李颖"我要是他，我也捅"的言论，再次引来口诛笔伐，还好某音乐学院在官网发布声明称："经核实，我院在校学生中没有李颖其人。"在之后的舆论发展过程中，网友和某些意见领袖发表言论质疑药的母校教育问题。再往后一审判处死刑，二审维持原判，舆情再次回温，之后五名教授呼吁免除药的死刑，网络舆情开始分化，直到药伏法，舆情出现最后一波高潮后逐步趋缓。① 这起事件比较特殊，时间跨度之长，舆情爆点之多，在校园网

---

① 参见唐亚阳：《中国教育网络舆情发展报告（2011）》，湖南大学出版社2012年版，第77—107页。

络舆论环境中是比较罕见的，时至事件发生一年后，仍有后续相关消息见诸网络媒体，且能引起小范围讨论，直到药被执行死刑，网络舆情才真正平息。

二、及时反馈，完善法治

"舆论调控的反馈机制就是指舆情调控的效果和执行情况通过一定的渠道反映或传送到舆情调控者。"[①] 事后反馈机制，不仅能发现网民、师生的反馈意见，培养学生的自我保护意识，提高防范能力，加强学生预防和应对突发事件的能力；而且能帮助学校找到校园网络舆论监管运转过程中的自身缺点，完善突发事件应对机制，明确突发事件各职能部门的处置职责，更新教职员工舆情突发事件的管理理念，避免类似事件再次发生。从内容上看，反馈主要包括以下方面：一方面是对学校网络舆论调控实施的"控制有害信息"、"发布正面信息"、"积极互动交流"等处置后的评价，评价其处置时机是否得当，处置内容是否合适，是否取得预期效果，有哪些经验和不足；另一方面是对学校校园网络舆论环境建设领导小组的旗下团队工作进行评价，评价其联动工作是否到位，组织保障是否到位等。根据反馈信息，我们要完善学校制度建设，如针对教育管理类事件，不仅要加强监管职能部门的责任追究，而且要理顺监管部门的关系，明确职责，建立高效的组织管理体系，避免多头管理、相互推诿的现象发生。如针对学生网络舆论不文明行为，不仅要批评教育，还要根据规章制度进行处罚，触犯法律的要依法追究法律责任。由于网络条件下进入利益多元时代的校园网络舆论环境建设最核心的问题之一便是调节校园矛盾，而要实现这一核心目标就必须制定规则，加强制度建设，使校园各方能进行有序的网上网下行为。放眼古今中外人类社会实践，最有效的制度和规则便是法治。这是要让学校立法吗？当然不是，而是强调一个法治理念问题，即将教育制度、校园规范作为基准的逻辑化思考方式，将法治的精神、法治的思维融入到学校管理的各个层面，通过弘扬校园

---

① 侯东阳：《中国舆情调控的渐进与优化》，暨南大学出版社 2011 年版，第 207 页。

正义价值和放大校园正面能量来规范校园关系，建立符合社会主流价值要求的校园秩序。这就要求高校要通过建立系列制度规则，形成校园制度文化；通过规范师生行为，营造公开公平氛围；通过约束教育管理者行为，减少人为风险，提高服务效能。进一步说，法治理念除了体现在教育管理者层面制定"游戏规则"外，如学校制定网络舆论行为规定等，还可以引导学生们自主建立网络文明使用公约，让法治理念被学生从心底接受和认同，使他们从厌恶他律甚至畏惧法律到自觉遵守、信仰规则。

三、总结评估，探索经验

当前实际情况是校园网络舆论环境建设的大部分的舆情调控完后就算了事。所以，无论是为本校防范未来同类事件发生还是整个高校系统提高应对能力，应该建立经常性的事后总结机制。通过总结，我们就会发现一些成规律的现象，如上海交通大学舆情研究实验室出品的《2012 年教育舆情年度报告》显示，其观测的"教育类事件总热度排名前 20 的舆情事件有 15 起事件由新媒体首次曝光，新媒体已成为教育舆情事件曝光的主要渠道"[1]。这启示我们要高度重视校园网络舆论环境中的新媒体管理。越用心总结，收获会越多，面对复杂舆情事件，也会更有信心。对于周期性舆情事件，我们建议学校应该总结已发生的舆情事件的应对经验，不断完善应对预案。对于突发性舆情事件，要分析舆情事件的背景、成因以及学校各职能部门应对处置的成败得失，总结经验教训，形成案例式研究，为未来可能发生类似事件提供参考依据。总结评估也可以通过第三方舆情研究机构来完成，如人民网舆情监测室。在总结评估中还要注意重视专家的作用，因为在矛盾双方互不信任的情况下，专家成为重要的平衡力量。"在西方当代政治中，专家是个重要人物，他让社会相信这样或那样的决定是否有利，是否安全。"[2] 此外，"通

---

[1] 谢耘耕：《中国社会舆情与危机管理报告（2013）》，社会科学文献出版社 2013 年版，第129 页。

[2] 谢·卡拉－穆尔扎著，徐昌翰、王晶译：《论意识操纵》，社会科学文献出版社 2004 年版，第314 页。

过舆情案例分析、舆情数据研究以及最新舆情传播规律研究，最新舆情传播
载体研究，我们可以分析整个教育行业面临的舆情环境，从宏观上对未来
的教育舆情发展变化进行趋势研究，为教育部门的相关领导、决策者提供
参考"。①

---

① 田凤：《中国教育网络舆情分析报告（2012）》，教育科学出版社 2013 年版，第 113 页。

第八章　高校校园网络舆论环境评估算例

当前全国大、中、小学的学生人数大约为 2.7 亿，教师 3 千万，[①] 教育系统人数是 3 个亿。教育系统作为重要的社会子系统，正在承载着越来越大的舆论压力，高校教育舆情事件频发也给教育部门提出了更高的要求。在现代高校管理中，我们以为校园网络舆论环境建设是一项全新的工作，环境建设得好不好，舆论引导得怎么样，应对危机能力如何，需要采用一定方法来检查和评定，这是客观评价教育工作效果、不断提高教育质量的重要途径，也是加强和改进思想政治教育工作的重要措施。"所谓评估，就是依据一定的原则和标准对目标实现的质与量两方面所做的'评述'与'评价'，评述侧重于定性的判断与描述，'评价'侧重于定量的检测与分析。"[②] 定性与定量评估在实践中相互补充，相互印证。在国外，现在评估学已经成为一门专门学科，并逐渐发展成为超学科的显学，评估方法在诸多研究者的努力下丰富多样，根据评估对象特点，我们以综合定性评估与定量评估的实地调研法、模糊评价法为例探讨校园网络舆论环境建设的评估。

[①] 《2013 年全国教育事业发展统计公报》，http：//www.moe.edu.cn/business/htmlfiles/moe/moe_335/list.html。

[②] 徐志远、宾培英、韩冰：《思想政治教育评价：现代思想政治教育学的重要范畴》，《学校党建与思想教育》（上半月）2008 年第 1 期。

第一节 评估基本原则

原则是言论和行动必须遵守的准则，既是一种约定，也是客观规律的反映。校园网络舆论环境建设的评估原则，是其检测评价活动必须遵守的准则，既要反映现代思想政治教育的目的要求，又要符合校园网络舆论自身演变的规律。因此，它在评估活动中既有指导功能，又对评估活动具有规范作用。

一、方向性与客观性结合原则

在校园网络舆论环境建设评估活动中，一方面我们强调方向性原则。有什么样的价值观作引导，推崇什么样的思想体系，用什么样的社会规范要求舆论环境，希望校园网络舆论环境朝着什么样的社会发展目标前进等都涉及方向问题，显然是根本问题。方向出错了，校园网络舆论环境发展被别引入歧途，与人才培养目标相违背，与社会发展期待相掣肘，那是何等的大错！思想政治教育作为我们建设校园网络舆论环境的出发点和落脚点，立场和态度要十分明确，不能左顾右盼，在建设过程中要始终牢记方向性原则。"道德教育的价值评价，从深层次看，是以评价主体所认定的评价原则为指导的。如我们告诫他人不应该做某事，是因为那样做会导致我们不想看到的结果。"[①] 衡量校园网络舆论环境建设的效果，必然看其是否真正围绕学校中心工作开展。具体说来，就要看校园网络舆论环境建设能否促进学生网民对社会主义核心价值观的认同与内化，能否提高学生网民对中国梦的认识，能否推动学校健康向上氛围的营造，能否训练学生网民的网络文明素养等。另一方面，我们也强调客观性原则。它要求在开展环境评估活动时，坚

---

① Ted Trainer, *The Nature of Morality*: *An Introduction to the Subjectivist Perspective*, Aldershot, Hants, England: Avebury, 1991, p.35.

持客观实事求是，不受主观臆断影响，排除其他干扰因素，真实全面地反映出当前网络舆情的潜在威胁、发展态势和演变趋势等，不能因为负面舆情牵涉校领导而瞒报，不能因为危机事件应对体现职能部门工作疏漏而虚报，不能因为影响学校形象而拖报。从循环往复的思想政治教育运行过程而言，评估是前一个过程的终点也是后一个过程的起点，起着重要的衔接和反馈作用。通过评估，能够了解输出信息作用于校园网络舆论环境中的管理团队和学生网民参与者产生的效果，如有用就持续完善如果无用就调整修改；如果评估不能提供科学决策的客观依据，使得领导部门不能及时准确地调整政策和措施，就不能达到科学建设的目的。"主观与客观是对立的统一，客观是不依赖于主观而独立存在的，而主观却要能动地反映客观，并对客观事物的发展起促进作用。"① 由此可见，方向性原则和客观性原则并举，更强调两者的辩证统一，以方向性为前提，以客观性为基础；要置方向性于客观性之上，用客观性保证方向性的实现。通过二者的辩证统一，既保证校园网络舆论环境评估活动的正确导向，又确保评估活动的实事求是、客观公正。

二、全面性与操作性结合原则

校园网络舆论环境建设是一项复杂的系统工程，涉及许多方面，需要多层次、多角度去表现其相关性、综合性、层次性和整体性等舆情特点，所以环境评估活动必须从整体出发。坚持全面性原则，首先要注意评估标准的全面性。总的来说就是尊重这个校园网络舆论环境自身发展演变规律，尊重这个环境当中人的思想行为规律进行标准设计和把握，力求客观真实地反映环境建设，不会因为其他主观因素过分突出某一指标或者为了数据好看舍弃某一指标。② 其次，还要注意评估过程收集信息的全面性。如有可能从环境建设开始就设立观察点，这样才能获得更多的过程记录。获取信息的手段和

---

① 项久雨：《思想道德教育价值评价的合理性》，《思想教育研究》2003 年第 2 期。
② 参见王立华：《思想政治教育效果研究》，重庆工商大学硕士学位论文，2010 年。

方式也要根据时代变化，灵活多样地充分吸收。实地评估和现场座谈虽不能涉及全部人员，但要采取合理方式听取各方面人员代表的真实反馈，往往不被告知的随机抽取会收到意外的真实情况，另外容易被建设者忽略的地方要专门看。在量化评估中，多做分析，立体化抽丝剥茧似地还原事件现象背后的本质，如从校园网络舆论环境安全角度考虑，一级指标可以为传播扩散、民众关注、内容敏感和态度倾向等；从校园网络舆论环境热点角度考虑，一级指标可以为网络舆论主题度、网络舆论时间度、网络舆论参与度、网络意见倾向度等。最后，要注意把握评估系统普遍联系的全面性。在校园网络舆论环境评估中，不仅要看到校园网络舆论的微观运行，还要看到中观运行、宏观运行；不仅要看校园网络舆论环境系统内部主体、客体、介体等之间相互作用，还要看校园网络舆论环境与学校整体环境、教育系统环境、社会舆论环境等之间的普遍联系。[①] 在坚持全面性原则的基础上，我们还提出了操作性原则，如果指标全面，但不能或不便操作，那么建立起来的指标体系也毫无意义；如果指标虽简单、易操作，但"只见树木，不见森林"，无法反映校园网络舆论环境建设的全貌，那么指标体系同样没有价值。所谓可操作性，就是应该尽可能做到简单、精练，方便检测、采集、评价，因为构建指标体系是为了实际操作应用。那些看起来漂亮、高大上的指标体系实则对实际工作没有什么指导意义的复杂指标应该果断舍弃，因为它并不影响评价结果，相反会增加计量、处理、评定等测评工作量，降低评价工作效率。具体而言，就是尽量减少主观指标，[②] 指标含义要确切明白而不能丈二和尚摸不着头脑，指标所需信息的收集方法现实可行等。

三、评价性与指导性结合原则

从形式上看，校园网络舆论环境的评价是分析信息、得出结论的过程，但从实质上看，是一种价值判断的过程，是对环境优化的价值作出判断，判

---

① 王明东：《大学生思想政治教育风险评估研究》，中南大学硕士学位论文，2010年。

② 参见戴媛、姚飞：《基于网络舆情安全的信息挖掘及评估指标体系研究》，《情报理论与实践》2008年第6期。

断我们所从事的建设活动是否达到了舆论调控的目的，是否达到了思想政治教育目的，是否实现了它应有的价值，以及价值实现程度如何。评估只是手段不是目的，其终极目的还是为了指导高校管理工作，规范和促进健康向上校园网络舆论环境的形成和发展，因此，具有深刻的指导性意义。从一定意义上而言，"指导是评估活动的继续和发展"[1]。事实上，在校园网络舆论环境评价的整个过程，从开始到结束，其中的每一个环节都会给教育管理者以不同程度的指导。例如，在对一个年度内校园网络舆论环境的热点事件评估时，涉及网民议题词频分析，词频最高的热点词能反映出学生网民主要关注的议题焦点。通过具体研究其议题分布：如对教育体制等的评论、对学校职能部门的质疑、对学校职能部门的建议、院系管理层官员活动、学校职能部门的活动、学校的决议和言论、校外教育机构的经验借鉴等，可以看出学生网民像戴着"有色眼镜"一样，喜欢给学校管理部门"挑刺"，启示我们既要对学校教育管理多下功夫、也要注意形象传播和印象管理。"当然这种评价性的指导方式不同于一般意义上的指导活动，其指导效果主要取决于评价者是否明确评价的意图，所选择的评价内容和方式以及实施的评价方案是否体现了指导目的。"[2] 所以在校园网络舆论环境评价活动中，不能背离指导性原则。只有站在"更好发展"的高度，从指导学校网络舆论环境建设的立场出发，才能进行科学的评价，否则评价还只是评价，甚至有作秀、走形式之嫌，不仅不利于鉴别高校校园网络舆论环境建设的层次，而且容易产生不良后果，抵消思想政治教育的育人成果。对校园网络舆论环境建设进行指导的内容和范围十分广泛，如校园网络舆论环境优化理念、监测体系、引导方法、危机处置机制、网络社会与现实社会的联动方案等。当然指导必须结合评估实际，否则踩在云上的指导是没有根基的。

---

① 张耀灿：《思想政治教育学前沿》，人民出版社 2006 年版，第 497 页。

② 项久雨：《思想道德教育价值评价的合理性》，《思想教育研究》2003 年第 2 期。

第二节　实地调查评估

"实地调查是一种以观察、访问、问卷、量表测试等综合手段进行定性、定量的评估方法，包括实地考察、抽样调查、追踪调查三个基本环节或者说三个基本形式。"① 具体操作中，采取哪一种抑或是以某种为主其他补充，要根据情况而定。综合运用三种形式，可以更加全面了解校园网络舆论环境的丰富情况，对其作出更科学的评价。如前所述，校园网络舆论环境具有一定的空间布局规律、内容聚焦规律以及时间分布规律，据此，遵循校园网络舆论规律，我们在实地调查的三个环节分别侧重评估这三个方面。

一、实地考察

网络舆论环境评估是否只要在网上进行考察呢？我们以为校园网络舆论环境是校园舆论环境的一部分，与学校各项软硬件建设投入及学校历史、区位、文化等有密切关联，需要实地考察，需要评估者直接深入到某校校园网络舆论环境的第一线，对校园网络舆论运行的各个环节、校园网站、校园论坛等网络载体进行实际考察和调查研究，与校园网络舆论环境建设领导小组领导下的联动职能部门座谈、与系列网络专门队伍座谈，详细了解学校校园网络舆论环境建设情况以及师生的思想、工作、学习和生活情况。通过观察和体验，获得对该校校园网络舆论环境较为直观的感性认识，形成初步判断。校园网络舆论具有一定的空间布局规律，不同的学校有不同的舆情表现特点。从 2014 年学校网络舆情总体运行来看，以某某大学为例，我们在实地考察中可以初步得出以下印象：一是环境介体微博在整个学校社会话语场域发挥的作用越来越大。二是以学校新闻网、校报、学校电视台、官方微博、官方微信公众平台为代表的"主流媒体舆论场"和某某 BBS、某某大

---

① 张耀灿：《思想政治教育学前沿》，人民出版社 2006 年版，第 505—506 页。

学贴吧、个人微博、QQ、微信为代表"民间舆论场"长期共存，但两者之间的话语权争夺处于此消彼长的趋势。"民间舆论场"间或有一些敏感性言论出现，但整体未造成危害性后果。三是校园微博达人在草根场域中的话语权有进一步扩大的趋势。如微博账号"@汪小呦"自编歌曲《董小姐》，影响学校学生宿舍空调安装决策。四是社会化媒体时代整个校园实际生活参与到校园真实的"拼图游戏"中来，校园真实地呈现成为一种有机的信息运动，在这个过程中必然伴随着不实信息的产生，即所谓谣言和流言。学校的做法是谣言止于公开，公信源于透明。例如，微博账号"@某某大学学生会"发表微博"那些谣言里的某某大学"，通过列举近年来媒体关于某某大学的不实报道并一一澄清真相，呼吁学生网民保持理性，切勿信谣传谣。进一步说，校园网络舆论具体到一个学校内部，也有不同的场域布局规律。在校园网络舆论环境中，每一个特定场域，其信息传播模式、流动模式和场域中角色及其功能都具有其信息所依附的场域的烙印，因此我们可以对校园内的网络舆论场域进一步细分为学生相关窗口部门舆论场域、网络意见领袖舆论场域、网民舆论场域进行实地考察。在窗口部门舆论场域中，要注意考察与学生相关的职能部门开辟了网上窗口没有、学生中知晓度如何、学生网民关注度如何、危机事件涉及次数、与学生互动程度如何、网民反映问题处置效率怎样、网民的正负向意见分布怎样等信息。

二、抽样调查

海量的网络舆情信息在实地调查评估中，是不可能一一涉猎的。而校园网络舆论环境具有内容聚焦规律，通过抽样调查，考察热点事件中学校各方面的反映情况，能达到管中窥豹的功能。从环境评估角度而言，校园网络舆论热点事件的抽样调查主要涉及两个方面：一是对包含师生在内的环境建设者们的抽样调查，二是对网络舆情的抽样调查。关于环境建设人员的抽样，一般可用随机抽样、访谈、问卷等手段。而媒体评论和网络言论的抽样质量和准确度，直接关系到评估分析结论的可靠性，需要十分重视。舆情抽样的标准要根据不同类型的热点事件有所差别，但一般分为内涵性标准、外延性标准和数量性标准，分别从内容分析、媒介形式和样本数量方面加以界定。例如"南京某大学女生摆摊遭城管打伤事件"："2009 年 5 月有网友在天涯社区、西祠胡同、南京小百合等论坛发帖说，在南京某大学江宁校区旁的十字路口，围聚了上千名学生和群众，学生静坐，堵住将军大道，交通被迫中断，原因是城管抢了摆夜市地摊学生的东西，还把一些女生打伤住院了，一时网上舆论哗然。"[①] 经调查所谓学生与城管发生冲突一事，实际上是少数长期在该校门口摆摊的社会摊贩不服管理，与城管发生冲突后，假冒学生摆摊被打，煽动不明真相的学生围观和起哄。针对这起热点事件进行的抽样调查，在环境建设者方面，要注意获取其应对措施资料：如紧急启动的"学生群体性事件的预防和处置预案"、全面部署调查事实真相等相关应对措施、连夜编写的主题宣讲稿、各学院党委副书记及辅导员深入宿舍进行主题宣讲的情况、各校内网站及辅导员博客配发宣讲稿引导学生理性应对的情况等。在网络舆情方面，要调取校园网络及该校学生中人气较高的西祠"某校天下"、"某校天下之江宁篇"等社会网站记录，了解当时舆论动向。在初始阶段，有关该事件的帖文措辞比较强烈，主要给人两种印象：一是事态很严重，学生很生气，采取了静坐、堵路等抗议方式；二是学生摆地摊是合法的、正当的，城管是蛮横的、恶劣的。这种强势城管欺负弱势学生的强烈对比博得围观舆论者的同情，引发不少评论。当学校师生澄清帖文发出后，一天之内被学生转载 5000 余次，留言 2000 多条，阅读人数 4 万人以上，受众人数多，包括校外学生及社会人群。"网上舆论不再绝对一边倒，有了一些理性的声音。"[②] 也有网民跟帖说，不要被人利用。同时也注意到在舆论中还有人支持城管执法，认为他们这样做是工作职责所在，也是为了城市文明建设。随着辅导员博客及校内正面跟帖第一时间一针见血地对诸多焦点问题进行澄清和解释，消解了许多疑问与不满情绪，到了第三天，网上舆情已趋平稳，事件不再是校园热门话题，网络帖文也从高峰期的 300 多条下降到 100

---

① 张祝彬、钟干松：《网络时代新闻事件传播新趋势》，《新闻前哨》2011 年第 7 期。
② 张祝彬、钟干松：《网络时代新闻事件传播新趋势》，《新闻前哨》2011 年第 7 期。

多条，且大多数在校园 BBS 上。这个时期的跟帖如"不要打着某校的名义"、"冷静是一种强大的力量"、"不要被别有用心的人利用"等表达了该校学生冷静、理智与维护学校声誉、维护社会稳定的强烈愿望。通过抽样调查该热点事件的学校应对情况和网络舆论反映情况，尤其是了解舆论引导一来一回的细节，可以获得评估该校网络舆情危机事件应对能力的基础素材。

三、追踪调查

在校园网络舆论环境评估实践中，为全面掌握环境的现实情况、师生思想动态、主要热点事件过程、突发事件处置机制与效果、校园网络舆论的发展规律，常常还要对环境进行追踪调查。[①] 追踪调查是一种纵贯式、时序性的调查，过去、现在和未来无一漏网。这样的纵向资料收集与分析而形成的动态评估，能更加全面地把握校园网络舆论环境建设的经验和教训。由于校园网络舆论具有时间分布规律，正好适用追踪调查方式，形成校园网络舆论的年度报告：就微观而言，可形成对评估学校的年度报告；就宏观而言，可形成全国范围内高校系统的年度报告。例如，湖南大学网络舆情研究所每年出品的《中国教育网络舆情发展报告》指出："根据一定检录标准（事件本身主体作为教育系统相关人员或涉及教育系统相关人员；教育系统人员为推动事件网络舆论发生发展的主要力量等），进行教育系统舆情热点事件追踪调查。先是以日为单位依据曝光量、点击量、回帖量初步筛选热点事件；而后以天涯、搜狐、猫扑、网易、新浪、凤凰网、凯迪社区、强国论坛、百度贴吧等为主，根据每日热帖排行、是否置顶、点击量、回帖量等进一步确认热点事件；再结合国内主流搜索引擎的关键词排行榜，以日为筛选单位，对比单位时间内，关键词排序的区位差异，并根据涉及某一关键词的网民关注热点及争议热度进行各网站加权评估，从中筛选出该日较受关注的热点事件，并累计为月度热点事件的汇总，形成热点事件数据库；最后对整合后的热点事件数据，根据事件整体的关注程度数据，统计网页搜索量＋资讯量＋

---

① 参见王立华：《思想政治教育效果研究》，重庆工商大学硕士学位论文，2010 年。

论坛量＋博客量的信息总量再进行排序，遴选出排行前列舆情事件，提取进入其年度报告。"① 据悉，该系列年度报告通过追踪调查，2010 年收集 223 个舆情案例、2011 年收集 602 个舆情案例、2012 年收集 913 个案例、2013 年收集 1156 个案例。这样的年度评估，通过对重点热点事件所引发的网络舆情发展全程进行跟踪研究，不仅在一定程度上代表了该年度教育系统网络舆情发展的基本特征和趋势，同时也有助于高校管理者从案例事件的发生、发展、处置结果等具体过程中吸取经验教训，也为教育管理部门提供了客观、科学的舆情参考数据及政策建议，具有较高参考价值。

第三节　模糊综合评判

所谓模糊评估法就是利用模糊数学的方法，对受多个因素影响的事物，按照一定评判标准，给出事物评判的方法。校园网络舆论环境建设的价值形态不同于一般的社会现象，不容易全面认识和直接评判，有其复杂性和特殊性，其受教育管理者的重视程度、学校公信力、学生头脑存储的相关信息量、危机事件的应对技巧等多因素影响，在多数情况下，这些属性或因素具有模糊性且需要人为主观评判，正好适合模糊综合评估。"模糊综合评估可以综合考虑影响环境的众多因素，根据各因素的重要程度和对它的评价结果，把原来的定性评价定量化，较好地处理环境多因素、模糊性以及主观判断等问题。"② 学者张耀灿认为："模糊评估从定性角度入手，通过建立数学模型和精确的计算，得出定性与定量相结合的归属结论。实践的结果说明，模糊评估并不模糊，采用这种方法有较高的可信度。"③

---

① 唐亚阳：《中国教育网络舆情发展报告（2011）》，湖南大学出版社 2012 年版，第 25—26 页。

② 石洪欢：《电子政务绩效评估模型与应用研究》，贵州大学硕士学位论文，2008 年。

③ 张耀灿：《思想政治教育学前沿》，人民出版社 2006 年版，第 510 页。

一、构建量标体系

由于校园网络舆论环境属于特定领域的网络舆论环境，较之于囊括整个社会各阶层的网络舆论环境评估、包括大中小学各种教育机构以及教育主管部门的教育系统网络舆论环境评估，其范围更窄而精。综合来看，对于高校校园网络舆论环境评估而言，现有的网络舆情相关指标体系存在两个方面的问题：一方面，在具体高校进行评估时，不能像对社会领域大范围的舆论环境评估那样，主要以舆情热点事件为中心去构建指标体系，因为许多普通高校并没有那么多能引起社会关注的舆情热点，但是在其校园舆论氛围中，网络舆论又是很重要的组成部分；另一方面，大多数舆情评估指标体系主要考察负面网络舆情应对能力，这样我们的网络舆论环境建设中日常阳光正能量的弘扬动作就没能体现。为解决这两个问题，按照模糊综合分析法，建立数学模型，我们在确定考评指标因素的集合 U 和等级评语的集合 V 时，精心设计了一套网络舆论环境评估量化指标体系。

我们以为，健康、向上的校园网络舆论环境的成效主要体现在三个方面：一是日常和谐氛围的主动营造；二是危机事件的成功应对；三是学校整体舆论风貌的良好口碑。考察日常和谐氛围的主动营造，根据环境主体、客体、介体、系统四个要素，设定"领导重视"、"信息透明"、"传播媒介"、"社会协作"四个常规指标："领导重视"即学校领导对校园网络舆论的认识情况、对校园网络舆论环境建设的软硬件支持情况，校园网络舆论环境建设领导小组工作情况、系列专门网络工作队伍组建情况、学校相关制度建设情况等；"信息透明"即学校新闻发布体系建设情况、新闻发布的透明度以及对校外社会媒体的态度等；"传播媒介"即学校官方网络媒介的建设情况，学校利用新媒体拓展思想政治教育阵地的情况，学校在学生喜欢的新媒体平台上是否与时俱进有所跟进，学校机构、管理人员、教师队伍熟练运用官方微博、微信及个人微博、微信等互联网新媒体手段与学生进行积极互动交流的情况等；"社会协作"即学校整合社会力量参与网络舆论环境协调治理，包括与社会媒体、公安部门、网络主管部门、网络服务提供商等的联络情况等。考察危机事件的成功应对，根据危机事件预警、缓释、反思三大机制，设定"应急预案"、"网络技巧"、"善后处理"三个特殊指标："应急预案"即建立预警机制，制定预案，施行日常有效监测等情况；"网络技巧"即学校随着舆情的萌芽、爆发、衰退等，灵活采用控制有害信息、发布正面信息、积极交流互动等手法；"善后处理"即处理危机事件的后续问题，尽快恢复校园正常秩序，弥补危机造成的损害，及时修复学校公信力。突发事件发生后的道义、经济、法律问题，一般包括公开道歉、处理死者的安葬、家属的抚恤、赔偿、责任追究依法执行等。该指标强调危机事件处置结果，可通过善后工作态度、公平性、时效性、全面性等方面来考量。考察学校整体舆论风貌，我们将借鉴品牌形象的接触点理论。"接触点理论是品牌传播和品牌营销的新理论，所谓接触点是品牌或产品与消费者产生信息接触的地方，运送营销信息的载体。它不局限于广播、电视、报纸、杂志、户外、因特网等媒体，还包括产品本身、产品网站、交流产品使用体验的亲友等，只要能成为传播营销信息的载体，就可以视为接触点。不同接触点交错相结合，会形成'认知界面'，从接触点到认知界面进而构成了品牌在民众大脑中的真实品牌形象。"[1] 由此，根据接触点理论，学校整体舆论风貌主要由三类基本话语群体进行舆论形象建构：一类是网络意见领袖和学界心目中的舆论形象；一类是大众媒体报道中的舆论形象；一类是一般网民即草根心目中的舆论形象，所以我们设定"意见领袖形象"、"大众媒体形象"、"草根网民形象"三个外围指标。综上，U 为考评因素"领导重视"、"信息透明"、"传播媒介"、"社会协作"、"应急预案"、"网络技巧"、"善后处理"、"意见领袖形象"、"大众媒体形象"、"草根网民形象"的集合；V 则为等级评语优、良、中、较差、差的集合。

二、建立测评矩阵

根据量标体系，可设计出如表 8-1 所示的某校校园网络舆论环境建设评

---

① 喻国明：《中国社会舆情年度报告（2013）》，人民日报出版社 2013 年版，第 193 页。

估表。

表 8-1　某校校园网络舆论环境建设评估

	优	良	中	较差	差
领导重视					
信息透明					
传播媒介					
社会协作					
应急预案					
网络技巧					
善后处理					
意见领袖形象					
大众媒体形象					
草根网民形象					

然后考虑自我评价、专家评价、群众评价的不一致性，组建由上级教育管理部门代表、本校管理者代表、本校师生网民代表、第三方专业舆情研究机构代表等构成的多元化评委会。由评委在评估表上填写评价意见，然后累计，就可建立单因素评估矩阵。

根据实验需要，笔者聘请了 11 位代表组成多元评委会对某某大学校园网络舆论环境建设进行评估。于是根据 R＝11 位评委，m＝10 条评估指标和 n＝5 个评价等级，则可建立单因素的 10×5 的评估矩阵：

$$A = \begin{pmatrix} a_{11} & a_{12} & a_{13} & a_{14} & a_{15} \\ a_{21} & a_{22} & a_{23} & a_{24} & a_{25} \\ a_{31} & a_{32} & a_{33} & a_{34} & a_{35} \\ a_{41} & a_{42} & a_{43} & a_{44} & a_{45} \\ a_{51} & a_{52} & a_{53} & a_{54} & a_{55} \\ a_{61} & a_{62} & a_{63} & a_{64} & a_{65} \\ a_{71} & a_{72} & a_{73} & a_{74} & a_{75} \\ a_{81} & a_{82} & a_{83} & a_{84} & a_{85} \\ a_{91} & a_{92} & a_{93} & a_{94} & a_{95} \\ a_{101} & a_{102} & a_{103} & a_{104} & a_{105} \end{pmatrix}$$

其中，a_{ij} 表示对校园网络舆论环境建设的第 i 项指标给予第 j 等级评价的评委人数（$i=1，2，3，4，5，6，7，8，9，10$；$j=1，2，3，4，5$），即 a_{93} 表示对评估对象的第 9 项指标"大众媒体形象"给予第 3 等级"中"评价的评委人数。进一步，根据 $a'_{ij}=\dfrac{a_{ij}}{R}$ 统计出各项指标的某一等级的同意者人数占评委总人数的比例分布，a'_{ij} 表示 U 对 V 的隶属函数，在闭区间〔0，1〕内取值，说明考评对象的各项指标分属不同等级的可能性。以应急预案为例，评委人数在各条评语等级间的比例分布如表 8-2 所示，说明该校校园网络舆论环境建设在应急预案方面属于"优"的可能性为 21%，属于"良"的可能性为 35%，属于"中"的可能性为 14%，属于"较差"的可能性为 17%，属于差的可能性为 13%，按最大隶属原则，该校校园网络舆论环境建设的应急预案评判为"良"。

表 8-2　某校校园网络舆论环境建设评估结果表（应急预案）

评语等级	优	良	中	较差	差
评委人数分布	0.21	0.35	0.14	0.17	0.13

求出评委在各项指标、不同等级间的比例分布后，我们可得到新的矩阵 A，即单因素模糊考评矩阵：

$$A=\begin{pmatrix} a'_{11} & a'_{12} & a'_{13} & a'_{14} & a'_{15} \\ a'_{21} & a'_{22} & a'_{23} & a'_{24} & a'_{25} \\ a'_{31} & a'_{32} & a'_{33} & a'_{34} & a'_{35} \\ a'_{41} & a'_{42} & a'_{43} & a'_{44} & a'_{45} \\ a'_{51} & a'_{52} & a'_{53} & a'_{54} & a'_{55} \\ a'_{61} & a'_{62} & a'_{63} & a'_{64} & a'_{65} \\ a'_{71} & a'_{72} & a'_{73} & a'_{74} & a'_{75} \\ a'_{81} & a'_{82} & a'_{83} & a'_{84} & a'_{85} \\ a'_{91} & a'_{92} & a'_{93} & a'_{94} & a'_{95} \\ a'_{101} & a'_{102} & a'_{103} & a'_{104} & a'_{105} \end{pmatrix}$$

11 位评委给予了该校校园网络舆论环境所有评价指标等级评语，数值如下：A 领导重视 =（0.12，0.27，0.29，0.14，0.18），A 信息透明 =（0.08，0.26，0.07，0.25，0.34），A 传播媒介 =（0.04，0.28，0.44，0.2，0.04），A 社会协作 =（0.08，0.15，0.27，0.22，0.28），A 应急预案 =（0.21，0.35，0.14，0.17，0.13），A 网络技巧 =（0.09，0.14，0.12，0.27，0.38），A 善后处理 =（0.19，0.33，0.18，0.09，0.21），A 意见领袖形象 =（0.07，0.34，0.29，0.23，0.07），A 大众媒体形象 =（0，0.47，0.09，0.35，0.09），A 草根网民形象 =（0，0.22，0.31，0.22，0.25）。

三、确定指标权重

常用的指标权重确定方法主要有两类：一类是主观赋权法，如 Delphi 法、层次分析法等；另一类是客观赋权法，如熵权法、标准离差法、变异系数法、CRITIC 法等。主观赋权法的优点是能反映决策者的经验判断，评价结果一般不会违反常识，缺点是随意性较大，准确性和可靠性较差；客观赋权法的优点是存在赋权的客观标准和数理依据，可利用一定的数学模型，通过计算得出权重系数，缺点是忽略了决策者的主观意愿和经验。一般而言，针对不同评价对象以及指标特征，采取不同赋权法。

本书使用的是德尔菲法。在权重系数确定后，将不同的权重值分配到 i 项指标中去（$i=1$，2，3，4，5，6，7，8，9，10），就形成了权重系数矩阵，即 $Q=(Q_1, Q_2, \cdots, Q_{10})$。在校园网络舆论环境建设评估模型中，需要邀请专家根据校园网络舆论环境建设的目的与校园网络舆论的实际情况，全面分析各相关评价因素，确立各评价因素的权重。经咨询 3 位专家，"领导重视"、"信息透明"、"传播媒介"、"社会协作"、"应急预案"、"网络技巧"、"善后处理"、"意见领袖形象"、"大众媒体形象"、"草根网民形象"十个评价因素的权重系数分别为：0.15、0.1、0.05、0.05、0.15、0.15、0.1、0.1、0.1、0.05。

四、进行复合运算

将单因素考评矩阵与权重矩阵进行复合运算，就得到了校园网络舆论环境建设评估的数学模型，即 $B = Q \cdot A = (b_1, b_2, \cdots, b_{10})$，其中"·"表示复合运算，其运算公式为：

$$b_j = \overset{m}{\underset{i=1}{V}}\left(Q_i \Lambda a_{ij}'\right) \quad j = (1, 2, \cdots, n)$$

则 $B = Q \cdot A = (0.15, 0.1, 0.05, 0.05, 0.15, 0.15, 0.1, 0.1, 0.1, 0.05) \cdot$

$$\begin{pmatrix} 0.12 & 0.27 & 0.29 & 0.14 & 0.18 \\ 0.08 & 0.26 & 0.07 & 0.25 & 0.34 \\ 0.04 & 0.28 & 0.44 & 0.20 & 0.04 \\ 0.08 & 0.15 & 0.27 & 0.22 & 0.28 \\ 0.21 & 0.35 & 0.14 & 0.17 & 0.13 \\ 0.09 & 0.14 & 0.12 & 0.27 & 0.38 \\ 0.19 & 0.33 & 0.18 & 0.09 & 0.21 \\ 0.07 & 0.34 & 0.29 & 0.23 & 0.07 \\ 0.00 & 0.47 & 0.09 & 0.35 & 0.09 \\ 0.00 & 0.22 & 0.31 & 0.22 & 0.25 \end{pmatrix}$$

这里采用 $M(\wedge, \vee)$ 模型，[1] 其运算过程是将权重数组 Q 的每一个数值从左到右分别与评价矩阵 A 中的每一列数值进行比较取二者较小者，如把 Q 中的 0.15 与 A 中的 0.12 比较取 0.12，Q 中的 0.1 与 A 中的 0.26 比较取 0.1，以此类推。这个运算的实质是在模糊比较的基础上进行较为合理的模糊优化选择，"领导重视"评价值 0.12，相对于"领导重视"权重最佳值 0.15 未超饱和，虽没达到理想状态，但作为实际贡献值留下。"信息透明"评价值 0.26 相对于"信息透明"权重最佳值 0.1 已超饱和，不符最优决策要求，故选取 0.1 作为优化决策参数。按此计算，于是评价为"优"的优化决策参数数列为 b 优 = (0.12, 0.08, 0.04, 0.05, 0.15, 0.09, 0.1, 0.07, 0, 0)，b 良 = (0.15, 0.1, 0.05, 0.05, 0.15, 0.14, 0.1, 0.1, 0.1, 0.05)，b 中 = (0.15, 0.07, 0.05, 0.05, 0.14, 0.12, 0.1, 0.1, 0.09, 0.05)，b 较

---

[1]　参见刘新庚、薛亮、王玉辉：《思想政治教育决策量化模型方法刍议》，《中南大学学报》（社会科学版）2005 年第 4 期。

差 = (0.14, 0.1, 0.05, 0.05, 0.15, 0.15, 0.09, 0.1, 0.1, 0.05)，b 差 = (0.12, 0.08, 0.01, 0.05, 0.12, 0.01, 0.1, 0.01, 0.03, 0.05)。由于权重因素已经在运算中被考虑，所以可将各种评价结果的优化决策参数数列进行平均式整合，也就是将 10 个价值因素的贡献概率进行平均选取，如 b 优的数列平均值为 (0.12 + 0.08 + 0.04 + 0.05 + 0.15 + 0.09 + 0.1 + 0.07 + 0 + 0) ÷ 10 = 0.07，该数值表明评委们对校园网络舆论环境建设 10 个评价指标评为"优"的综合认同程度。b 良的平均值为 0.099，b 中的平均值为 0.092，b 较差的平均值为 0.098，b 差的平均值为 0.093。于是，得出模糊综合评价结果 B = (0.07, 0.099, 0.092, 0.098, 0.093)。进行归一化处理后，能更好地理解这个评价结果。归一基数为 0.07 + 0.099 + 0.092 + 0.098 + 0.093 = 0.452，B = (0.07/0.452, 0.099/0.452, 0.092/0.452, 0.098/0.452, 0.093/0.452) = (0.1549, 0.2190, 0.2035, 0.2168, 0.2058)。这说明评委对校园网络舆论环境建设 10 个评价指标综合评价为很好的占 15.49%，良占 21.9%，中占 20.35%，较差占 21.68%，差占 20.58%。根据最大隶属原则，该校校园网络舆论环境建设综合评价为良。

结　论

校园网络舆论环境建设，对于高校而言还是一项崭新的工作，在国内外学术界也少有专著论述。目前不断涌现的校园网络舆论热点，在改变着我国高校校园网络舆论格局以及社会舆论格局的同时，也成为研究高校校园网络舆论环境建设的一项长久的课题。

一

笔者通过系统研究，详细论述了高校校园网络舆论环境的有关概念、结构、特点和作用，在梳理归纳古今中外相关背景环境建设情况以及运用学科理论、借鉴相关理论的基础上，分析了校园网络舆论环境的建设现状，提出了校园网络舆论环境的优化理念、方法、机制，并构建了相应的评估模型。

笔者通过样本量为1600人的调查问卷发现，在移动互联网的推动下，分享是当代大学生网民的基本态度，绝大多数大学生对互联网分享行为持积极态度，有些人为此而乐此不疲；大部分大学生在信息获取上对校园网络的依赖要低于社会门户网站、微博、微信等大众传播媒体，他们获取校内信息取道校园网，而获取校外信息以及校内未公开的信息则不会取道校园网；在校园网络舆论环境中，围观者群体是大学生中的大多数，随着年级的增长，表达欲望更加强烈，但到了一定阶段又会归于沉默；当网络舆论表达与自己观点不一致时，面对舆论导向或舆论压力，大部分学生会选择调整自己原有观点；绝大部分大学生认为有必要对网络舆论进行监管。

笔者认为，关于高校校园网络舆论环境的优化研究，具有重要理论价值和现实意义。通过具体网络思想政治教育环境的细致研究，有利于思想政治教育理论体系的生长与发展；通过校园网络舆论环境整体优化策略的操作探讨，有利于校园网络空间以及网络社会秩序的和谐、有序与稳定；通过当代青年学生网络生活现实样态的准确把握，有利于增强思想政治教育的针对性和实效性。

我们要认识到网络不是一个使用载体，而是一个存在社会。从动态而言，在这个网络社会中，思想政治教育运行一方面呈现为主体以网络舆论环境为意义语境进行的交往互动，传递和生成新的价值、意义；另一方面思想政治教育在"微观—中观—宏观"的运行过程中主动进行价值选择和创新，从而形成新的网络舆论环境。从静态而言，环境主体在心理特征、行为动机、参与方式上有着独特的主体肖像表征；环境客体具有热源时间分布规律、热源空间波及规律、热源内容聚焦规律；环境介体在传统、新型、另类网络舆论形态上镌刻着当代青年学生的时代印记。

我们要重视网络言论自由和网络舆论环境优化之间的辩证统一关系。校园网络舆论本身是各种意见共存、争议不断的校园现象，存在正向和负向之分，而且有自身的运动规律，没有任何强力可以主宰或消灭它，也没有任何强权可以使整个校园闭口不言。一个理性的校园网络舆论环境，应该有各种言论的博弈，否则，任何不据事实的偏袒都会造成校园裂痕。当然，虽然言论自由是人类的根本自由之一，现代民主社会对其也有法律保障，但言论自由是相对的，以不损害社会利益和他人利益为前提，网络舆论环境优化是从学校整体管理角度来说的，通过优化能达到凝聚共识，促进发展。

高校思想政治工作者在校园网络舆论环境中的角色定位应从过去的被动的"把关人"中抽离出来，转变为积极主动的"关系者"，激发一切可以活跃的力量，整合一切可以调动的因素，积极地用恰当的方式协调各方的利益冲突和价值观分歧，主动地用"伴随成长"的方式促进学生在参与校园网络舆论行为中确立其自我判断、自我选择的能力，使校园网络舆论环境系统的自我生长活力充分展现出来。

开放的信息（而非过滤的信息），严明的教育管理（而非口头的布置工作），建立在充分讨论基础上的涉及学生利益的政策制度（而非内部拍脑袋决议），应对校园公众批评的反馈机制（而非校园网络舆论防火墙），是开放的外向型学校管理层能够提供的最大维系学校公共生活价值认同之利器。

校园网络舆论环境的日常建设主要从四个方面着手：优化主体、优化客体、优化介体、优化系统。优化主体从传众角度而言，主要是统筹五大专门队伍建设：网络建设队伍、网络策划队伍、网络监管队伍、网络评论队伍、网络研究队伍；从受众角度而言，主要是通过四个方面加强网络素养教育：树立网络道德意识、弘扬网络理性精神、做好网络心理调试、加强网络法制教育。优化客体主要从发现筛选、分析研判、传递报送的监测体系三部曲，自主研发、购买服务、委托服务的技术控制三部曲，控制有害信息、发布正面信息、积极互动交流的引导方法三部曲方面着手加强网络舆论调控。优化介体着眼占领舆论阵地，一是要增加用户黏性，发挥主题网站品牌效应；二是要强化产品供应，打造网络良性互动平台；三是要开发网络资源，利用新兴信息时尚元素。优化系统则是通过联动各大场域，推动社会参与协作机制形成，包括课堂内外互通、网上网下互补、校园内外联动、传媒立体相融、管理手段整合。

面对网络舆论突发事件，快速反应流程如下页图所示。

二

总的来说，本书提出了在广义思想政治教育的视域下网络环境的空间意义大于工具意义。网络是一个虚拟空间，网络思想政治教育既是运行于一个校园现实空间与虚拟空间密切联系的立体社区，也是立足于一个大学生为

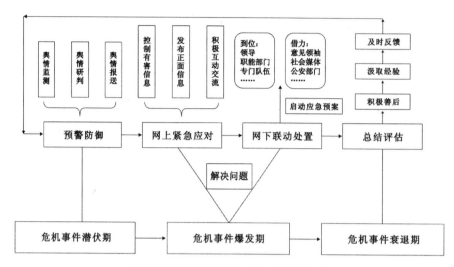

网络舆论危机突发事件快速反应流程图

主体的自组织性较强的信息空间，更是承载在一个全新的人际交往和文化环境当中。在这个大背景下，校园网络舆论环境建设研究有了更宽广的视野和更丰富的资源。本书从思想政治教育角度研究校园网络舆论环境的优化，这对于网络舆论研究以及思想政治教育环境研究都是比较少的。从理论支持来看，坚持用发展的马克思主义科学体系为指导，在思想政治教育学科体系中寻找理论依据，同时努力尝试参考其他学科理论知识，构建多维研究视角，力求论证严密。一方面汲取了马列主义经典作家理论、马克思主义中国化理论以及属于思想政治教育学前沿的环境论、生态学、生活化、隐性态等来构架纵向分析理路；另一方面也重视借助古今中外社会学科、自然学科视角，使有关论题的研究更深刻，更多元。本书参考了如中国传统文化思想、舆论场域理论、经典传播理论以及非线性发展、自组织临界状态等理论来组建多维横向分析网络。从研究方法而言，由于当前关于大学生思想政治教育的研究以理论思考和逻辑演绎为多，因此本书试图深入研究对象，运用更多方法进行实证研究，包括在文献综述、现状分析、评估模型等方面都注意跳出应然性原理原则的定律式研究范式。当然这其中也采用了实践总结法，运用了笔者多年从事大学生思想政治教育、校园网络舆论环境建设的经验。在这些前提下，具体而言，笔者认为本书主要有以下创新之处：

第一，创设了校园网络舆论环境特有的"关系者"概念。过去舆论调控更多的是一种维稳思维，强调的是一种外在力量的强加和制约，重心在于消减社会风险，维护社会稳定。之所以提出校园网络舆论环境优化，而非调控，其意义在于以一种更加包容的、自信的、积极的心态去进行校园网络舆论环境的管理，将作为校园网络舆论环境主体的学生纳入建设者的范畴，这样原有的"管理者"就成了环境"关系者"了，其主要任务是调整校园关系，通过共同对话、交流、参与等方式整合社会力量，降低校园不和谐与风险。

第二，首次提出了优化校园网络舆论环境的复杂适应认识理念、应对临界相变理念、回归真实生活理念、目标指向善治理念。这些理念的提出，一是运用了相关学科理论知识，如复杂适应系统、相变理论、自组织临界状态等，使优化理念有了跨学科嵌入研究的新视角；二是强调了网络舆论环境建设的关键之处，将网络这样的虚拟社会，思想政治教育这样的虚化工作，落实为现实的、具体的、生活化的环境建设价值观，使理论研究体现了唯实之风；三是倡导优势视角，积极地看待校园网络舆论环境的问题和现象，解构环境的突出问题不在于批评和否定，而在于找出最有利的积极因素，最大限度地发挥建设作用。

第三，提出了校园网络舆论环境存在三层系统结构和三维运行机理。微观系统里校园网络舆论按照萌芽阶段、活跃阶段、消解阶段运行；中观系统里校园网络舆论通过"网络表达浓郁高校网络文化"、"网络协商促进高校信息畅通"、"网络讨论制约高校日常管理"、"网络动员触发高校群体事件"四大操作功能作用校园公共生活；宏观系统里校园网络舆论具有"青年聚集的极化效应"、"高校光环的压力效应"、"媒体关注的聚扩效应"、"司法审判的干预效应"、"政府问责的约束效应"五大演变效应。

第四，构建了操作性较强的系列配套优化体系。在日常工作中，从校园网络舆论领导小组的成立到小组旗下联动职能部门的议事规程；从以管理者角度具体组建五大队伍，到以网民受众角度加强四个方面网络素养教育；从监测体系、技术控制、引导方法的具体步骤到各种方式选择及利弊；从校园网络舆论环境传统介体品牌网站如何重新获得活力，到当前火热的媒介平台如何更有感召力，再到未来网络资源如何开发能更有潜力；从课堂内外、校园内外、网络上下到各路网络媒介、各种管理手段如何联动资源都事无巨细，按照操作性原则进行详细阐述。在突发网络舆论危机事件中，结合具体案例，探讨预警、缓释、反思机制的构建难点、重点，清晰解析危机事件处置流程，对校园网络舆论环境实际工作具有指导意义。

第五，参与研发了具有知识产权的网络舆情监控软件。该软件回应了新媒体时代高校网络舆论环境建设的重要性，实现了自动预警校园网络舆情危机事件的适用性，体现了数据采集与挖掘技术应用的先进性，提高了舆情获取、处理、存储、检索及传递的有效性，增强了网络舆情监测与趋势研判的可靠性，展现了易于高校复制应用的可推广性。基于此，本书理论与实践紧密结合，方向明确，集中探讨和实际解决了当前高校校园网络舆论环境优化中的突出问题，增强了学术研究的说服力和有效性，体现了高校人文社会科学研究的新范式。

第六，建立了校园网络舆论环境的模糊数学评估模型。综合考虑影响环境的众多因素，设计了含"领导重视"、"信息透明"、"传播媒介"、"社会协作"、"应急预案"、"网络技巧"、"善后处理"、"意见领袖形象"、"大众媒体形象"、"草根网民形象"在内的环境评估量化指标体系，根据各因素与环境建设反映的契合度、重要程度、评价结果，巧妙处理定性定量关系，较好地解决环境多因素、模糊性以及主观判断等问题。模型简单易操作，能运用到实际工作中。

三

本书尽力呈现了校园网络舆论环境的特征、规律、优化模式以及我们在研究过程中的思考，但善无止境，未来还有许多地方值得进一步深化。其一，从思想政治教育角度研究校园网络舆论环境优化，既要深化优化措施的研究，还要深入挖掘网络舆论环境建设的育人价值。环境主体、客体、介体、系统之间相互作用过程中产生的育人因子，如互联网的开放精神、舆论形成的对话理念、舆论表达的公民责任、舆情处置的联动思维等，限于篇幅未能展开深入讨论，期待未来的研究能够对这些问题给予重视。其二，热点事件的数据信息值得进一步抓取。采用描述性分析、对应分析、卡方检验、差异检验及回归分析等统计技术，有助于进一步揭示校园网络舆论的发展规律、传播规律、学校干预舆情的情况等。当然，这就需要更丰富的数据库支持，所以，其三，可以尝试运用大数据挖掘研究方法。"大数据技术对社会生活的广泛嵌入性和自动化规模处理的快捷性"[1]，将进一步提高网络舆论的监测研判水平。我们欣喜地看到有些研究机构已经在做尝试，2011年中国人民大学舆论研究所和百度公司成立"人大—百度"中国社会舆情研究中心，中心在百度每天40亿次搜索中形成的真实庞大数据库的基础上进行深度分析和价值挖掘，每年共同出品《中国社会舆情年度报告》，被业界看作中国舆情研究的大数据方法的一个重要开端。对于高校校园网络舆论环境研究而言，大数据视角对论题研究有着巨大的学术生长空间，难点在于以何种标准或模型对大数据进行提炼，剔除巨大的冗余数据。其四，校园网络舆论环境建设评估指标体系可以进一步完善。"指标体系是大量评估活动的核心内容，在一定程度上直接决定评估的成败。"[2] 一方面指标体系的层次性还可以更丰富，更有纵深度，以增强评估工作的科学性；另一方面要更多地将量化指标纳入考察范围，以提高指标体系作用于舆论环境建设工作的可行性。当然，加强校园网络舆论环境建设优化研究，把握学校发展的脉搏，了解其在各种利益纠葛中的痛点和痒处，精确研判网络舆论的发生、爆发和消解的拐点，并及时提出应对建议，需要相应理论知识的同时，还要足够的实战经验积累。

[1] 喻国明：《现阶段中国社会舆情的态势、热点与传播机制研究》，《中国人民大学学报》2013年第5期。

[2] Robert J Sternberg, Richard K Wagner, Tacit Knowledge in Managerial Success, *Tacit Knowledge in Managerial Success*, 1987, 1 (4), pp.301-302.

参考文献

[1]《马克思恩格斯选集》第 1 卷，人民出版社 1995 年版。

[2]《马克思恩格斯选集》第 4 卷，人民出版社 1995 年版。

[3]《马克思恩格斯文集》第 1 卷，人民出版社 2009 年版。

[4]《马克思恩格斯文集》第 4 卷，人民出版社 2009 年版。

[5]《马克思恩格斯全集》第 1 卷，人民出版社 1995 年版。

[6]《马克思恩格斯全集》第 4 卷，人民出版社 1980 年版。

[7]《马克思恩格斯全集》第 6 卷，人民出版社 1980 年版。

[8]《马克思恩格斯全集》第 10 卷，人民出版社 1983 年版。

[9]《马克思恩格斯全集》第 41 卷，人民出版社 1982 年版。

[10]《马克思恩格斯全集》第 46 卷，人民出版社 1980 年版。

[11] 马克思：《1844 年经济学哲学手稿》，人民出版社 2000 年版。

[12] 恩格斯：《自然辩证法》，人民出版社 1956 年版。

[13]《列宁选集》第 1 卷，人民出版社 1995 年版。

[14]《列宁选集》第 3 卷，人民出版社 1995 年版。

[15]《列宁选集》第 34 卷，人民出版社 1985 年版。

[16]《毛泽东选集》第一卷，人民出版社 1991 年版。

[17]《毛泽东选集》第三卷，人民出版社 1991 年版。

[18]《毛泽东文集》第一卷，人民出版社 1993 年版。

[19]《毛泽东新闻工作文选》，新华出版社 1983 年版。

[20]《邓小平文选》第一卷，人民出版社 1994 年版。

[21]《邓小平文选》第二卷，人民出版社 1994 年版。

[22]《邓小平文选》第三卷，人民出版社 1993 年版。

[23]《江泽民文选》第一卷，人民出版社 1996 年版。

[24] 胡锦涛：《论构建社会主义和谐社会》，中央文献出版社 2013 年版。

[25] 习近平：《习近平谈治国理政》，外文出版社 2014 年版。

[26] 中共中央宣传部：《习近平总书记系列重要讲话读本》，学习出版社、人民出版
社 2014 年版。

[27] 中央宣传部办公厅编：《党的宣传工作会议概况和文献》（1951—1992 年），中
共中央党校出版社 1994 年版。

[28] 中共中央宣传部宣传教育局、教育部社会科学研究与思想政治工作司、共青
团中央学校部组编：《加强和改进大学生思想政治教育文件选编》，中国人民大学出版社
2005 年版。

[29] 教育部思想政治工作司、教育部高等学校社会科学发展研究中心：《大学生思
想政治教育"十个如何"研究》，高等教育出版社 2007 年版。

[30]《国家中长期教育改革和发展规划纲要（2010—2020 年)》，北京师范大学出版
社 2010 年版。

[31] 本书编写本：《〈关于进一步加强和改进新形势下高校宣传思想工作的意见〉辅
导读本》，中国人民大学出版社 2015 年版。

[32]《颜元集》，中华书局 1987 年版。

[33] 王先谦、沈啸：《荀子集解》，中华书局 1988 年版。

[34] 童兵：《马克思主义新闻思想史稿》，中国人民大学出版社 1989 年版。

[35] 陈秉公：《思想政治教育学原理》，吉林大学出版社 1992 年版。

[36] 张岂之：《中国思想史》，西北大学出版社 1993 年版。

[37] 王夫之：《船山全书》第二册，岳麓书社 1996 年版。

[38] 姜正国：《思想政治教育环境论》，湖南师范大学出版社 1999 年版。

[39] 武汉大学思想政治教育系：《比较德育学》，武汉大学出版社 2000 年版。

[40] 郭庆光：《传播学教程》，中国人民大学出版社 2001 年版。

[41] 戴钢书:《德育环境研究》,人民出版社 2002 年版。

[42] 徐建军:《新形势下构建高校网络德育系统的研究与实践》,中南大学出版社 2003 年版。

[43] 王来华:《网络舆情研究——理论、方法和现实热点》,天津社会科学院出版社 2003 年版。

[44] 李辉:《现代思想政治教育环境研究》,广东人民出版社 2005 年版。

[45] 陈正良:《冲突与整合——德育环境的系统建构》,中国社会科学出版社 2005 年版。

[46] 李建华:《政治伦理论》,湖南科学技术出版社 2005 年版。

[47] 曾长秋、薄明华:《网络德育学》,湖南科学技术出版社 2005 年版。

[48] 张耀灿:《思想政治教育学前沿》,人民出版社 2006 年版。

[49] 匡文波:《网络传播学概论》,高等教育出版社 2006 年版。

[50] 张耀灿、郑永廷、吴潜涛等:《现代思想政治教育学》,人民出版社 2007 年版。

[51] 陈万柏、张耀灿:《思想政治教育学原理》,高等教育出版社 2007 年版。

[52] 肖铁肩:《中国化马克思主义党建理论与实践专题研究》,中南大学出版社 2007 年版。

[53] 杨振斌、冯刚:《高校校园文化建设理论与实践》,中国言实出版社 2008 年版。

[54] 刘新庚:《现代思想政治教育方法论》,人民出版社 2008 年版。

[55] 邱柏生:《高校思想政治教育的生态分析》,上海人民出版社 2009 年版。

[56] 张再兴:《网络思想政治教育研究》,经济科学出版社 2009 年版。

[57] 王国华、曾润喜、方付建:《解码网络舆情》,华中科技大学出版社 2009 年版。

[58] 柳礼泉:《科学社会主义理论与实践》,湖南大学出版社 2009 年版。

[59] 曾长秋、万雪飞:《青少年与网络文明建设》,湖南人民出版社 2009 年版。

[60] 骆郁庭:《当代大学生思想政治教育》,中国人民大学出版社 2010 年版。

[61] 徐建军:《大学生网络思想政治教育理论与方法》,人民出版社 2010 年版。

[62] 佘红:《网络时政论坛舆论领袖研究——以强国社区"中日论坛"为例》,华中科技大学出版社 2010 年版。

[63]《墨子》,中华书局 2011 年版。

[64] 方勇、李波:《荀子》,中华书局 2011 年版。

[65] 侯东阳:《中国舆情调控的渐进与优化》,暨南大学出版社 2011 年版。

[66] 邹军:《看得见的"声音"——解码网络舆论》,中国广播电视出版社 2011 年版。

[67] 王滨:《思想政治教育环境论——大社会视野下的思想政治教育》,同济大学出版社 2011 年版。

[68] 元林:《思想政治教育体系中的网络传播研究》,光明日报出版社 2011 年版。

[69] 高红玲:《网络舆情与社会稳定》,新华出版社 2011 年版。

[70] 何威:《网众传播——一种关于数字媒体、网络用户和中国社会的新范式》,清华大学出版社 2011 年版。

[71] 刘建华:《赛博空间的舆论行为——校园网络舆论的形成机制及其思想政治教育研究》,中国政法大学出版社 2011 年版。

[72] 宫承波、李珊珊:《重大突发事件中的网络舆论——分析与应对的比较视野》,中国广播电视出版社 2012 年版。

[73] 王学俭:《新媒体与高校思想政治教育》,人民出版社 2012 年版。

[74] 吴潜涛:《高校思想政治教育的理论与实践》,人民出版社 2012 年版。

[75] 沈壮海:《思想政治教育有效性研究》,武汉大学出版社 2012 年版。

[76] 刘上洋:《中外应对网络舆情 100 例》,百花洲文艺出版社 2012 年版。

[77] 张春华:《网络舆情的社会学阐释》,社会科学文献出版社 2012 年版。

[78] 徐艳国:《思想政治教育政策环境论》,中国人民大学出版社 2012 年版。

[79] 尹韵公:《中国新媒体发展报告(2012)》,社会科学文献出版社 2012 年版。

[80] 胡凯:《心灵关怀的人文密码》,岳麓书社 2012 年版。

[81] 毕一鸣、骆正林:《社会舆论与媒介传播》,中国广播电视出版社 2012 年版。

[82] 余秀才:《网络舆论:起因、流变与引导》,中国社会科学出版社 2012 年版。

[83] 罗坤瑾:《从虚拟幻象到现实图景——网络舆论与公共领域的构建》,中国社会科学出版社 2012 年版。

[84] 人民网舆情监测室:《网络舆情热点面对面》,新华出版社 2012 年版。

[85] 邹建华:《微博时代的新闻发布和舆论引导》,中共中央党校出版社 2012 年版。

[86] 钟毅平:《社会认知心理学》,教育科学出版社 2012 年版。

[87] 罗振宇：《罗辑思维》，长江文艺出版社 2013 年版。

[88] 蒲红果：《说什么 怎么说 网络舆论引导与舆情应对》，新华出版社 2013 年版。

[89] 郑永廷：《郑永廷文集》，中山大学出版社 2013 年版。

[90] 喻国明：《中国社会舆情年度报告》，人民日报出版社 2010—2013 年版。

[91] 谢耘耕：《中国社会舆情与危机管理报告（2013）》，社会科学文献出版社 2013 年版。

[92] 田凤：《中国教育网络舆情分析报告（2012）》，教育科学出版社 2013 年版。

[93] 吕红胤、谢继华、王晓旭：《基于网络舆情引导的高校网络舆论环境建设研究》，电子科技大学出版社 2013 年版。

[94] 谢新洲：《互联网等新媒体对社会舆论影响与利用研究》，经济科学出版社 2013 年版。

[95] 曹茹、王秋菊：《心理学视野中网络舆论引导研究》，人民出版社 2013 年版。

[96] 党生翠：《网络舆论蝴蝶效应研究——从"微内容"到舆论风暴》，中国人民大学出版社 2013 年版。

[97] 张澍军：《思想政治教育学科建设研究》，人民出版社 2014 年版。

[98] 黄蓉生：《改革开放以来大学生思想政治教育论纲》，人民出版社 2014 年版。

[99] 唐亚阳：《中国教育系统网络舆情年度报告（2013）》，北京师范大学出版社 2014 年版。

[100] 陈华栋、张水晶、李敏妍：《教育网络舆情报告与典型案例分析（2013 年度）》，华中科技大学出版社 2014 年版。

[101] 薛大龙、马军：《网络舆情分析师教程》，电子工业出版社 2014 年版。

[102] 黄永林：《网络舆论监测与安全研究》，经济科学出版社 2014 年版。

[103] 任海涛、魏巍、苗国厚：《高校和谐网络舆论环境建设》，光明日报出版社 2014 年版。

[104] [美] B. 科恩：《新闻媒介与外交政策》，普林斯顿大学出版社 1963 年版。

[105] [苏] 伊斯·马里延科著，牟正秋等译：《德育过程原理》，人民教育出版社 1985 年版。

[106]［古希腊］柏拉图著，郭斌和、张竹明译：《理想国》，商务印书馆 1986 年版。

[107]［英］霍布斯著，黎思复、黎廷弼译：《利维坦》，商务印书馆 1986 年版。

[108]［日］相马一郎、佐古顺彦著，周畅、李曼曼译：《环境心理学》，中国建筑工业出版社 1986 年版。

[109]［美］B.S.布卢姆著，邱渊等译：《教育评价》，华东师范大学出版社 1987 年版。

[110]［英］霍伦斯著，瞿铁鹏译：《结构主义和符号学》，上海译文出版社 1987 年版。

[111]［美］H.J.德伯里著，王民等译：《人文地理：文化社会与空间》，北京师范大学出版社 1988 年版。

[112]［日］冲原丰著，刘树范、李永连译：《比较教育学》，吉林大学出版社 1989 年版。

[113]［苏］弗罗洛夫著，王思斌、潘信之译：《人的前景》，中国社会科学出版社 1989 年版。

[114]［美］尼葛洛庞帝著，胡泳、范海燕译：《数字化生存》，海南出版社 1996 年版。

[115]［美］舍勒著，罗梯伦等译：《价值的倾覆》，三联书店 1997 年版。

[116]［英］丹尼斯·麦奎尔、斯文·温德尔著，祝建华、武伟译：《大众传播模式论》，上海译文出版社 1997 年版。

[117]［美］埃瑟·戴森著，胡咏、范海燕译：《数字化时代的生活设计》，海南出版社 1998 年版。

[118]［英］洛克著，傅任敢译：《教育漫话》，教育科学出版社 1999 年版。

[119]［美］D.泰普斯科特著，陈晓开、袁世佩译：《数字化的成长：网络世代的崛起》，东北财经大学出版社 1999 年版。

[120]［美］迈克尔·海姆著，金吾伦、刘钢译：《从界面到网络空间——虚拟实在的形而上学》，上海科技教育出版社 2000 年版。

[121]［美］乔森纳·特纳著，邱泽奇等译：《社会学理论的结构》（上），华夏出版社 2001 年版。

[122] [美] 曼纽尔·卡斯特著，夏铸九等译：《网络社会的崛起》，社会科学文献出版社 2001 年版。

[123] [美] 沃尔特·李普曼著，阎克文、江红译：《公共舆论》，上海人民出版社 2002 年版。

[124] [美] 凯斯·R. 桑斯坦著，黄维明译：《网络共和国——网络社会中的民主问题》，上海人民出版社 2003 年版。

[125] [德] 诺曼著，董璐译：《沉默的螺旋：舆论——我们社会的皮肤》，复旦大学出版社 2003 年版。

[126] [美] 米尔斯著，王崑、许荣译：《权力精英》，南京大学出版社 2004 年版。

[127] [美] 劳伦斯·莱斯格著，李旭、姜丽楼译：《代码》，中信出版社 2004 年版。

[128] [德] 尤尔根·哈贝马斯著，曹卫东等译：《公共领域的结构转型》，学林出版社 2004 年版。

[129] [俄] 谢·卡拉-穆尔扎著，徐昌翰、王晶译：《论意识操纵》，社会科学文献出版社 2004 年版。

[130] [法] 加布里埃尔·塔尔德著，何道宽译：《传播与社会影响》，中国人民大学出版社 2005 年版。

[131] [美] 曼纽尔·卡斯特著，曹荣湘译：《认同的力量》，社会科学文献出版社 2006 年版。

[132] [美] 沃尔特·李普曼著，阎克文、江红译：《公众舆论》，上海世纪出版集团 2006 年版。

[133] [德] 乌尔里希·贝克，何博闻译：《风险社会》，译林出版社 2008 年版。

[134] Lewin, k., *Resolving Social Conflicts*, New York：Harpper and Brother publishers, 1948.

[135] Lewin, k., *Field Theory in Social Sience*, New York：Harpper and Brother publishers, 1951.

[136] Maxwell E. McCombs, Donald L.Shaw, *The Agenda-setting Function of Mass Media*, Public Opinion Quarterly, 1972.

[137] T. R. DYE, *Understanding Public Policy*, Englewood C1ir.N.J.：Prentice-Hall

Inc. 1975.

[138] M.H.Halperin, *Implementing Presidential Foreign Policy Decisions*: *Limitations and Resistance*, J.E. Anderson (ed.). Cases in Public Policy-Making, N.Y: Praeger Publishers 1976.

[139] Charles O.Jones, *An Introduction to the Study of Public Policy* (*3rded*) *Monterney*, Brooks Code Publishing Company, California, 1984.

[140] Textual Power, *Literary Theory and the Teaching of English*, Newhaven: Yale University Press. 1985.

[141] Elias J. Moral Education, *Secular Religion*, Florida: Robert E. Krieger Publishing Company, 1989.

[142] Fulk, Janet and Charles W. Steinfield, *Orgnizations and cornrnunication technology*, Newburg Park, London, New Delhi: Sage Publicationgs, 1990.

[143] A.R.Stone, *Will the real body please stand up? Boundary Stories about virtual culture*, In M.Benedikt: Cyberspace: Firststeps, Cambridge, MA, Addison-Wesley, 1991.

[144] Ted Trainer, *The Nature of Morality*: *an Introduction to the Subjectivist Perspective*, Aldershot, Hants, England: Avebury, 1991.

[145] Richins M. L., Dawson S. A., consumer values orientation for materialism and its measurement: Scale development and validation, *Journal of Consumer Research*, 1992.

[146] Reheingold, Howard, *The Virtual Cornrnunity*: *Finding connection in a computerized world*, London: Secker and Warburg, 1994.

[147] Michael Benedikt: Cyberspace: *First Step*, *In David Bell and Barbara M.Kennedy* (ed): The Cyberculters Reader, London and New York, Routledge, 2000.

[148] Spinello, Richard A., *Cyberehtics*: *Morality and law in cyberspace*, Sudbury, Massachusetts: Jones and Bartlett Publishers, 2000.

[149] Spinello R. A., Tavani H. T., *Readings in Cyberethics*, Boston: Jones & Bartlett Publishers, 2001.

[150] Merritt, Davis & McCombs, Maxwell, *The two W's of journalism*: *the why and what of public affairs reporting*, Mahwah, NJ: Lawrence Erlbaum Associates, 2003.

[151] R. Scholes, Julia T. Wood, *Communication Theories in Ac-tion*, HollyAllen, 2004.

[152] Dahlberg, L., *TheInternet, deliberative accuracy, and power: Radicalizing the public sphere*, International Journal of Media and Cultural Politics, 2007.

[153] 陈力丹:《马克思恩格斯论舆论的力量和对舆论的控制》,《新闻研究资料》1991 年第 6 期。

[154] 郑永廷:《论德育环境优化》,《思想理论教育》1995 年第 3 期。

[155] 顾海良:《拓展新视野 创造新业绩——关于加强和改进高校思想政治工作的思考》,《思想理论教育导刊》2000 年第 1 期。

[156] 杨振斌:《"红色网站"的发展和启示》,《高校理论战线工作》2000 年第 10 期。

[157] 胡广成:《论德育网页的制作和德育网站首页的建立》,《思想理论教育导刊》2000 年第 12 期。

[158] 黄开胜、杨振斌:《从"红色网站"的发展看网络思想政治工作阵地的开拓》,《清华大学学报》(哲学社会科学版) 2001 年第 12 期。

[159] 王学全:《重视网络责任教育 做好网络思想政治工作》,《中国高等教育》2003 年第 2 期。

[160] 陈万柏:《网络——当代思想政治教育不可忽视的新载体》,《理论月刊》2003 年第 5 期。

[161] 姜正国:《试论思想政治教育环境创造过程的基本因素及特点》,《湖南师范大学学报》(社会科学版) 2004 年第 11 期。

[162] 岳金霞:《关于思想政治教育环境的界定分析》,《学校党建与思想教育》2004 年第 12 期。

[163] 王天意:《网络牢骚的疏导与控制》,《红旗文稿》2004 年第 24 期。

[164] 徐文良:《思想政治教育学科建设及专业建设的回顾与思考》,《中国高教研究》2005 年第 2 期。

[165] 刘新庚、薛亮、王玉辉:《思想政治教育决策量化模型方法刍议》《中南大学学报》(社会科学版) 2005 年第 4 期。

[166] 徐建军、张朝晖:《加强网络思想政治工作队伍建设》,《求是》2005 年第 4 期。

[167] 张再兴：《我国高校网络思想教育的十年历程与发展》，《思想教育研究》2005年第 7 期。

[168] 彭庆红、樊富珉：《大学生网络利他行为及其对高校德育的启示》，《思想理论教育导刊》2005 年第 12 期。

[169] 张耀灿、刘伟：《思想政治教育主体间性涵义初探》，《学校党建与思想教育》2006 年第 12 期。

[170] 戴锐：《思想政治教育生态论》，《理论与改革》2007 年第 2 期。

[171] 刘毅：《刍论中国古代舆情收集制度》，《天津大学学报》（社会科学版）2007年第 5 期。

[172] 敬菊华、张珂：《高校网络舆论的特点及其引导》，《中国青年研究》2007 年第 10 期。

[173] 林伯海、李锦红、宋刚：《试析大学生隐性思想政治教育模式》，《思想政治教育研究》2008 年第 3 期。

[174] 胡小平：《思想政治教育环境问题研究综述》，《江西行政学院学报》2008 年第 3 期。

[175] 骆郁廷：《新形势下高校网络思想政治教育长效机制的构建》，《高校理论战线》2008 年第 10 期。

[176] 邱柏生：《充分认识高校思想政治教育的生态关系》，《思想理论教育》2008 年第 15 期。

[177] 刘燕、刘颖：《高校网络舆情的特点及管理对策》，《思想教育研究》2009 年第 4 期。

[178] 杨业华：《思想政治教育环境需要深化研究的若干理论问题》，《马克思主义研究》2010 年第 3 期。

[179] 柳礼泉、陈媛：《高校思想政治教育生活化研究述评》，《思想政治教育研究》2010 年第 26 期。

[180] 汤向南：《关系化信息流：微博环境下的"把关人"》，《东南传播》2011 年第 4 期。

[181] 阎安：《中国古代舆论政策的范式变迁》，《新闻研究导刊》2011 年第 10 期。

[182]《451 所高校的调查表明信息化是教育跨越式发展的引擎》,《中国教育网络》2011 年第 12 期。

[183] 赵敏、谭腾飞:《网络水军的成因及其发展——以库尔特·勒温"B=f(P·E)"为视角》,《新疆社科论坛》2012 年第 3 期。

[184] 杨月辉:《我国网络舆情研究文献的定量分析》,《东南传播》2012 年第 5 期。

[185] 胡杨、徐建军、张宝:《社会认知心理学对校园网络舆论环境优化的启示》,《现代大学教育》2013 年第 3 期。

[186] 胡建国、博昊渊:《谁在网络中抱怨?——基于网络社会分层视角》,《北京社会科学》2013 年第 4 期。

[187] 郭建琳:《完善高校新闻发言人制度　营造良好舆论环境》,《中国高等教育》2014 年第 Z2 期。

[188] 徐建军、胡杨:《三力合力优化高校校园网络舆论环境的操作模式》,《中共贵州省委党校学报》2013 年第 5 期。

[189] Robert J. Sternberg, Richard K. Wagner, Tacit Knowledge in Managerial Success, *Tacit Knowledge in Managerial Success*, 1987 (4).

[190] Bak P., Tang C. & Wiesenfeld K., Self-organized critically: an explanation of 1/fnoise, *Physical Review Letters*, 1987 (59).

[191] Salwen, M. B., Effect of Accumlation of Coverage on Issue Salience in Agenda-Setting, *Journalism Quarterly*, 1988 (1).

[192] Latta J. N., Oberg D. I., A conceptual virtual reality model, *IEEE CG & A*, 1994 (1).

[193] Butow Eric E., A content analysis of rule enforcement in the virtual communities of FidoNet Echomail conferences, *California State University MA Dissertation*, 1996.

[194] Maner W., Unique Ethical Problems in Information Technology, *Science and Engineering Ethics*, 1996 (2).

[195] Pena-Shaff J., Martin W., Gay G., An epistemological framework for analyzing student interactions in computer-mediated communication environments, *Journal of Interactive Learning Research*, 2001 (1).

[196] Cornwell B., Lundgren D. C., Love on the Internet: Involvement and Misrepresentation in Romantic Relationships in Cyberspace vs. Realspace, *Computers in Human Behaviour*, 2001 (2).

[197] Geoffrey Nunberg, The Internet Filter Farce, *The Amarican Prospect*, 2001, 12 (1).

[198] P. DiMaggio & E. Hargittai, et al., Social Implications of The Internet, *Annual Review of Sociology*, 2001 (27).

[199] McCart R. V., Halawi L., Aronson J. E., Information Technology Ethics: A Research Framework, *Issues in Information Systems*, 2005 (2).

[200] Livingstone S, Bober M, Helsper E. Active participation or just more information. Information, *Communication and Society*, 2005 (3).

[201] Corinna di Gennaro, William Dutton, The Internet and the Public: Online and Offline Political Participation in the United Kingdom, *Parliamentary Affairs*, 2006 (2).

[202] Ishii Kenichi, Wu Chyi-In, A comparative study of media culture among Taiwanese and Japanese youth, *Telematica*, 2006 (2).

[203] Strano, M. M., User Descriptions and Interpretations of Self-Presentation through Facebook Profile Images, *Cyberpsy-chology: Journal of Psychosocial Research on Cyberspace*, 2008 (2).

[204] 徐建军、王凡:《网络思想政治教育方法探析》,《光明日报》2009 年 3 月 2 日。

[205] 李泓冰:《谁都可以媚俗,但大学不能》,《人民日报》2011 年 5 月 26 日。

[206] 徐百柯:《网上行事切忌"智力递减"而"暴戾递增"》,《中国青年报》2012 年 6 月 5 日。

[207] 徐建军、童卡娜、徐鸣:《把握舆论引导 清朗网络空间》,《经济日报》2014 年 5 月 6 日。

[208]《国际互联网发展历史》, http://blog.sina.com.cn/s/blog_547f858d0100s2dv.html。

[209]《高校校园网建设现状:四成高校超千兆》, http://www.edu.cn/sj_6538/20120330/t20120330_760668.shtml。

[210]《教育信息化十年发展规划（2011—2020 年）发布》，http：//www.edu.cn/focus_1658/20120330/t20120330_760479.shtml。

[211]《学习贯彻习近平总书记"8·19"重要讲话精神》，http：//theory.people.com.cn/GB/40557/368340/index.html。

[212]《关于审理利用信息网络侵害人身权益民事纠纷案件适用法律若干问题的规定》，http：//china.rednet.cn/c/2014/10/10/3487822.htm。

[213]《2013 年全国教育事业发展统计公报》，http：//www.moe.edu.cn/business/htmlfiles/moe/moe_335/list.html。

后　记

　　本书选题来源于徐建军教授主持的国家社会科学基金项目"基于网络社会管理的高校校园网络舆论环境研究"（13BKS085）。本书既是本人在导师徐建军教授指导下的博士学位论文成果，也是本人获得第二批"高校思想政治工作中青年骨干队伍建设项目"和湖南省首批"思想政治中青年杰出人才支持计划"的阶段性成果。本书不仅是自己近年来在校园网络舆论环境建设工作中的经验体会，更是自己在思想政治教育环境方向上思考的点滴收获。论题研究历时三年多，成文过程两年有余。由于所面临的毕竟是一个崭新的课题，校园网络舆论环境变化太快，写着写着前面的论述就得修改或者推翻，还是崔健唱得好，不是我不明白，是这世界变化太快。由于课题结题、出版审批等事宜，书稿成稿到印刷出书又有三年多时间。从某种程度而言，一些情况又发生了变化，还好关于问题思考的方法还是能历经时间的淬炼。站在今天回首看多年前的研究成果，萌发出继续在这个话题上精耕细作的想法，结合书稿完成后这几年的新情况以及对未来的思考，下一本书的大纲已渐渐成形。这就是所谓的"凡是过往，皆为片章"吧。

　　很多人说，写博士论文就像孕育一个新的生命，从论文选题到初步构思，从拟定大纲到收集资料，从文献综述到详细提纲，从论文开题到文章写作，从不断修改到最后完稿，每个阶段都格外重要，每个阶段都会经历不同程度的苦痛，但都会痛并快乐着，因为一旦一个阶段在效率本上被打钩，就意味着离彼岸更近，成就感是暖暖的幸福。

　　值论文出版之际，深深地感谢我的恩师徐建军教授！本书是在恩师的悉心指导下完成的，从课题申报到布局谋篇再到最终定稿，都倾注了他大量的精力。感谢恩师，感谢他点亮我生命，加持我成长。学高为师，身正为范。恩师缜密严谨的治学之道、宽厚仁慈的豁达胸怀、勤奋忘我的工作精神让我钦佩莫名。师恩如水、父爱如山。恩师对我的指导和影响之大，怎样的言语都表达不尽，自己每一个新的人生阶梯无不凝聚着恩师的心血，或许穷尽一生，也无法报答。如果有人问我你这一生最幸运的是什么，我会毫不犹豫地回答，能学在恩师门下，是我人生中最宝贵的财富。从硕士到博士，这种任性的幸福，让你觉得如果不努力，你就对不起老师。在此，由衷地感谢徐老师对我的宽容、信任和栽培，也感谢师母对我的生活无微不至的关怀，向恩师及师母表示最崇高的敬意和最诚挚的感谢！

感谢求学期间指导过我的老师们，他们的精心授课帮助我完善了学科知识体系，他们的悉心指导为我构建研究框架奠定了坚实基础，每当专业彷徨时，聆听老师们的谆谆教诲就会感到如沐春风的精神鼓舞。

感谢学校领导，感谢他们对我工作的大力指导，对于文章而言不仅是时间上的便利，还有视野上的启明。

感谢工作同仁，在校园网络舆论环境建设的实践中，感谢他们的支持、砥砺。

感谢父母，感谢他们原谅我不能朝夕陪伴的叛逆青春。

感谢那个谁，感谢我们说好的竹林暮年之约，让人生中没有阳光的日子依然抱有期望。

感谢人民出版社对本书的厚爱，感谢夏青老师及其他编辑对本书出版工作给予的支持和付出的辛勤劳动。

感谢这个互联网时代，让我能站在巨人肩膀上眺望远方。

本书在写作过程中参阅了学术同仁的研究成果，有的已经在书中注明，有的可能疏忽未注。在此，一并致以诚挚的感谢！回首写作过程，要感激的人还很多，只因此情甚浓，奈何不能杯装千秋。唯有未来更加努力，才能回馈所有人的真爱！

胡　杨

2019 年 1 月

责任编辑:夏 青

图书在版编目(CIP)数据

高校校园网络舆论环境优化论/胡杨,徐建军 著. —北京:人民出版社,
 2019.5
ISBN 978－7－01－020358－4

Ⅰ.①高… Ⅱ.①胡…②徐… Ⅲ.①高等学校-校园网-校园文化-研究
 Ⅳ.①TP393.18-05

中国版本图书馆 CIP 数据核字(2019)第 023720 号

高校校园网络舆论环境优化论

GAOXIAO XIAOYUAN WANGLUO YULUN HUANJING YOUHUALUN

胡杨 徐建军 著

人民出版社 出版发行
(100706 北京市东城区隆福寺街 99 号)

环球东方(北京)印务有限公司印刷 新华书店经销

2019 年 5 月第 1 版 2019 年 5 月北京第 1 次印刷
开本:710 毫米×1000 毫米 1/16 印张:17.25
字数:260 千字

ISBN 978－7－01－020358－4 定价:55.00 元

邮购地址 100706 北京市东城区隆福寺街 99 号
人民东方图书销售中心 电话 (010)65250042 65289539